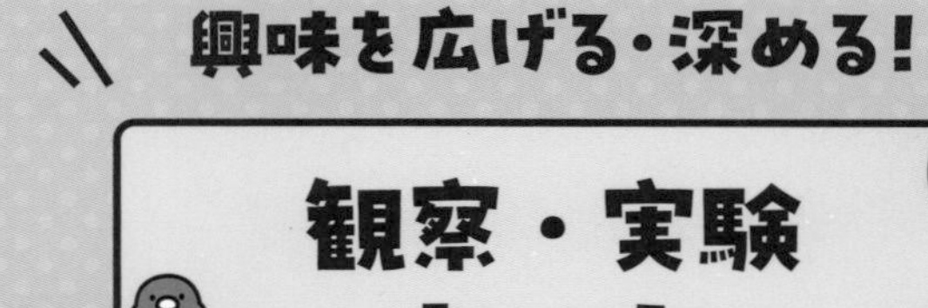

観察・実験カード

5年

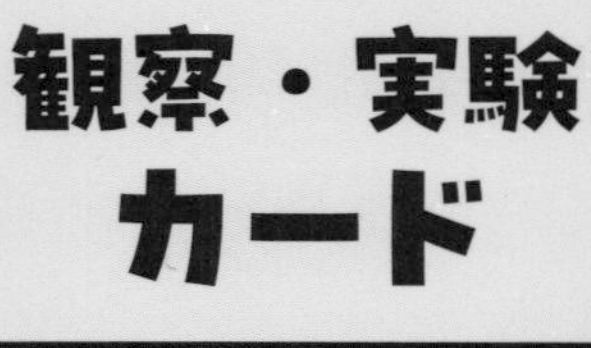

何という雲かな?

何という雲かな?

雲

何という雲かな?

雲

何という雲かな?

雲

何という雲かな?

雲

何という雲かな?

雲

何という雲かな?

雲

何という雲かな?

雲

何という雲かな?

雲

何という雲かな?

生物

メダカのおすとめすのどちらかな?

積乱雲（入道雲）

雨や雪をふらせるとても大きな雲。山やとうのような形をしている。かみなりをともなった大雨をふらせることもある。

使い方

- 切り取り線にそって切りはなしましょう。

説明

- 「雲」「生物」「器具等」の答えはうら面に書いてあります。

巻層雲（うす雲）

空をうすくおおう白っぽいベールのような雲。この雲が出ると、やがて雨になることが多い。

積雲（わた雲）

ドームのような形をした厚い雲。この雲が大きくなって積乱雲になると、雨や雪になることが多い。

巻雲（すじ雲）

せんい状ではなればなれの雲。上空の風が強い、よく晴れた日に出てくることが多い。

巻積雲（いわし雲・うろこ雲）

白い小さな雲の集まりのように見える。この雲がすぐに消えると、晴れることが多い。

高積雲（ひつじ雲）

小さなかたまりが群れをなした、まだら状、または帯状の雲。この雲がすぐに消えると、晴れることが多い。

高層雲（おぼろ雲）

空の広いはんいをおおう。うすいときは、うっすらと太陽や月が見えることがある。この雲が厚くなると、雨になることが多い。

層積雲（うね雲）

波打ったような形をしている。この雲がつぎつぎと出てくると、雨になることが多い。

乱層雲（雨雲）

黒っぽい色で空一面に広がっている。雨や雪をふらせることが多い。青空は見えない。

めす

めすとおすは、体の形で見分けることができる。

せびれに切れこみがない。
めす
しりびれの後ろが短い。

せびれに切れこみがある。
おす
しりびれの後ろが長い。

層雲（きり雲）

きりのような雲で、低いところにできる。雨上がりや雨のふり始めに、山によくかかっている。

教科書ぴったりトレーニング **理科 5年** がんばり表

いつも見えるところに、この「がんばり表」をはっておこう。
この「ぴたトレ」を学習したら、シールをはろう！
どこまでがんばったかわかるよ。

3. 魚のたんじょう

❶ メダカのたまごの成長

22〜23ページ	20〜21ページ	18〜19ページ
ぴったり3	ぴったり1 2	ぴったり1 2
できたらシールをはろう	できたらシールをはろう	できたらシールをはろう

2. 種子の発芽と成長

❶ 種子が発芽する条件　❸ 植物が成長する条件
❷ 種子のつくりと養分

16〜17ページ	14〜15ページ	12〜13ページ
ぴったり3	ぴったり1 2	ぴったり1 2
できたらシールをはろう	できたらシールをはろう	できたらシールをはろう

★. 台風の接近

24〜25ページ	26〜27ページ
ぴったり1 2	ぴったり3
できたらシールをはろう	できたらシールをはろう

4. 実や種子のでき方

❶ 花のつくり
❷ おしべのはたらき

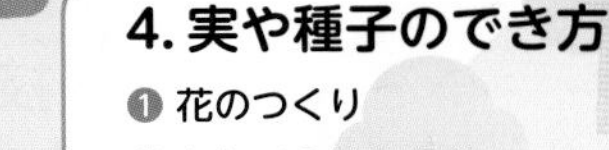

28〜29ページ	30〜31ページ	32〜33ページ
ぴったり1 2	ぴったり1 2	ぴったり1 2
できたらシールをはろう	できたらシールをはろう	できたらシールをはろう

7. 電流と電磁石

❶ 電磁石のはたらき　● くらしの中のモーター
❷ 電磁石の強さ

62〜63ページ	60〜61ページ	58〜59ページ	56〜57ページ	54〜55ページ
ぴったり3	ぴったり1 2	ぴったり1 2	ぴったり1 2	ぴったり1 2
できたらシールをはろう	できたらシールをはろう	できたらシールをはろう	できたらシールをはろう	できたらシールをはろう

8. もののとけ方

❶ とけたもののゆくえ　❸ 水溶液にとけているものを取り出すには
❷ 水にとけるものの量

64〜65ページ	66〜67ページ	68〜69ページ	70〜71ページ	72〜73ページ
ぴったり1 2	ぴったり1 2	ぴったり1 2	ぴったり1 2	ぴったり3
できたらシールをはろう	できたらシールをはろう	できたらシールをはろう	できたらシールをはろう	できたらシールをはろう

9. 人のたんじょう

❶ 人のたんじょう

74〜75ページ	76〜77ページ
ぴったり1 2	ぴったり1 2
できたらシールをはろう	できたらシールをはろう

（キリトリ線）
教科書ぴったりトレーニング　理科　5年　学校図書版　折込①（オモテ）

好きななまえをつけてね！
なまえ
ぴた犬（おとも犬）シールをはろう
シールの中から好きなぴた犬を選ぼう。
おうちのかたへ
がんばり表のデジタル版「デジタルがんばり表」では、デジタル端末でも学習の進捗記録をつけることができます。1 冊やり終えると、抽選でプレゼントが当たります。「ぴたサポシステム」にご登録いただき、「デジタルがんばり表」をお使いください。LINE または PC・ブラウザを利用する方法があります。
LINE用
PC・ブラウザ用
ぴたサポシステムご利用ガイドはこちら
https://www.shinko-keirin.co.jp/shinko/news/pittari-support-system
スタート
1. ふりこの運動
❶ ふりこが1往復する時間
❷ ふりこの法則
2〜3ページ ぴったり12 できたらシールをはろう
4〜5ページ ぴったり12 できたらシールをはろう
6〜7ページ ぴったり12 できたらシールをはろう
8〜9ページ ぴったり3 できたらシールをはろう
10〜11ページ ぴったり12 できたらシールをはろう
34〜35ページ ぴったり12 できたらシールをはろう
36〜37ページ ぴったり3 できたらシールをはろう
5. 雲と天気の変化
❶ 雲と天気
❷ 天気の予想
38〜39ページ ぴったり12 できたらシールをはろう
40〜41ページ ぴったり12 できたらシールをはろう
42〜43ページ ぴったり3 できたらシールをはろう
6. 流れる水のはたらき ★川と災害
❶ 流れる水のはたらき
❷ 川原の石のようす
44〜45ページ ぴったり12 できたらシールをはろう
46〜47ページ ぴったり12 できたらシールをはろう
48〜49ページ ぴったり12 できたらシールをはろう
50〜51ページ ぴったり12 できたらシールをはろう
52〜53ページ ぴったり3 できたらシールをはろう
78〜80ページ ぴったり3 できたらシールをはろう
ゴール
最後までがんばったキミは「ごほうびシール」をはろう！
ごほうびシールをはろう
（キリトリ線）
教科書ぴったりトレーニング　理科　5年　折込①(ウラ)

バッチリポスター

自由研究にチャレンジ！

「自由研究はやりたい，でもテーマが決まらない…。」
そんなときは，この付録を参考に，自由研究を進めてみよう。
この付録では，『いろいろな種子のつくり』というテーマを例に，説明していきます。

①研究のテーマを決める

「インゲンマメの種子のつくりを調べたけど，ほかの植物の種子はどのようなつくりをしているのか，調べてみたい。」など，身近なぎもんからテーマを決めよう。

②予想・計画を立てる

「いろいろな植物の種子を切って観察して，どのようなつくりをしているのか調べる。」など，テーマに合わせて調べる方法と準備(じゅんび)するものを考え，計画を立てよう。わからないことは，本やコンピュータで調べよう。

③調べたりつくったりする

計画をもとに，調べたりつくったりしよう。結果だけでなく，気づいたことや考えたことも記録しておこう。

④まとめよう

調べたことや気づいたことなどを文でまとめよう。
観察したことは，図を使うとわかりやすいです。

インゲンマメとちがい，
子葉に養分をふくまない
種子もあるよ。

右は自由研究を
まとめた例だよ。
自分なりに
まとめてみよう。

根・くき・葉になる部分

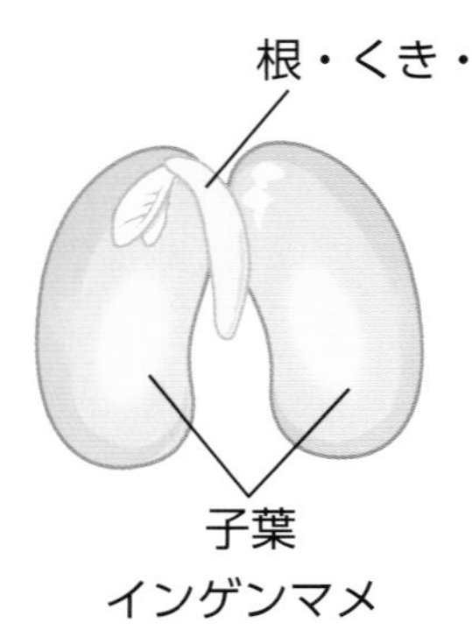

インゲンマメ

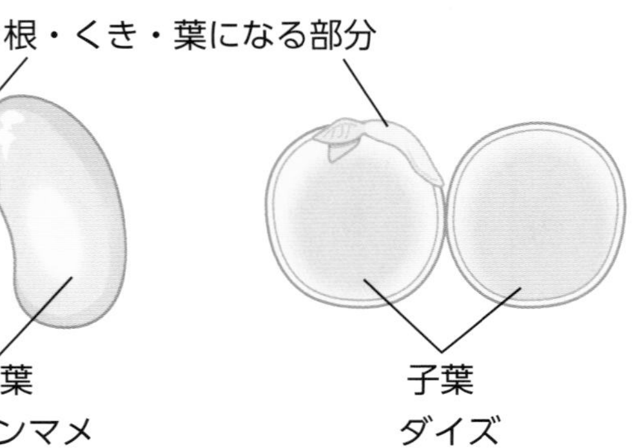

ダイズ

養分をふくんでいる部分

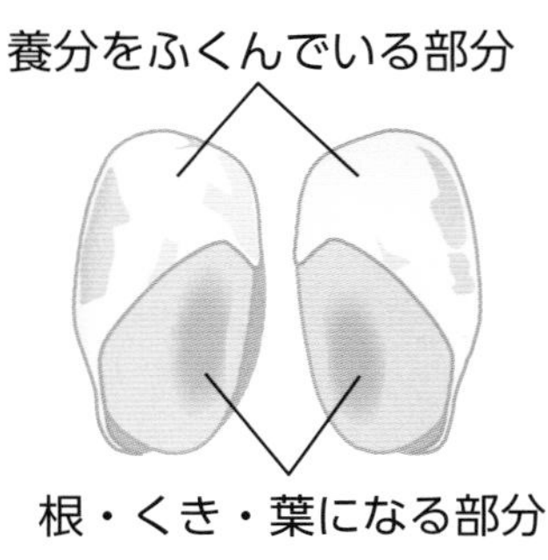

トウモロコシ

教科書ぴったりトレーニング　理科　5年　折込②(オモテ)
(キリトリ線)

いろいろな種子のつくり

年　　組

研究のきっかけ

学校で，インゲンマメの種子のつくりを観察して，根・くき・葉になる部分
養分をふくむ子葉があることを学習した。それで，ほかの植物の種子も，同
くりをしているのか調べてみたいと思った。

調べ方

菜や果物などから，種子を集める。
子をカッターナイフなどで切って，種子のつくりを調べる。

結果

イズ

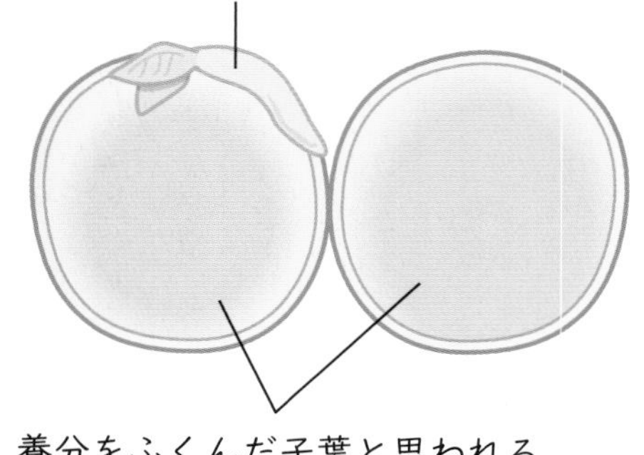

・くき・葉のようなものが観察できた。
養分をふくんだ子葉と思われる。

・トウモロコシ

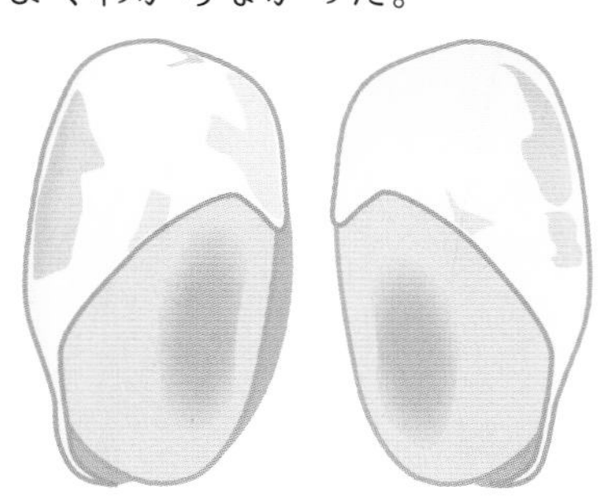

わかったこと

イズの種子のつくりは，インゲンマメによく似ていた。トウモロコシの種子
くりを観察してもよくわからなかったので，図鑑で調べたところ，インゲン
などとちがい，子葉に養分をふくんでいないことがわかった。

生物

アブラナの花の★は、おしべかなめしべかな？

器具等

何という器具かな？

器具等

何という器具かな？

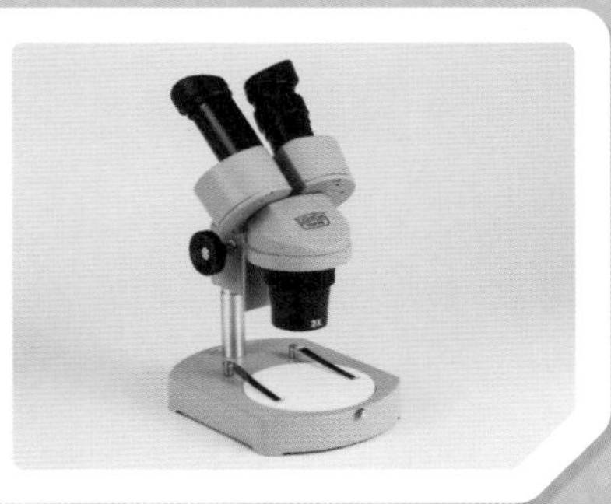

器具等

何という器具かな？

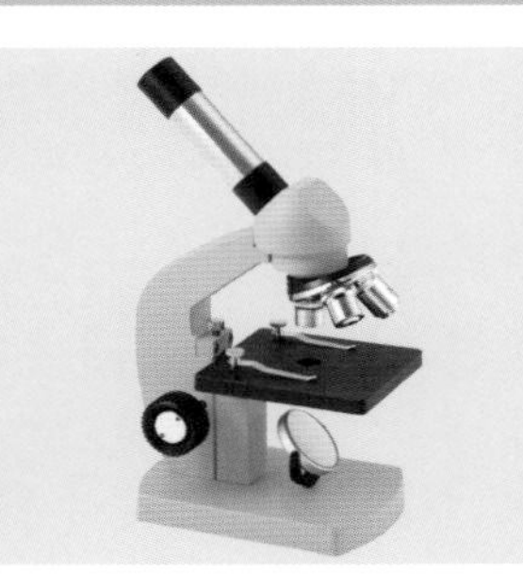

器具等

何という器具かな？

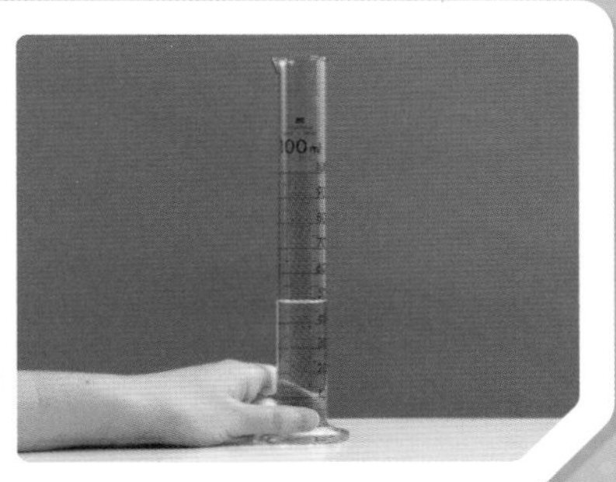

器具等

ろ過に使う、★のガラス器具と紙を何というかな？

器具等

何という器具かな？

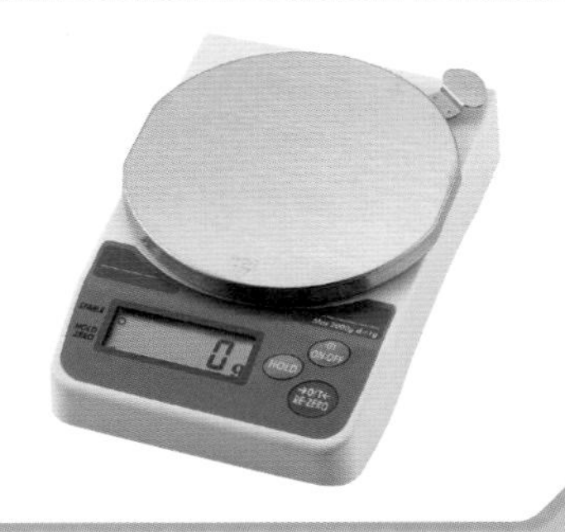

器具等

導線（エナメル線）をまいたもの（★）を何というかな？

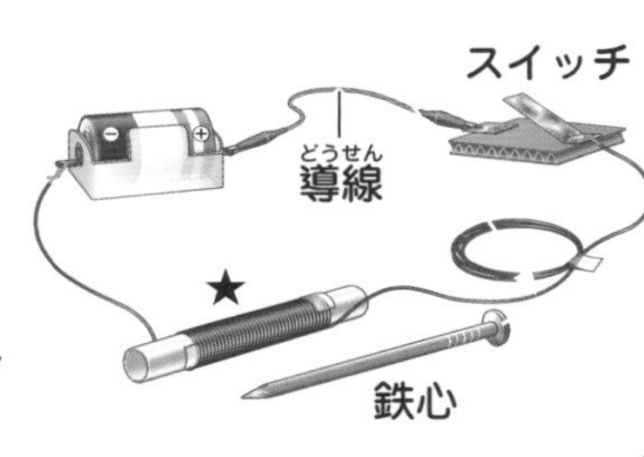

器具等

何という器具かな？

器具等

写真のような回路に電流を流す器具を何というかな？

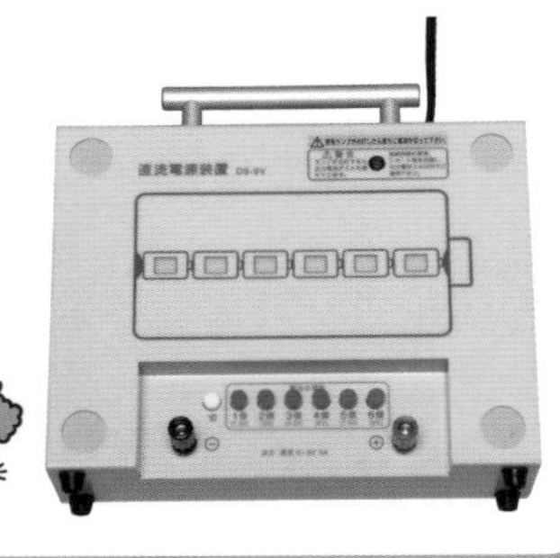

器具等

でんぷんがあるか調べるために、何を使うかな？

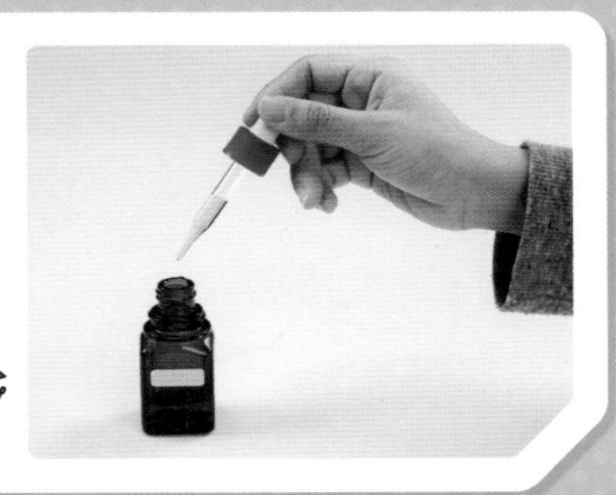

器具等

スライドガラスに観察するものをはりつけたものを何というかな？

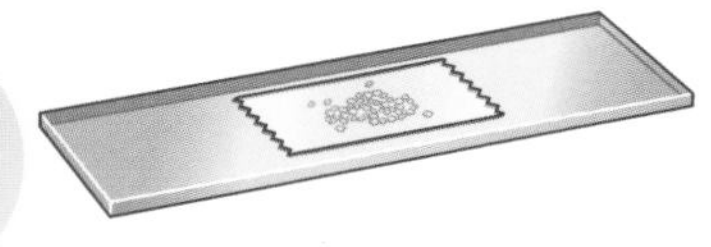

かいぼうけんび鏡

観察したいものを、10～20倍にして観察するときに使う。観察したいものとレンズがふれてレンズをよごさないようにして使う。

めしべ

アブラナの花には、
めしべやおしべ、
花びらやがくがある。

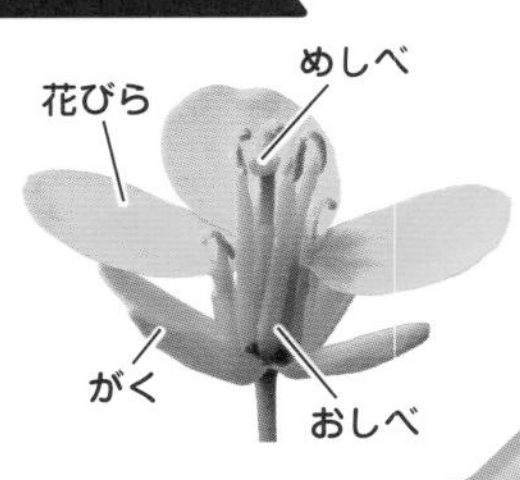

けんび鏡

観察したいものを、50～300倍にして観察するときに使う。日光が当たらない、明るい水平なところに置いて使う。

そう眼実体けんび鏡

観察したいものを、20～40倍にして観察するときに使う。両目で見るため、立体的に見ることができる。

ろうと、ろ紙

液の中にとけ切れなかったつぶがあるときは、ろ紙でこして、つぶと水よう液を分けることができる。ろ紙などを使って固体と液体を分けることをろ過という。

メスシリンダー

液体の体積を正確にはかるときに使う。目もりは、液面のへこんだ下の面を真横から見て読む。

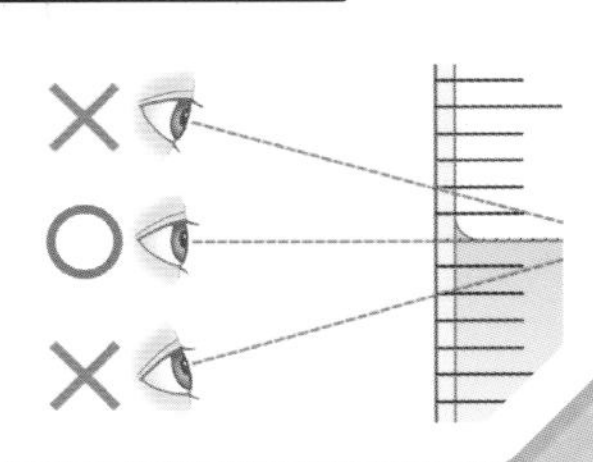

コイル

コイルに鉄心を入れ、電流を流すと、鉄心が鉄を引きつけるようになる。これを電磁石という。

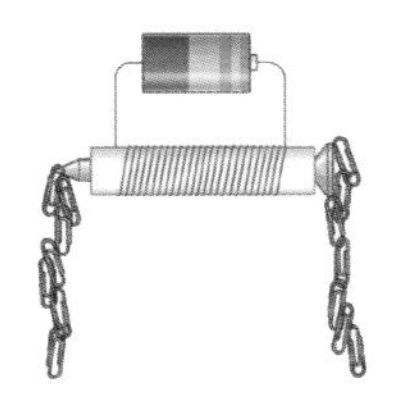

電子てんびん

ものの重さを正確にはかることができる。電子てんびんは水平なところに置き、スイッチを入れる。はかるものをのせる前の表示が「0g」となるように、ボタンをおす。はかるものを、静かにのせる。

電源そうち

かん電池の代わりに使う。回路に流す電流の大きさを変えることができ、かん電池とはちがって、使い続けても電流が小さくなることがない。

電流計

回路を流れる電流の大きさを調べるときに使う。電流の大きさはA（アンペア）という単位で表す。

プレパラート

スライドガラスに観察したいものをのせ、
セロハンテープやカバーガラスでおおって、
観察できる状態にしたもの。
けんび鏡のステージにのせて観察する。

ヨウ素液

でんぷんがあるかどうかを調べるときに使う。
でんぷんにうすめたヨウ素液をつけると、
（こい）青むらさき色になる。

教科書ぴったりトレーニング

▶ 3分でまとめ動画

【写真提供】
アーテファクトリー／アフロ／アマナイメージズ／コーベット・フォトエージェンシー／半澤伸夫／ピクスタ／矢上写真館／読売新聞社／NNP

ぴったり1 準備

1. ふりこの運動

①ふりこが1往復(おうふく)する時間

3分でまとめ

学習日　月　日

めあて
ふりこのふれはばと1往復する時間との関係についてかくにんしよう。

教科書 6〜11ページ　答え 2ページ

下の(　)にあてはまる言葉を書くか、あてはまるものを○で囲もう。

1 ふりこが|往復する時間は、どうはかるのだろうか。　教科書 6〜11ページ

▶図のように、おもりをひもでつるして一点で支(ささ)え、ゆらせるようにしたものを、(①　　　　)という。

▶ふりこが|往復する時間は、短くて計りにくいので|0往復する時間を計り、計算して求める。

|往復する時間(秒)＝
|0往復する時間(秒)÷(②　　　　)(回)

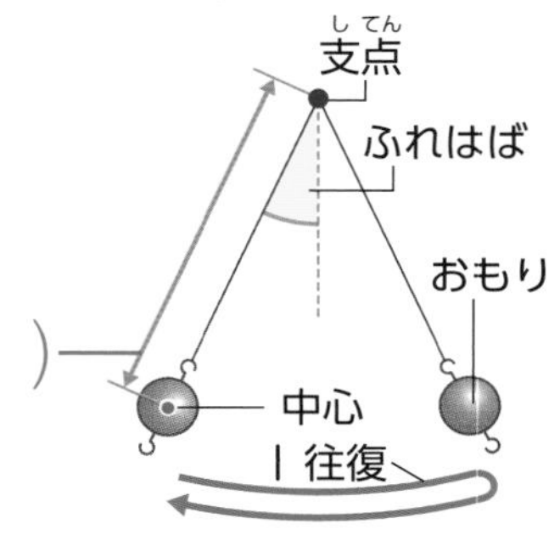

ふりこの(③　　　　)

ふりこは、一定のリズムでゆれるよ。

2 ふりこが|往復する時間は、ふれはばで変わるだろうか。　教科書 8〜11ページ

▶調べる条件(じょうけん)がふりこのふれはばのとき、おもりの重さと(①　　　　)の条件はそろえる。

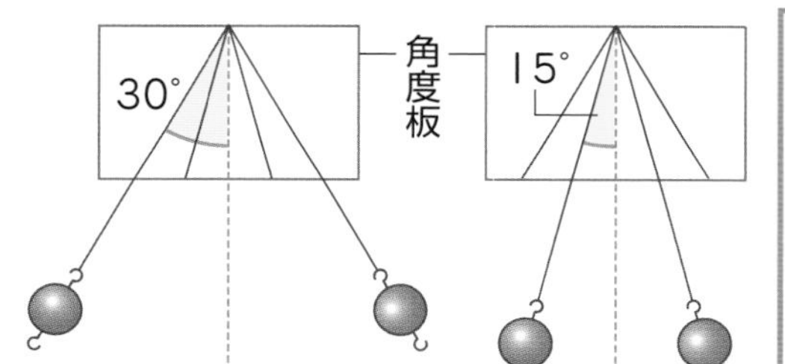

おもり(②　　　)g

※ふりこの長さは、どちらも50cm。

それぞれで、3回調べた結果

・ふり始めの角度が、30°のとき

回数	|0往復する時間(秒)	|往復する時間(秒)
		13.96	1.4
2	14.08	1.4
3	14.11	1.4

・ふり始めの角度が、|5°のとき

回数	|0往復する時間(秒)	|往復する時間(秒)
		13.96	1.4
2	14.05	1.4
3	14.21	1.4

|往復する時間は、小数第2位以下を四捨五入(ししゃごにゅう)して求めるよ。

▶ふり始めの角度が30°と|5°のときの結果を比(くら)べると、ふりこが|往復する時間は、すべて(③　　　　)である。

▶ふりこのふれはばが変わったとき、ふりこが|往復する時間は(④ 変わる ・ 変わらない)。

ここがだいじ！
①おもりをひもでつるして一点で支え、ゆらせるようにしたものをふりこという。
②ふりこが|往復する時間(秒)＝ふりこが|0往復する時間(秒)÷|0(回)
③ふりこのふれはばが変わっても、ふりこが|往復する時間は変わらない。

ぴたトリビア　イタリアの科学者ガリレオが発見したふりこのきまりを使って、|656年にオランダの科学者ホイヘンスがふりこを使った時計のしくみを発明しました。

ぴったり2 練習

1. ふりこの運動

①ふりこが１往復する時間

学習日　　月　　日

教科書 6〜11ページ　答え 2ページ

1 **糸におもりをつり下げて、おもりを図の①→②→③→②→①と動くようにゆらします。**

(1) 図の㋐の長さを何といいますか。

(　　　　　　　)

(2) 図の㋑をふりこの何といいますか。

(　　　　　　　)

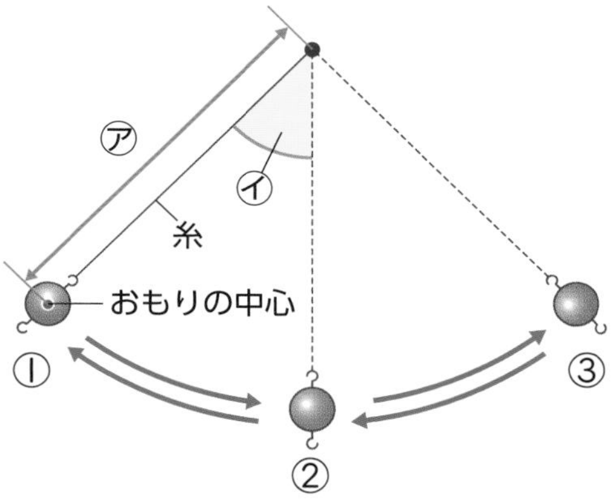

(3) ふりこの１往復とは、どこからどこまでですか。正しいものに○をつけましょう。

ア(　　)①→②→③

イ(　　)②→③→②

ウ(　　)③→②→①

エ(　　)①→②→③→②→①

(4) ふりこがゆれるリズムについて、正しいものに○をつけましょう。

ア(　　)ふりこのリズムは、だんだん速くなる。

イ(　　)ふりこのリズムは、はじめはだんだん速くなり、その後、だんだんおそくなる。

ウ(　　)ふりこはほぼ一定のリズムでゆれる。

2 **図のような、①〜④のふりこがあります。**

(1) ふりこのふれはばとふりこが１往復する時間の関係を調べるとき、図の①とどれを比べますか。正しいものに○をつけましょう。

ア(　　)①と②

イ(　　)①と③

ウ(　　)①と④

(2) (1)の２つのふりこで、ふりこが１往復する時間を比べると、どうなりますか。正しいものに○をつけましょう。

ア(　　)①のほうが長い。

イ(　　)①のほうが短い。

ウ(　　)どちらも同じ。

(3) ふりこが１往復する時間は、ふりこのふれはばによって変わるといえますか。

(　　　　　　　)

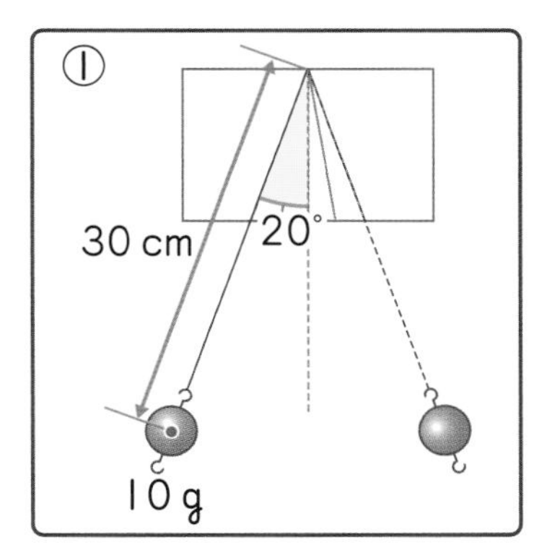

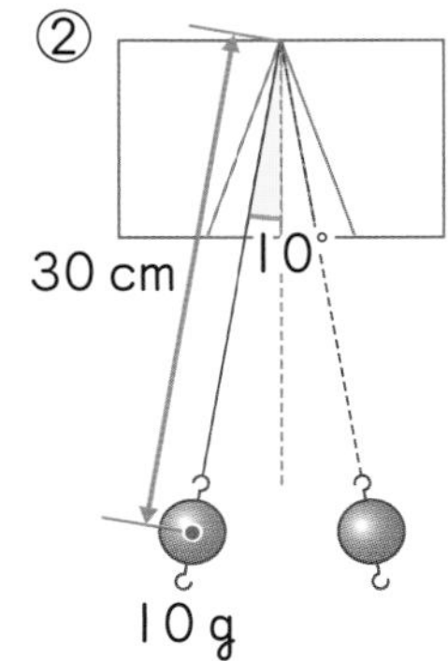

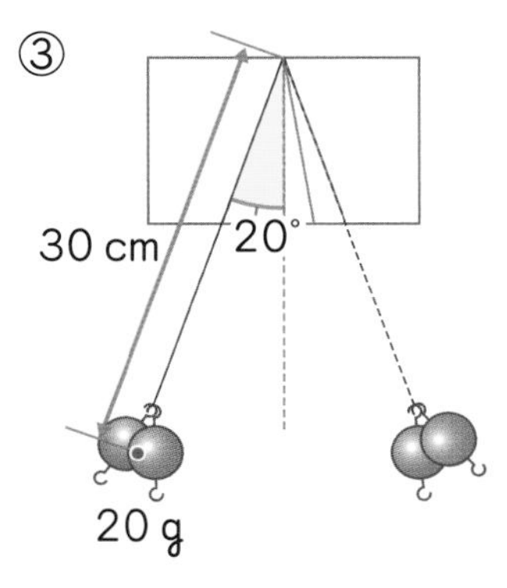

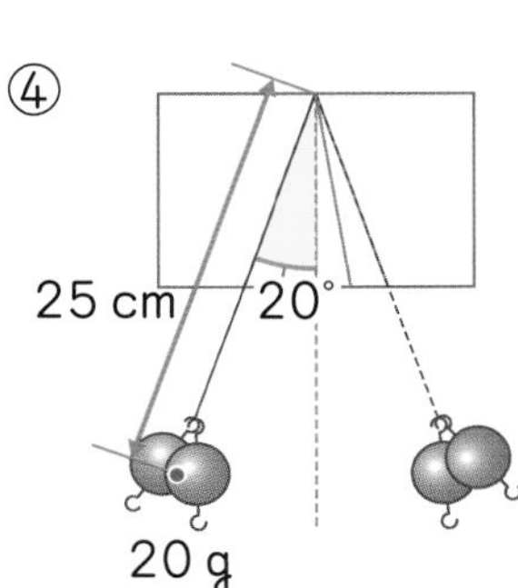

ぴったり1 準備

学習日 月 日

1. ふりこの運動

②ふりこの法則①

めあて
ふりこの長さとふりこの1往復する時間との関係についてかくにんしよう。

教科書 12～16ページ　答え 3ページ

下の(　)にあてはまる言葉を書くか、あてはまるものを○で囲もう。

1 ふりこが1往復する時間は、ふりこの長さで変わるだろうか。 教科書 12～16ページ

▶調べる条件がふりこの長さのとき、おもりの重さと(①　　　　)の条件はそろえる。

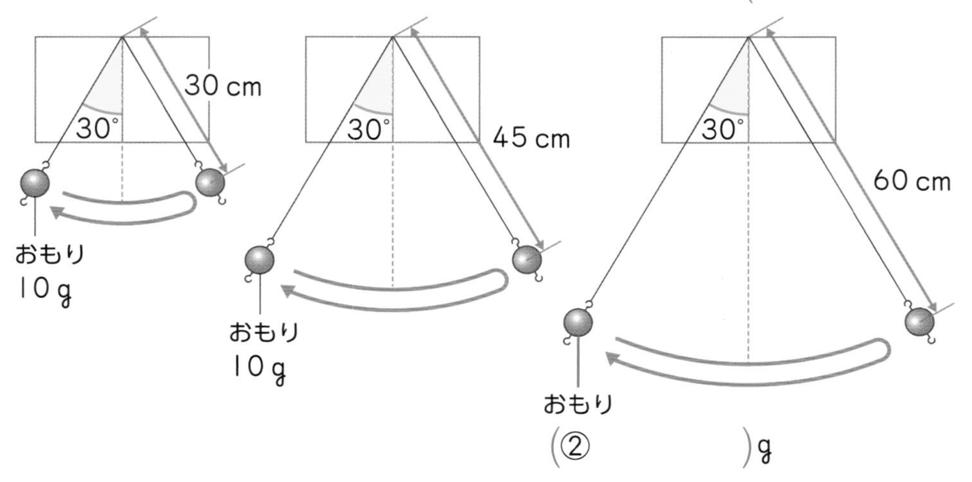

・結果(時間の単位は「秒」)

		1回目	2回目	3回目
30 cm	10往復する時間	11.43	11.23	11.74
	1往復する時間	1.1	1.1	1.2
45 cm	10往復する時間	13.21	13.24	14.02
	1往復する時間	1.3	1.3	1.4
60 cm	10往復する時間	16.29	15.89	16.97
	1往復する時間	1.6	1.6	1.7

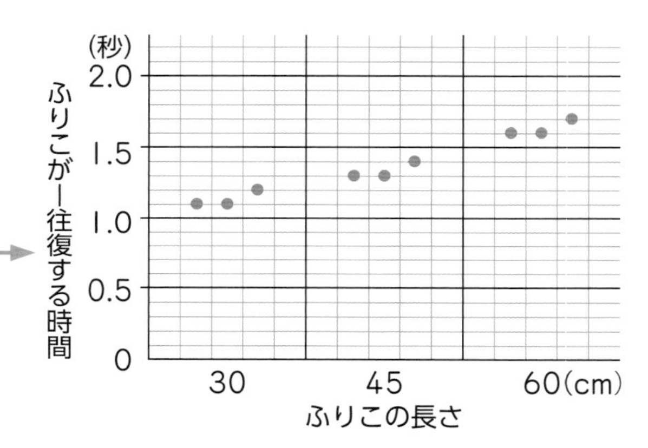

▶ふりこの長さが30 cm、45 cm、60 cmのときの結果を比べると、ふりこが1往復する時間は、ふりこの長さが長いほど(③　　　　)なっている。

▶ふりこのふれはばが変わっても、ふりこが1往復する時間は変わらないが、ふりこの長さが変わると、ふりこが1往復する時間は(④ 変わる ・ 変わらない)。

ここがだいじ!
①ふりこが1往復する時間は、ふりこの長さによって変わる。
②ふりこの長さが長いほど、ふりこが1往復する時間は長くなる。

ぴたトリビア
ふりこのひも(糸)の長さを4倍にすると1往復する時間は2倍になり、ひもの長さを9倍にすると1往復する時間は3倍になります。比例の関係ではありません。

1. ふりこの運動

②ふりこの法則①

教科書 12〜16ページ 答え 3ページ

1 図の３つのふりこで、ふりこが１往復する時間を比べる実験をしました。

㋐

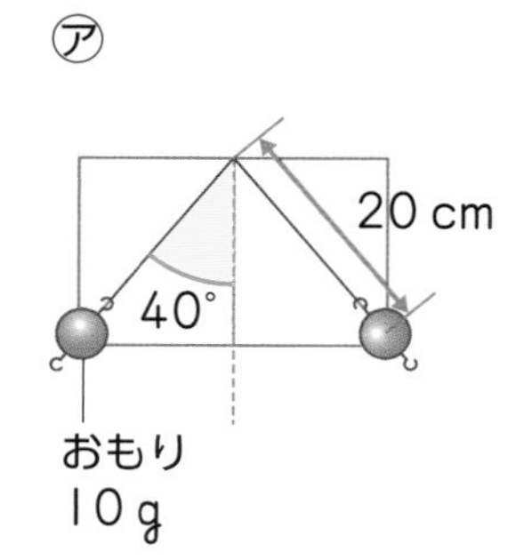

㋑

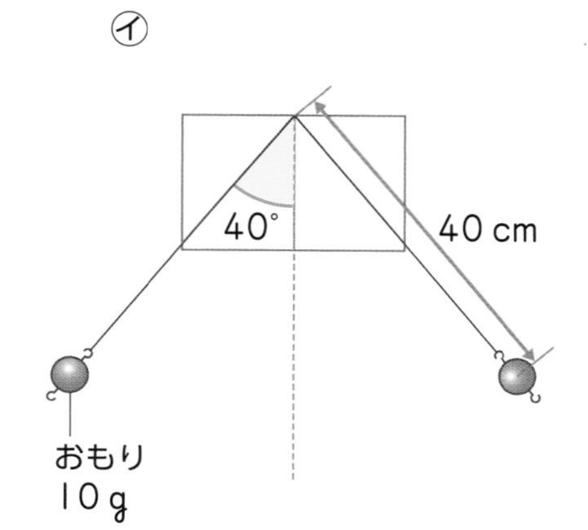

㋒

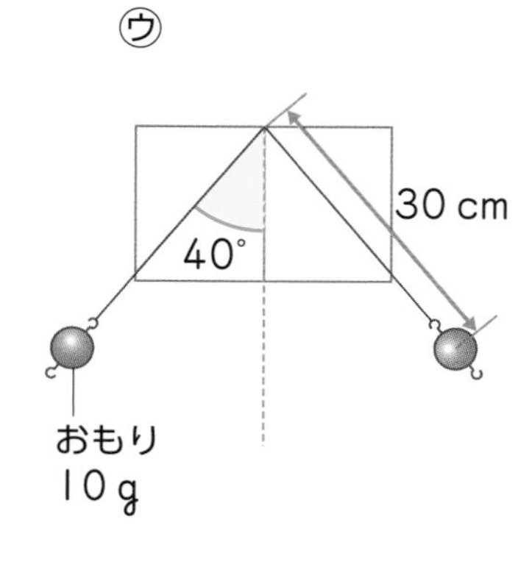

(1) この実験で、そろえている条件は何ですか。正しいものすべてに○をつけましょう。

ア（　　）ふりこのふれはば
イ（　　）ふりこの長さ
ウ（　　）おもりの重さ

(2) この実験は、ふりこが１往復する時間と、何の関係を調べる実験ですか。正しいものに○をつけましょう。

ア（　　）ふりこのふれはば
イ（　　）ふりこの長さ
ウ（　　）おもりの重さ

(3) ㋐〜㋒のうち、ふりこが１往復する時間がいちばん長いのはどれですか。また、いちばん短いのはどれですか。それぞれ記号で答えましょう。

長い（　　　）
短い（　　　）

(4) この実験の結果からいえることとして正しいものに、○をつけましょう。

ア（　　）ふりこのふれはばが大きいほど、ふりこが１往復する時間は長い。
イ（　　）ふりこのふれはばが小さいほど、ふりこが１往復する時間は長い。
ウ（　　）ふりこの長さが長いほど、ふりこが１往復する時間は長い。
エ（　　）ふりこの長さが短いほど、ふりこが１往復する時間は長い。
オ（　　）おもりの重さが重いほど、ふりこが１往復する時間は長い。
カ（　　）おもりの重さが軽いほど、ふりこが１往復する時間は長い。

1. ふりこの運動

②ふりこの法則②

学習日　　月　　日

めあて
おもりの重さとふりこの1往復する時間との関係についてかくにんしよう。

教科書 12〜16ページ　答え 4ページ

下の(　)にあてはまる言葉を書くか、あてはまるものを○で囲もう。

1 ふりこが1往復する時間は、おもりの重さで変わるだろうか。　教科書 12〜16ページ

▶調べる条件がおもりの重さのとき、ふれはばと(①　　　　　　　　　)の条件はそろえる。

(②　　　　　　　)。

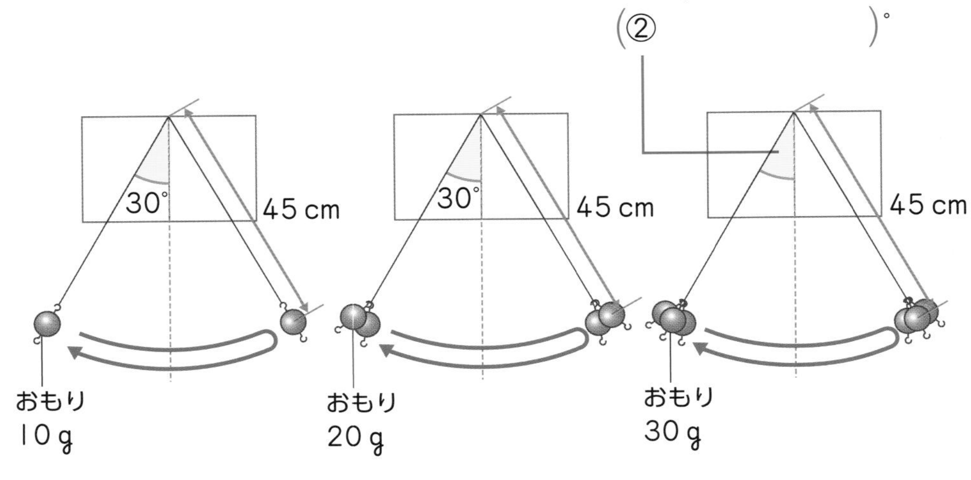

それぞれで3回調べて、結果を表やグラフに整理したよ。

・結果(時間の単位は「秒」)

		1回目	2回目	3回目
10g	10往復する時間	12.92	12.78	13.74
	1往復する時間	1.3	1.3	1.4
20g	10往復する時間	12.85	12.18	13.42
	1往復する時間	1.3	1.2	1.3
30g	10往復する時間	12.88	12.98	13.11
	1往復する時間	1.3	1.3	1.3

(秒)
ふりこが1往復する時間
2.0
1.5
1.0
0.5
0
10　20　30(g)
おもりの重さ

グラフで表したときの●の位置は、おもりの重さが重いほど、どうなっているかな。

▶おもりの重さが10g、20g、30gのときの結果を比べると、ふりこが1往復する時間は、すべて(③　　　　　　　)である。

▶1. ふりこのふれはばが変わったとき、ふりこが1往復する時間は変わらない。
2. ふりこの長さが変わったとき、ふりこが1往復する時間は変わる。
3. おもりの重さが変わったとき、ふりこが1往復する時間は(④ 変わる ・ 変わらない)。

▶上の1〜3のことを、(⑤　　　　　　　　　　)という。

ここがだいじ!
①おもりの重さが変わっても、ふりこが1往復する時間は変わらない。
②ふりこが1往復する時間は、ふりこのふれはばやおもりの重さでは変わらず、ふりこの長さによって変わる。これを、ふりこの法則という。

同じ長さのふりこが1往復する時間が、おもりの重さやふれはばを変えても変わらないことを「ふりこの等時性」といいます。

1 図の3つのふりこで、ふりこが1往復する時間を比べる実験をしました。

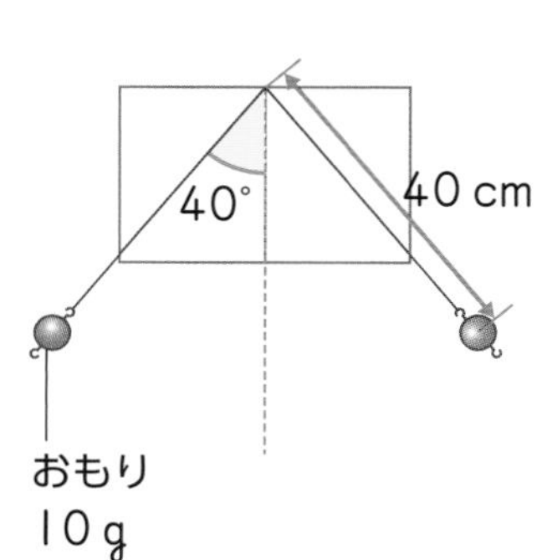

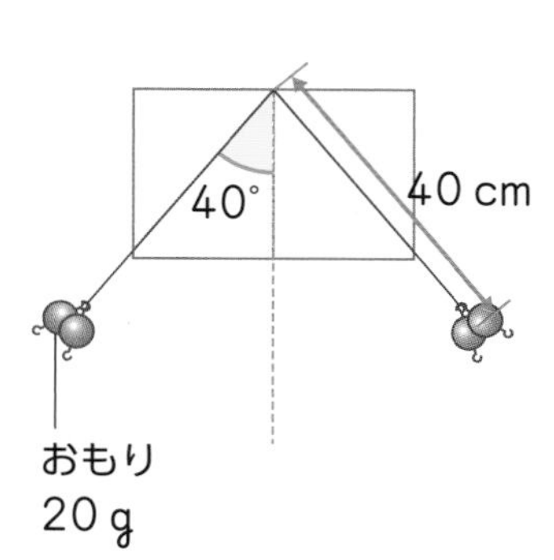

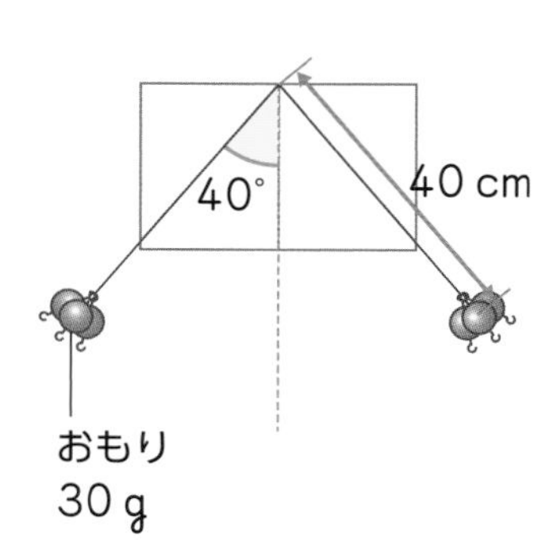

(1) この実験で、そろえている条件は何ですか。正しいものすべてに○をつけましょう。

ア(　　)ふりこのふれはば
イ(　　)ふりこの長さ
ウ(　　)おもりの重さ

(2) この実験は、ふりこが1往復する時間と、何の関係を調べる実験ですか。正しいものに○をつけましょう。

ア(　　)ふりこのふれはば
イ(　　)ふりこの長さ
ウ(　　)おもりの重さ

(3) ㋐～㋒で、ふりこが1往復する時間について、正しいものに○をつけましょう。

ア(　　)㋐、㋑、㋒の順に、長くなる。
イ(　　)㋐、㋑、㋒の順に、短くなる。
ウ(　　)㋐、㋑、㋒は、すべて同じ。

(4) 次の文のうち正しいものすべてに○をつけましょう。

ア(　　)ふりこのふれはばによって、ふりこが1往復する時間は変わる。
イ(　　)ふりこのふれはばによって、ふりこが1往復する時間は変わらない。
ウ(　　)ふりこの長さによって、ふりこが1往復する時間は変わる。
エ(　　)ふりこの長さによって、ふりこが1往復する時間は変わらない。
オ(　　)おもりの重さによって、ふりこが1往復する時間は変わる。
カ(　　)おもりの重さによって、ふりこが1往復する時間は変わらない。

1. ふりこの運動

時間30分 ／100 合格70点

教科書 6〜19ページ 答え 5ページ

よく出る

1 ひもにおもりをつり下げて、おもりを左右にゆらします。

各5点(30点)

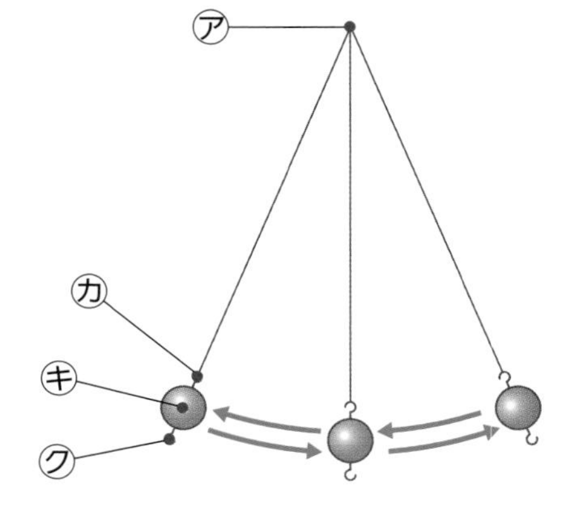

(1) 図のように、おもりをひもでつり下げてㇵの一点で支え（ささ）、ゆらせるようにしたものを何といいますか。

（　　　　　　　　）

(2) (1)の長さとは、図のㇵの点からどこまでの長さですか。カ〜クの記号で答えましょう。（　　　）

(3) (1)が1往復（おうふく）する時間について書かれた次の文のうち、正しいものには○、正しくないものには×を書きましょう。

ア（　　）1往復する時間は、(1)の長さによって変わる。

イ（　　）1往復する時間は、(1)のふれはばによって変わる。

ウ（　　）1往復する時間は、おもりの重さによって変わる。

(4) おもりをゆらして10往復させるとき、1往復するたびに「いち」、「に」、「さん」、…と声に出してリズムを調べます。「いち」から「に」までの時間を①、「きゅう」から「じゅう」までの時間を②とします。①、②の長さを比べる（くら）と、どうなりますか。正しいものに○をつけましょう。

ア（　　）①のほうがかなり長い。

イ（　　）②のほうがかなり長い。

ウ（　　）どちらも、ほぼ同じ長さ。

2 ふりこが1往復する時間を調べます。

各5点、(3)は両方できて5点(15点)

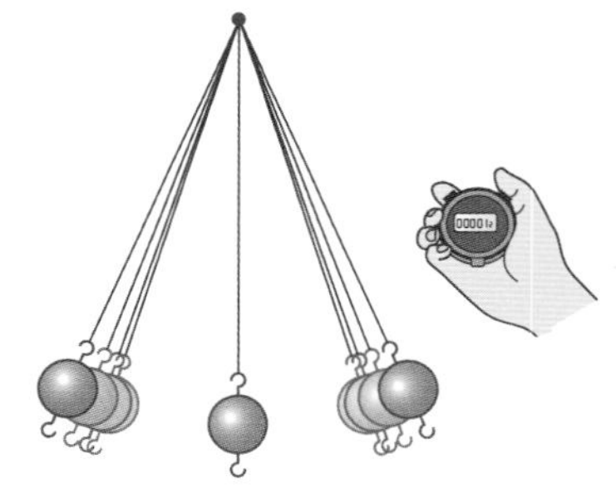

(1) 表は、ふりこが10往復する時間を3回計ってまとめたものです。3回目の（　　）にあてはまる数を書きましょう。

	1回目	2回目	3回目
ふりこが10往復する時間	10.05秒	11.34秒	11.56秒
ふりこが1往復する時間	1.0秒	1.1秒	（　　　）秒

(2) 作図 (1)の表を、右のようなグラフに表します。3回目を同じようにかきましょう。 技能

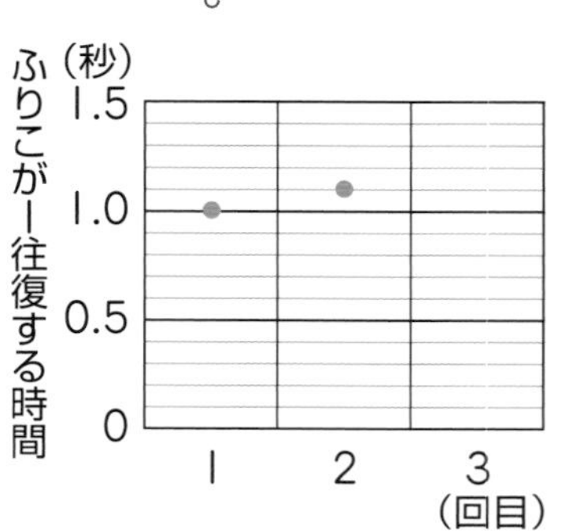

(3) おもりの重さとふりこが1往復する時間の関係を調べる実験をするとき、そろえる条件（じょうけん）はどれとどれですか。正しいもの2つに○をつけましょう。

(完答)

ア（　　）ふりこの長さ　　イ（　　）おもりの重さ

ウ（　　）おもりの数　　エ（　　）ふれはば

3 ひも、おもり、厚紙(あつがみ)などを使って、ふりこ実験器を作ります。

各5点(15点)

(1) 支点(してん)からおもりまでのひもの長さを短くすると、ふりこが１往復する時間の長さはどうなりますか。

(2) 同じおもりを同じ位置に１個(こ)増(ふ)やしてつなぐと、ふりこが１往復する時間の長さはどうなりますか。

(　　　　　　　)

(3) ふりこが１往復する時間を長くするには、何をどのように変えればよいですか。正しいものに○をつけましょう。

ア(　　)ふりこの長さを長くする。
イ(　　)同じ位置につるすおもりの数を増やす。
ウ(　　)ふりこのふれはばを大きくする。

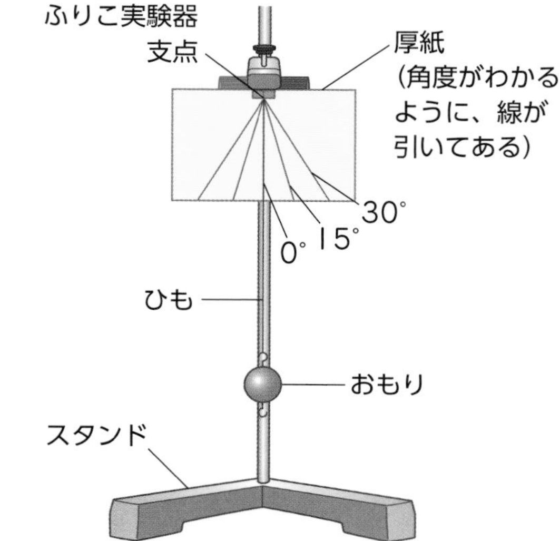

できたらスゴイ！

4 次の問いに答えましょう。

各10点(40点)

(1) ふりこの長さを変えて、ふりこが１往復する時間を調べて、表にまとめます。

ふりこの長さ(cm)	20	50	80	110	140	170	200
１往復する時間(秒)	㋐	1.4	㋑	2.1	㋒	2.6	㋓

①㋐～㋓に入る数字は、次の４つのどれかです。㋐に入る数字に○、㋒に入る数字に△をつけましょう。

ア(　　)0.9　　イ(　　)1.8
ウ(　　)2.4　　エ(　　)2.8

② 記述 ㋐～㋓に正しく数字を入れて表を完成させると、ふりこの長さと１往復する時間の関係について、どのようなことがわかりますか。次の文を完成させましょう。 思考・表現

ふりこの長さが４倍になると、(　　　　　　　　　　　　　　　　)。

(2) 記述 メトロノームのおもりを、写真の矢印の向きに動かすと、メトロノームの動き方はどのように変わりますか。 思考・表現

(　　　　　　　　　　　　　　　　　　　　　　)

ふりかえり
❸がわからないときは、２ページの❶、４ページの❶にもどってかくにんしましょう。
❹がわからないときは、４ページの❶にもどってかくにんしましょう。

2. 種子の発芽と成長

①種子が発芽する条件

学習日　月　日

めあて
インゲンマメの種子の発芽に必要な条件を、実験を通してかくにんしよう。

教科書 20〜26ページ　答え 6ページ

下の(　)にあてはまる言葉を書こう。

1 インゲンマメの種子の発芽には、水が必要だろうか。

教科書 20〜26ページ

調べる条件(水)	㋐水をあたえる	㋑水をあたえない
そろえる条件	水以外の条件はすべて同じにする	

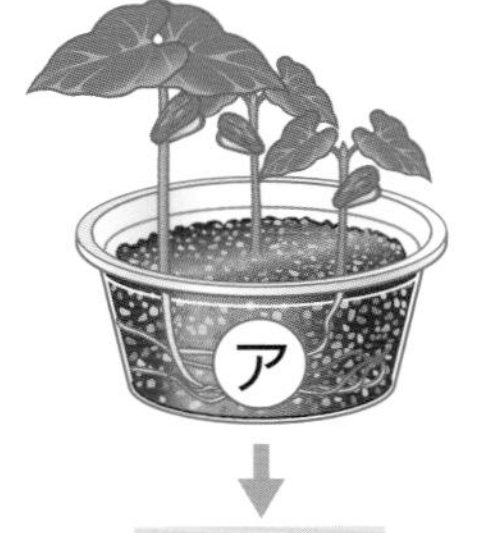

▶種子から芽が出ることを(①　　　　　)という。

▶発芽には、(②　　　　　)が必要である。

2 インゲンマメの種子の発芽には、空気や適当な温度が必要だろうか。

教科書 20〜26ページ

調べる条件(空気)	㋒空気あり	㋓空気なし
そろえる条件	空気以外の条件はすべて同じにする	

▶発芽には、(②　　　　　)が必要である。

調べる条件(温度)	㋔室内(20℃)	㋕冷ぞう庫の中(5℃)
そろえる条件	温度以外の条件はすべて同じにする	

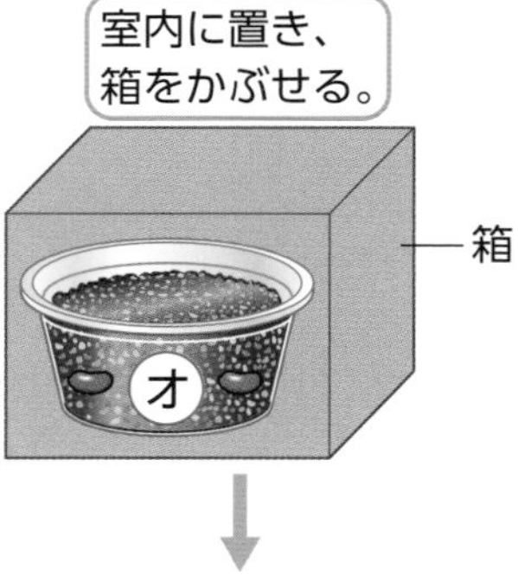

(③　　　　　)。　発芽しなかった。

▶発芽には、(④　　　　　)が必要である。

ここがだいじ! ①インゲンマメの種子の発芽には、水、空気、適当な温度が必要である。

長い時間がたった種子でも、発芽することがあります。1000年以上前の種子が、発芽に必要なすべての条件をそろえたら発芽したという研究結果もあります。

2. 種子の発芽と成長

①種子が発芽する条件

教科書 20～26ページ 答え 6ページ

1 インゲンマメの種子が発芽する条件を調べました。

(1) ㋐と㋑では、種子が発芽するには何が必要であるかを調べていますか。
( )

(2) ㋐と㋑の結果はどうなりましたか。それぞれ答えましょう。
㋐( )
㋑( )

2 インゲンマメの種子が発芽するには、水のほかに何が必要かを調べました。

(1) ㋐と㋑では、発芽に空気が必要かどうかを調べました。

①どんな場所に置きましたか。正しいものに○をつけましょう。

ア( )㋐はあたたかい場所、㋑は寒い場所。
イ( )㋐は日が当たる場所、㋑は日が当たらない場所。
ウ( )㋐も㋑もあたたかさや日当たりが同じ場所。

②㋐と㋑の結果から、発芽に空気は必要だといえますか。
( )

(2) ㋒と㋓では、発芽に適当な温度が必要かどうかを調べました。

①㋒に箱をかぶせるのはなぜですか。正しいものに○をつけましょう。

ア( )土がかわかないようにするため。
イ( )あたたかくするため。
ウ( )冷ぞう庫の中と同じように暗くするため。

②㋒と㋓の結果はどうなりましたか。それぞれ答えましょう。

㋒( )
㋓( )

ヒント 2 (1)①調べる条件以外は、同じにして実験します。

ぴったり1 準備

2. 種子の発芽と成長

②種子のつくりと養分

学習日　　月　　日

めあて
種子の中には、根・くき・葉になる部分があることをかくにんしよう。

教科書 28〜31ページ　答え 7ページ

下の(　)にあてはまる言葉を書くか、あてはまるものを○で囲もう。

1 種子の中には、根・くき・葉になる部分があるのだろうか。

教科書 28〜29ページ

発芽、成長したインゲンマメ

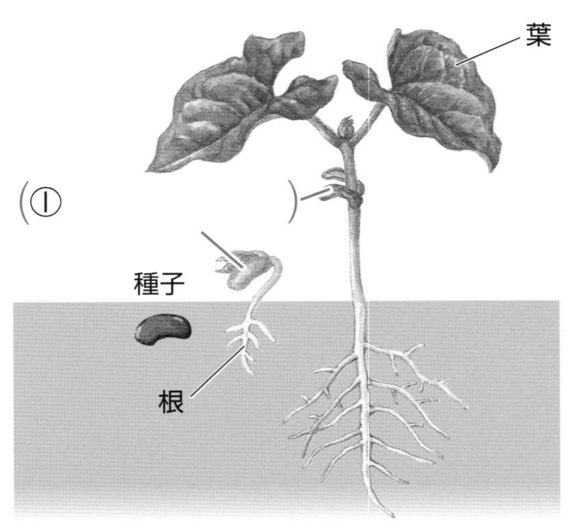

インゲンマメの種子

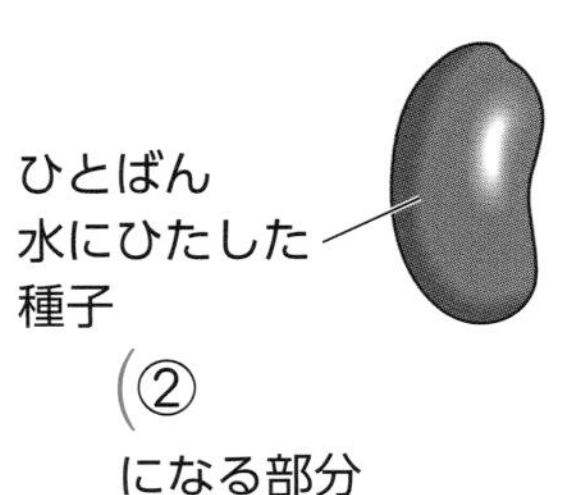

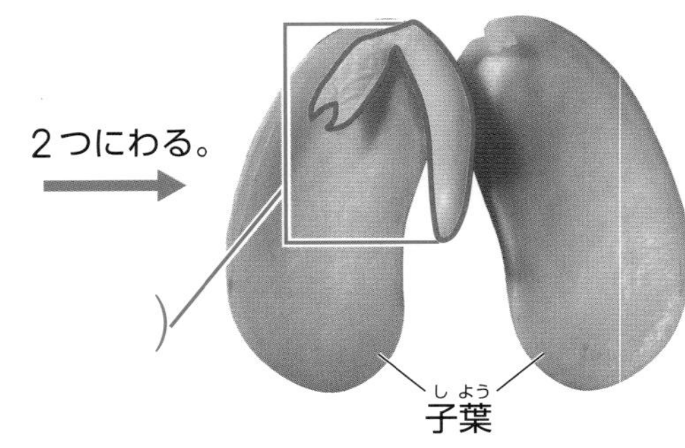

▶インゲンマメの種子には、根・くき・葉になる部分と(③　　　　)がある。

▶種子が発芽すると、根・くき・葉になる部分は成長し、子葉は(④　ふくらんで　・　しなびて　)しまう。

2 子葉には、発芽に必要な養分がふくまれているのだろうか。

教科書 28〜31ページ

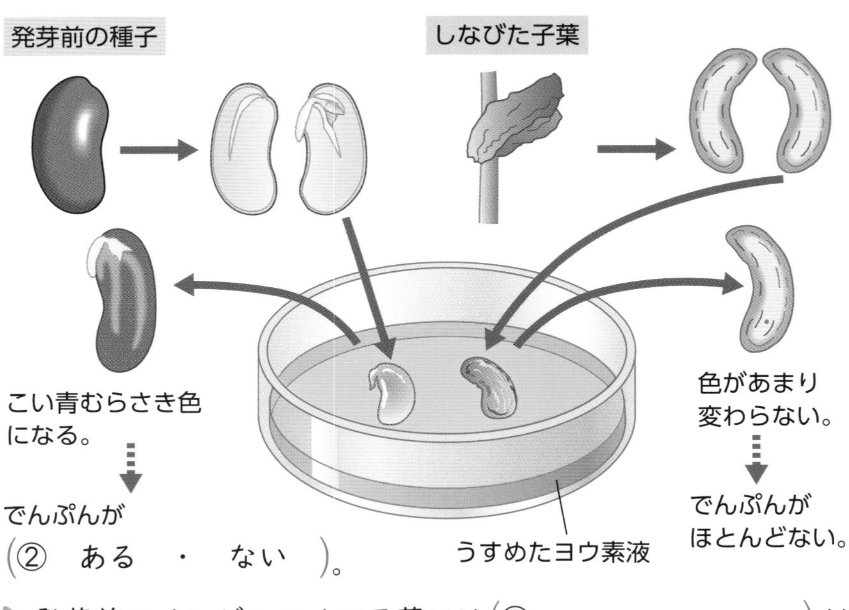

▶でんぷんにうすめたヨウ素液をつけると、でんぷんはこい(①　青むらさき色　・　赤色　)に変わる。

でんぷんは、ごはん（米）やパンなどに多くふくまれている養分だよ。

▶発芽前のインゲンマメの子葉には(③　　　　)がふくまれている。

▶種子が発芽、成長すると、子葉の中の(　③　)は(④　多く　・　少なく　)なる。

▶インゲンマメは、(⑤　根　・　子葉　)にたくわえた養分を使って発芽、成長する。

ここがだいじ!

①インゲンマメの種子には、根・くき・葉になる部分と子葉がある。

②発芽前に子葉にふくまれていたでんぷんは、発芽、成長後は少なくなる。

③インゲンマメの子葉は、発芽や成長に使われる養分をたくわえている。

種子にでんぷんを多くふくむイネ、ムギ、トウモロコシなどは地球上の多くの地いきで主食として食べられるほか、家ちくのえさとしても利用されます。

2. 種子の発芽と成長

②種子のつくりと養分

学習日　月　日

1 インゲンマメの種子を調べました。

インゲンマメの種子

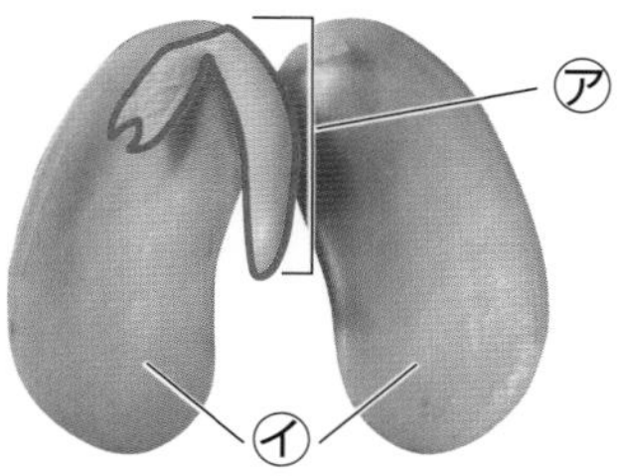

ア

イ

発芽、成長したインゲンマメ

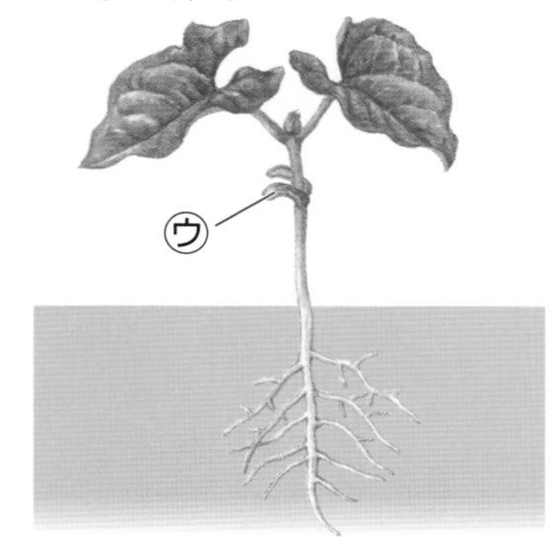

(1) インゲンマメの種子の根・くき・葉になる部分は、㋐、㋑のどちらですか。

（　　）

(2) 発芽、成長したインゲンマメの㋒の部分を何といいますか。

（　　　　　）

(3) インゲンマメが成長していくにつれて、㋑の部分はどうなりますか。正しいものに○をつけましょう。

ア（　　）だんだん大きくなっていく。　イ（　　）だんだんしなびていく。

ウ（　　）ずっと変わらない。

2 インゲンマメの発芽前の種子と発芽後のしなびた子葉を調べました。

発芽前の種子

しなびた子葉

こい青むらさき色になる。

色があまり変わらない。

うすめた㋤

(1) ㋤の液体を何といいますか。

（　　　　　）

(2) 発芽前の種子を、うすめた㋤の液体にひたすと、こい青むらさき色になったことから、発芽前の種子には何がふくまれていたことがわかりますか。

（　　　　　）

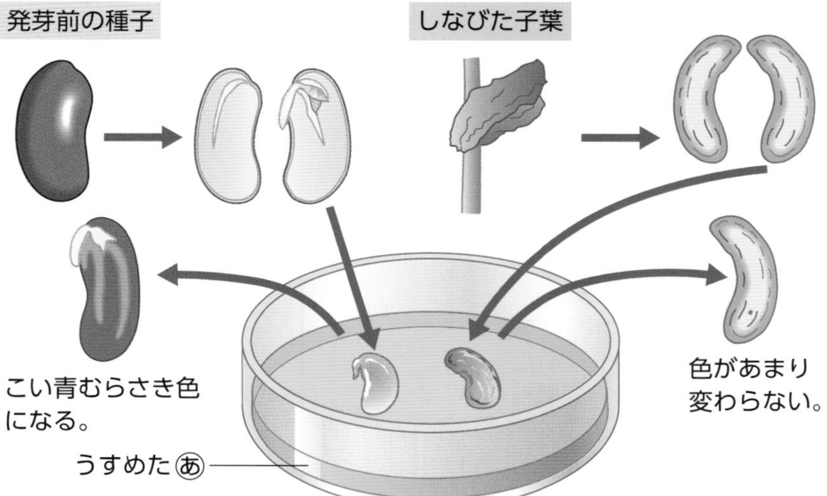

(3) (2)で答えたものは、発芽後にはどうなりましたか。正しいものに○をつけましょう。

ア（　　）発芽前よりも多くなった。

イ（　　）発芽前と変わらなかった。

ウ（　　）発芽前よりも少なくなった。

(4) 種子が発芽するための養分について、正しいものに○をつけましょう。

ア（　　）種子の中にふくまれている。　イ（　　）肥料の中にふくまれている。

2. 種子(しゅし)の発芽(はつが)と成長

③植物が成長する条件(じょうけん)

学習日　　月　　日

めあて
インゲンマメの成長に必要な条件を、実験を通してかくにんしよう。

教科書 32～36ページ　答え 8ページ

下の(　)にあてはまる言葉を書くか、あてはまるものを○で囲もう。

1 インゲンマメの成長には、肥料(ひりょう)や日光は関係しているのだろうか。

教科書 33～36ページ

調べる条件(肥料)	㋐肥料あり	㋑肥料なし
そろえる条件	肥料以外の条件はすべて同じにする	

㋐～㋒は（① 同じくらいに ・ ちがった大きさに ）育ったなえで、肥料分をふくまない土に植えてある。

日光に当てる。
肥料をあたえる。

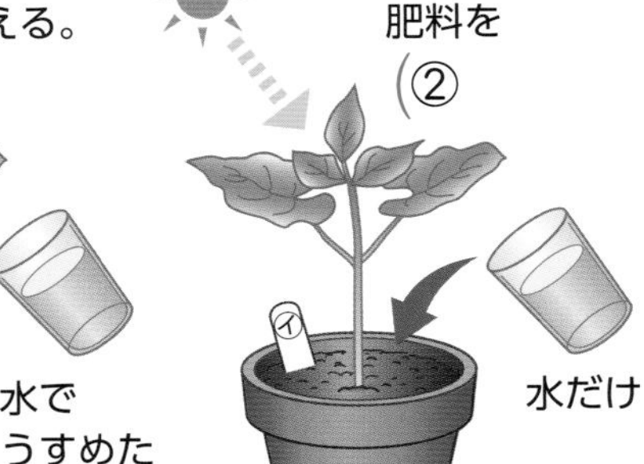

日光に当てる。
肥料を
（②　　　　　　　）。

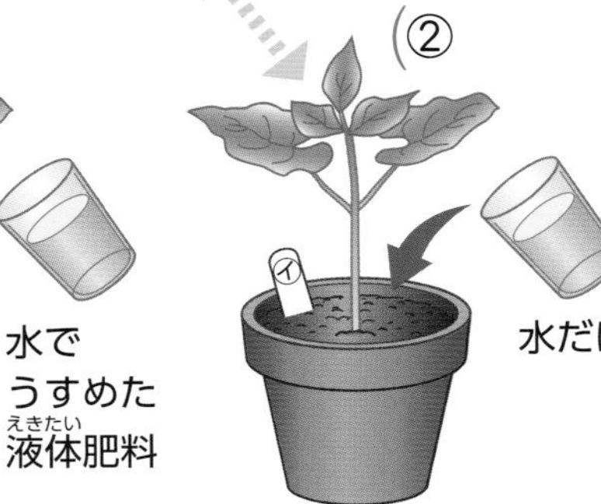

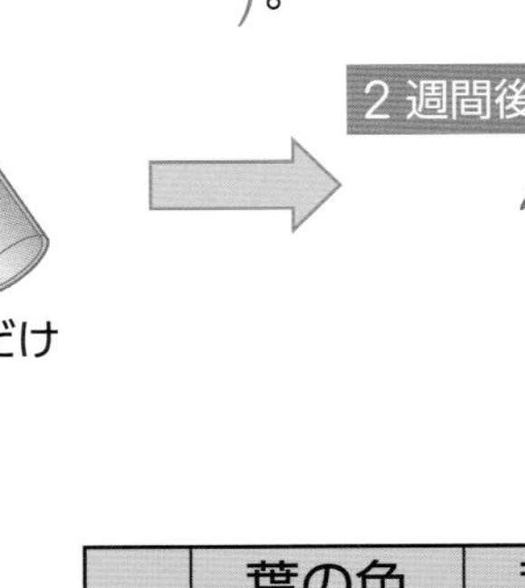

肥料をあたえた㋐のほうが、よく育っているね。

	葉の色	葉の数	葉の大きさ	草たけ
㋐	こい緑色	多い	大きい	21 cm
㋑	こい緑色	少ない	やや小さい	18 cm

▶植物は（③　　　　　　　）をあたえるとよく育つ。

調べる条件(日光)	㋐日光あり	㋒日光なし
そろえる条件	日光以外の条件はすべて同じにする	

日光に当てる。
肥料をあたえる。

日光に
（④　　　　　　　）。
肥料をあたえる。

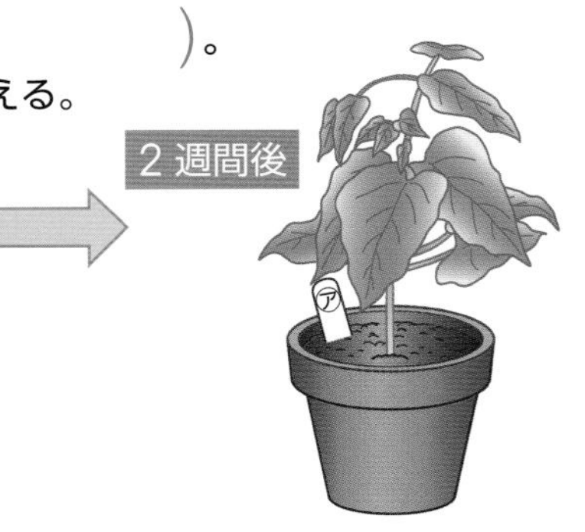

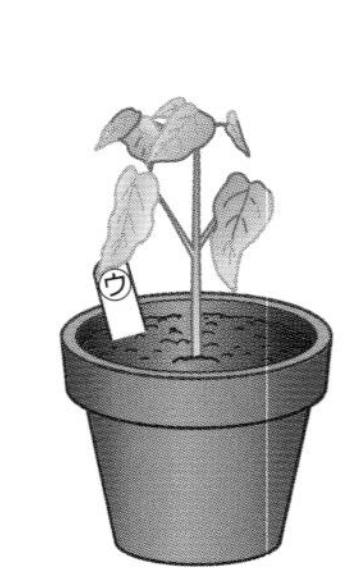

実験後に㋒に日光を当てると、よく育つようになるよ。

	葉の色	葉の数	葉の大きさ	草たけ
㋐	こい緑色	多い	大きい	21 cm
㋒	黄緑色	少ない	やや小さい	15 cm

▶植物は（⑤　　　　　　　）を当てるとよく育つ。

①インゲンマメは、日光に当て、肥料をあたえるとよく育つ。
②日光に当てないと、肥料をあたえてもあまりよく育たない。
③日光や肥料は、植物の成長に関係している。

ダイズなどの種子を光に当てないまま発芽させて育てた野菜が「もやし」です。

2. 種子の発芽と成長

③植物が成長する条件

1 同じくらいに育ったインゲンマメのなえを条件を変えて育て、育ち方を比べました。

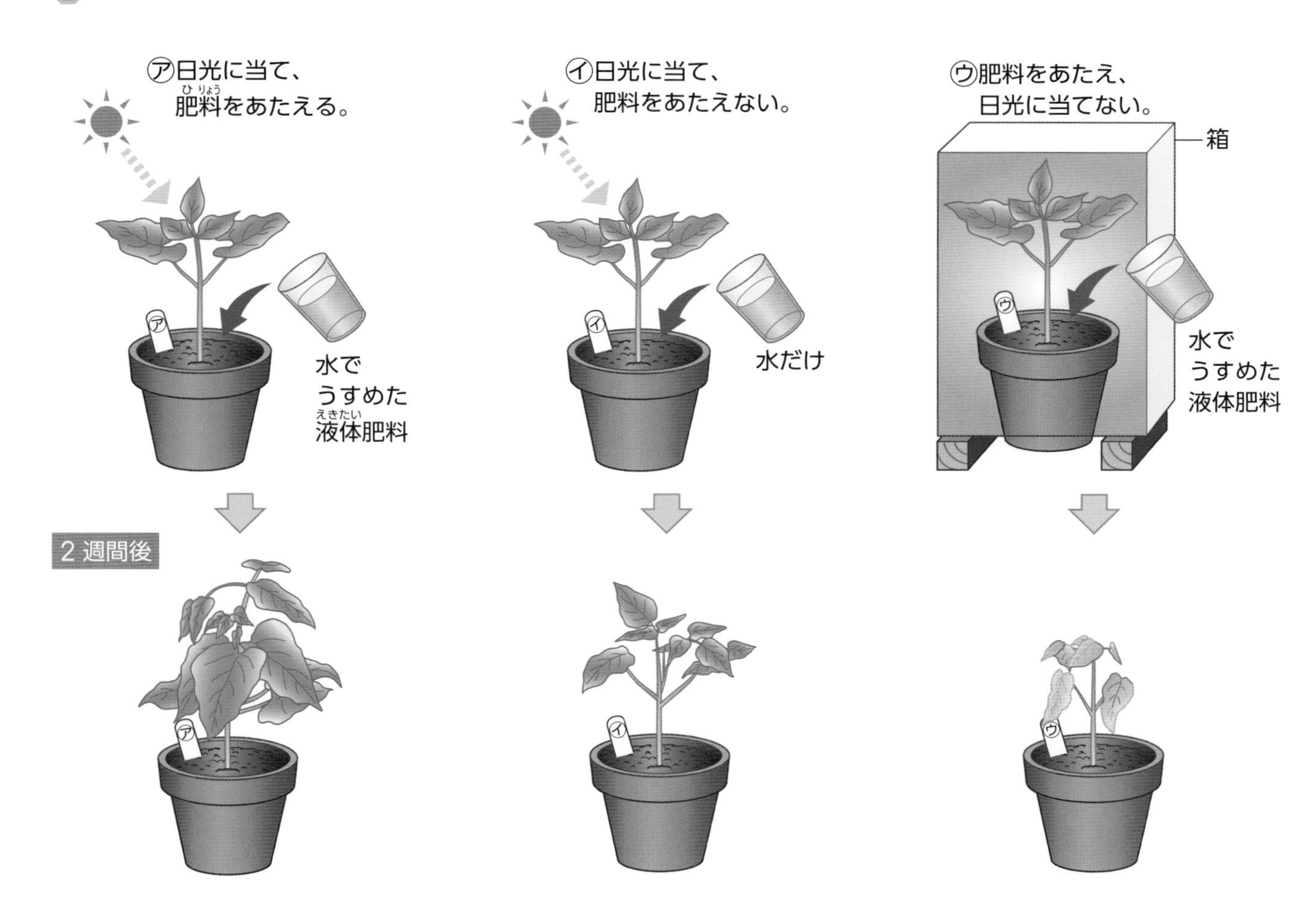
㋐日光に当て、
肥料をあたえる。
水で
うすめた
液体肥料
㋑日光に当て、
肥料をあたえない。
水だけ
㋒肥料をあたえ、
日光に当てない。
箱
水で
うすめた
液体肥料
2 週間後

(1) 肥料と植物の育ち方との関係を調べるには、㋐～㋒のどれとどれを比べればよいですか。

(　　　と　　　)

(2) 日光と植物の育ち方との関係を調べるには、㋐～㋒のどれとどれを比べればよいですか。

(　　　と　　　)

(3) 2週間後のようすで、いちばんよく育っているのは、㋐～㋒のどれですか。

(　　　)

(4) この実験から、どんなことがわかりますか。正しいものに○をつけましょう。

ア(　　)日光に当てれば、肥料をあたえてもあたえなくても同じように育つ。
イ(　　)肥料をあたえれば、日光に当てても当てなくても同じように育つ。
ウ(　　)日光に当て、肥料をあたえるとよく育つ。
エ(　　)日光や肥料は、植物の成長には関係しない。

ヒント **1** (3)葉の数と大きさや色、草たけののびから、育ちのちがいがわかります。

2. 種子の発芽と成長

教科書 20～39ページ　答え 9ページ

1 インゲンマメの種子を調べます。

各5点(10点)

(1) 根・くき・葉になる部分は、㋐、㋑のどちらですか。

(　　)

(2) 養分がふくまれている部分は、㋐、㋑のどちらですか。

(　　)

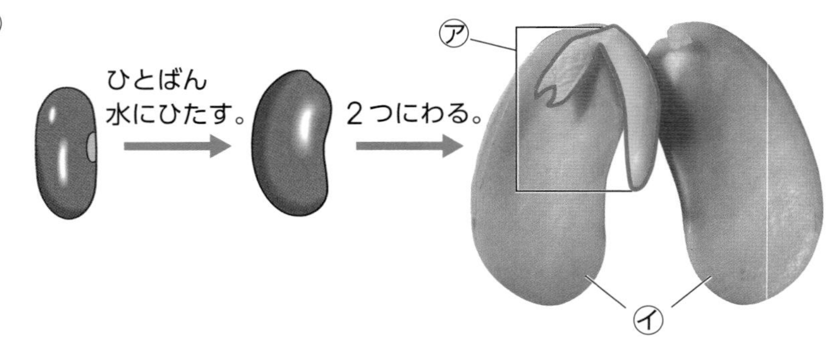

よく出る

2 植物がよく育つための条件を調べます。

各5点(20点)

㋐日光に当てる。
肥料はあたえない。

㋑日光に当てる。
肥料をあたえる。

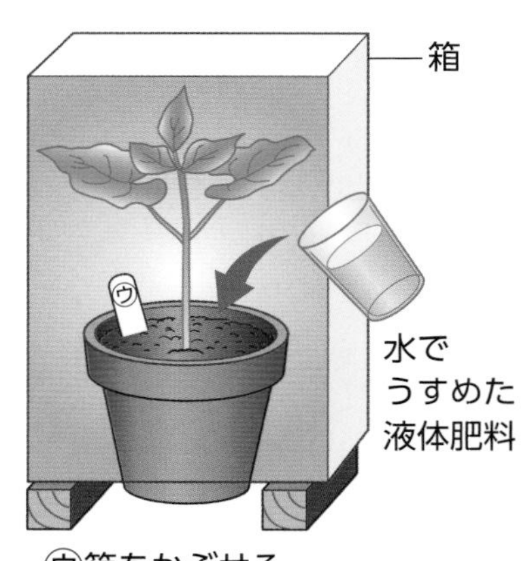

㋒箱をかぶせる。
肥料をあたえる。

㋐～㋒は肥料分をふくまない土に植えてある。

(1) ㋐～㋒で育ち方を比べるとき、㋐の水のあたえ方について、正しいものに○をつけましょう。

ア(　　)水をあたえる。

イ(　　)水をあたえない。

(2) いちばんよく育つものは、㋐～㋒のどれですか。

(　　)

(3) 記述 この実験から、植物をよく育てるにはどうすればよいことがわかりますか。2つ書きましょう。

(　　)

(　　)

よく出る

3 インゲンマメの種子が発芽する条件を調べます。

各5点、(3)、(6)は全部できて5点(30点)

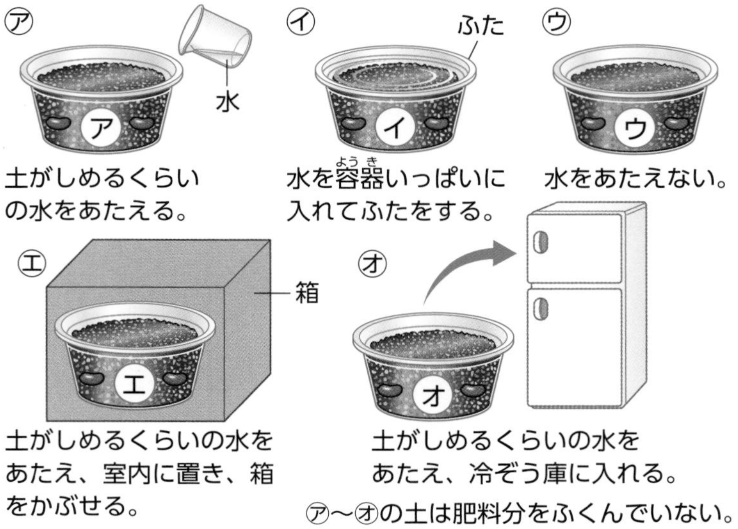

土がしめるくらいの水をあたえる。

水を容器(ようき)いっぱいに入れてふたをする。

水をあたえない。

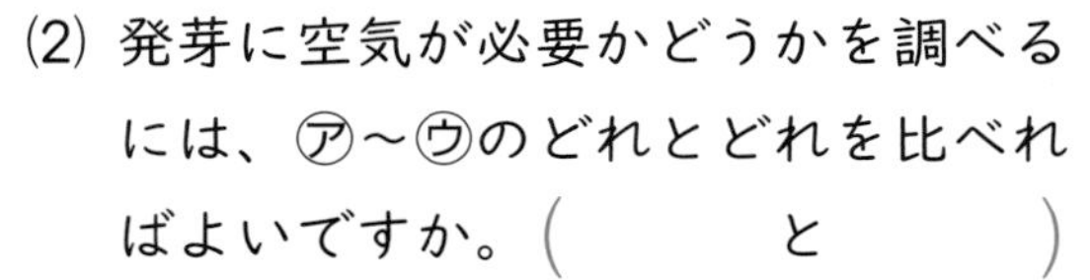

土がしめるくらいの水をあたえ、室内に置き、箱をかぶせる。

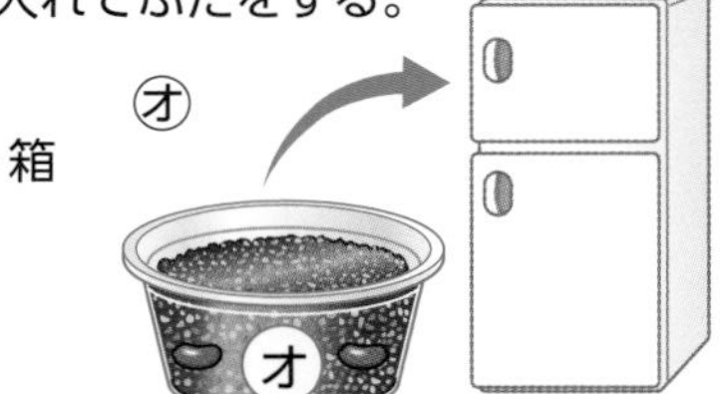

土がしめるくらいの水をあたえ、冷ぞう庫に入れる。

㋐～㋔の土は肥料分をふくんでいない。

(1) 発芽に水が必要かどうかを調べるには、㋐～㋒のどれとどれを比べればよいですか。(　　と　　)

(2) 発芽に空気が必要かどうかを調べるには、㋐～㋒のどれとどれを比べればよいですか。(　　と　　)

(3) ㋐～㋒は発芽しましたか。発芽したものには○、発芽しなかったものには×をつけましょう。(完答)

㋐(　　)　㋑(　　)　㋒(　　)

(4) ㋓と㋔を比べると、発芽に何が必要なことがわかりますか。正しいものに○をつけましょう。

ア(　　)明るさ　**イ**(　　)適当(てきとう)な温度　**ウ**(　　)肥料

(5) 記述 ㋓で箱をかぶせるのはなぜですか。　技能

(　　　　　　　　)

(6) これらの実験から、発芽にはどんな条件が必要だとわかりますか。3つ書きましょう。(完答)

(　　　　)、(　　　　)、(　　　　)

できたらスゴイ!

4 インゲンマメの種子の養分を調べました。

各10点(40点)

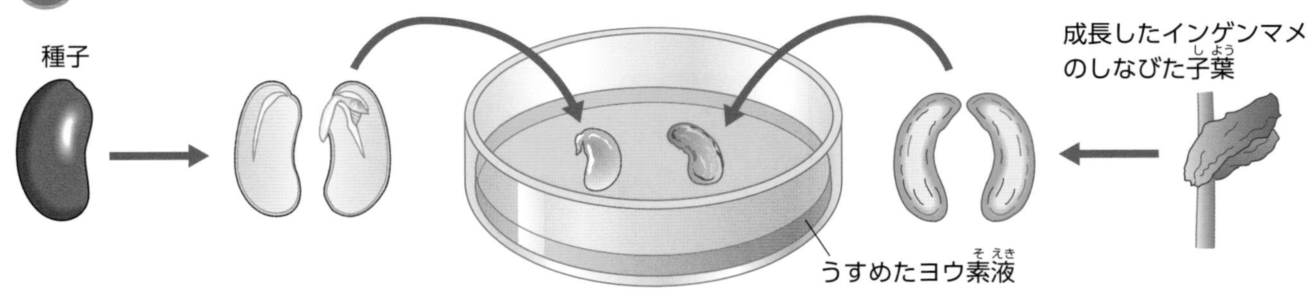

(1) インゲンマメの種子を2つにわり、うすめたヨウ素液にひたすと、種子の色が変わりました。何色になりましたか。(　　　　)

(2) 種子の色が変わったことから、インゲンマメの種子にある養分は何だとわかりますか。(　　　　)

(3) しなびた子葉をヨウ素液にひたすと、子葉の色はあまり変わりませんでした。このことから、種子にあった養分はどうなったことがわかりますか。○をつけましょう。

ア(　　)増(ふ)えた。　**イ**(　　)減った。　**ウ**(　　)変わらなかった。

(4) 記述 種子にあった養分が(3)のようになったのはなぜですか。　思考・表現

(　　　　　　　　)

ふりかえり

3 がわからないときは、10ページの 1 、 2 にもどってかくにんしましょう。
4 がわからないときは、12ページの 2 にもどってかくにんしましょう。

ぴったり1 準備

3分でまとめ

3. 魚のたんじょう

①メダカのたまごの成長①

学習日　月　日

めあて
メダカの飼い方と、メダカの受精卵のでき方についてかくにんしよう。

教科書 40〜44ページ　答え 10ページ

下の(　)にあてはまる言葉を書くか、あてはまるものを○で囲もう。

1 メダカはどのようにして飼えばよいのだろうか。　教科書 42〜43ページ

- 水そうは、日光が直接(① 当たる ・ 当たらない)、明るいところに置く。
- 水そうの底に、よくあらった小石をしき、(②　　　　)を入れる。
- (③ 出したばかり ・ くみ置き)の水道水を入れる。
- えさは、(④ 食べ残す ・ 食べ残さない)ぐらいの量を、毎日2〜3回あたえる。
- たまごを産むようにめすとおすを(⑤ 同じ ・ ちがう)水そうに入れる。

水道水
水草
小石

メダカは、水草にたまごを産みつけるよ。

めす
せびれに切れこみがない。
はらがふくれている。
しりびれの後ろが(⑥ 長い ・ 短い)。

おす
せびれに切れこみが(⑦ ある ・ ない)。
しりびれは、平行四辺形に近い。

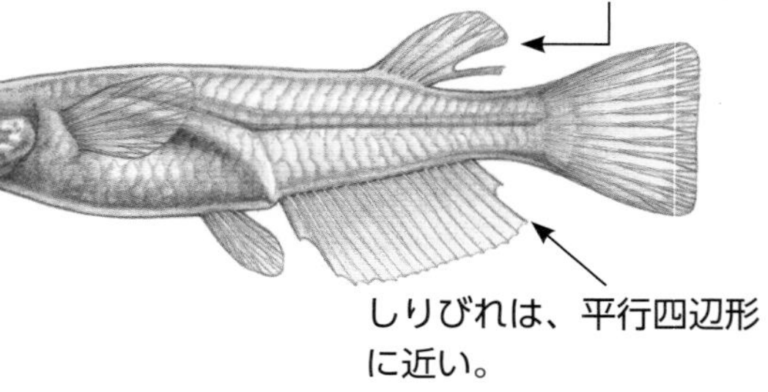

2 メダカの受精卵はどのようにしてできるのだろうか。　教科書 43〜44ページ

めすがたまごを産むと、おすが精子を出して、たまごが(①　　　　)する。

たまごを水草に産みつける。

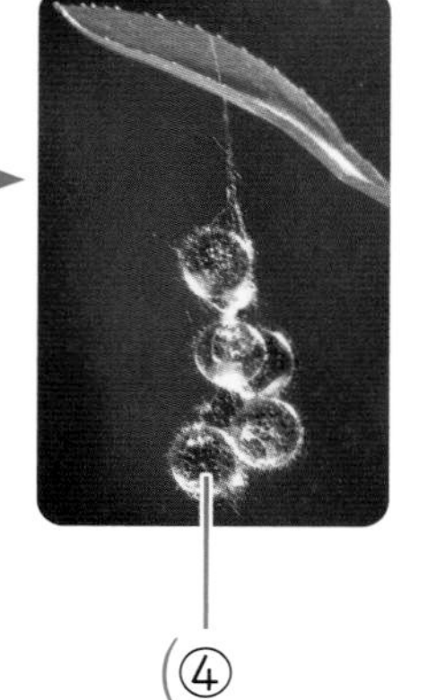

(④　　　　)

直径約1mmの受精卵から、メダカの生命が始まるんだね。

- めすが産んだたまごとおすが出した(②　　　　)が結びつくことを、受精という。
- 受精したたまごを(③　　　　)という。

ここが、だいじ！
①たまごを産ませるには、めすとおすのメダカを1つの水そうに入れる。
②メダカのめすとおすは、せびれとしりびれで見分けることができる。
③たまごと精子が結びつく(受精する)と、受精卵になる。

ぴたトリビア　黄色で観賞用のメダカはヒメダカという種類で、黒っぽい野生のメダカとは別の種類です。飼育しているメダカを自然の川などに放さないようにしましょう。

3. 魚のたんじょう

①メダカのたまごの成長①

1 メダカのめすとおすを飼(か)います。

(1) 水そうは、どのようなところに置きますか。正しいものに○をつけましょう。

ア(　　)日光が直接(ちょくせつ)当たる明るいところ。
イ(　　)日光が直接当たらない明るいところ。
ウ(　　)日光が当たらない暗いところ。

(2) えさはどのようにあたえますか。正しいものに○をつけましょう。

ア(　　)2日に1回、食べ残すぐらいたくさんあたえる。
イ(　　)2日に1回、食べ残さないぐらいの量をあたえる。
ウ(　　)1日に2～3回、食べ残すぐらいたくさんあたえる。
エ(　　)1日に2～3回、食べ残さないぐらいの量をあたえる。

(3) ①、②のひれを何といいますか。それぞれのひれの名前を書きましょう。

①(　　　　　　　　)
②(　　　　　　　　)

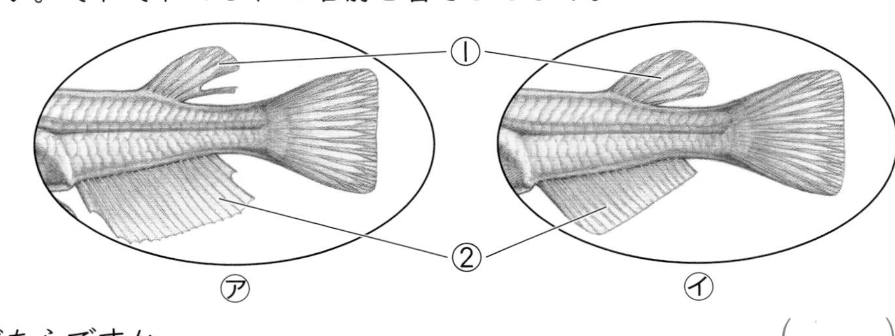

(4) おすのメダカは、㋐、㋑のどちらですか。　(　　)

2 右の写真は水草についたメダカのたまごのようすです。

(1) メダカのめすがたまごを産むとき、メダカのおすは何を出しますか。

(　　　　　　)

(2) めすが産んだたまごとおすが出した(1)のものが結びつくことを何といいますか。

(　　　　　　)

(3) (2)でできたたまごのことを何といいますか。

(　　　　　　)

(4) (3)のたまごの大きさは、およそどのくらいですか。正しいものに○をつけましょう。

(　　)0.1 mm　(　　)1 mm　(　　)1 cm

ヒント 1 (3)ひれがどこについているかで考えましょう。
(4)メダカのおすとめすは、ひれの形のちがいで見分けることができます。

学習日　月　日

3. 魚のたんじょう

①メダカのたまごの成長②

めあて
メダカの受精卵がどのように変化して子メダカが生まれるかかくにんしよう。

教科書 44〜49ページ　答え 11ページ

下の(　)にあてはまる言葉を書くか、あてはまるものを○で囲もう。

1 メダカの受精卵は、どのように育っていくのだろうか。　教科書 44〜49ページ

メダカのたまごが育つようすを観察する

たまごがついた水草を切り取り、水を入れた容器に入れる。

(①　　　　)

▶たまごの中のようすを観察するときは、(② 虫めがね ・ かいぼうけんび鏡)やそう眼実体けんび鏡を使う。

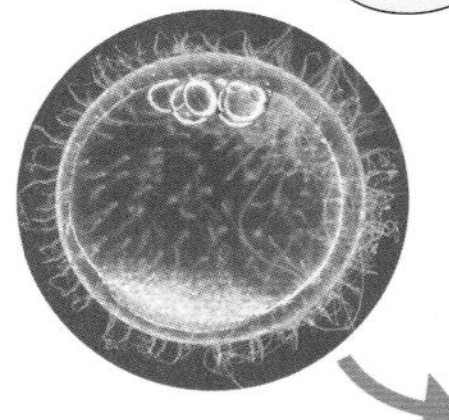
受精から数時間後
ふくらんだ部分が見られる。

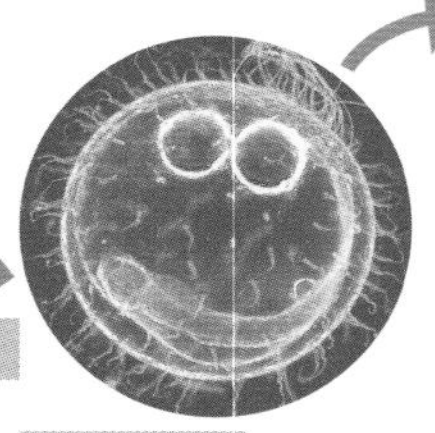
3日後
体の形がわかるようになる。

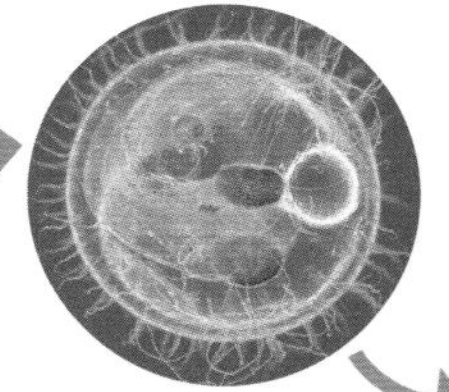
5日後
目ができて、体の形がはっきりしてくる。

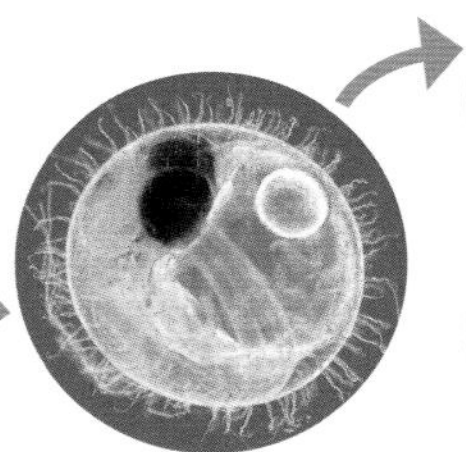
7日後
目が大きく黒くなり、血管が見える。

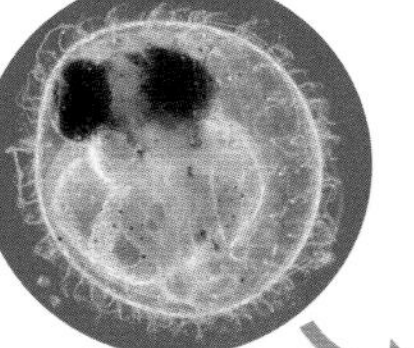
10日後
さかんに体を動かす。

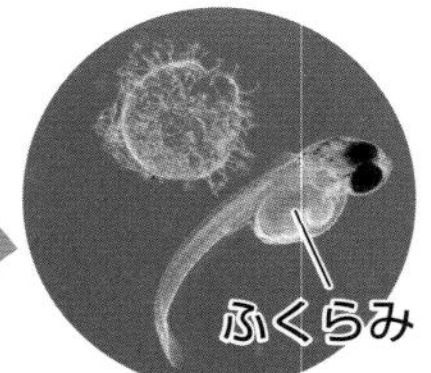

11日後
たまごから子メダカがかえる。

▶メダカの受精卵は、中のようすがだんだん魚らしくなっていき、約(③　　　　)日で子メダカがかえる。

▶たまごの中の子メダカは、(④ たまごの中 ・ 水中)の養分で育つ。

▶かえった子メダカのはらにはふくらみがあり、数日間はこの中の(⑤　　　　)で育つので、はらのふくらみはだんだん(⑥ 小さく ・ 大きく)なっていく。

かえったばかりの子メダカはあまり動かず、えさをあたえても、ほとんど食べないよ。

▶かいぼうけんび鏡の使い方

(1)日光が直接(⑦ 当たる ・ 当たらない)明るいところに置く。

(2)レンズをのぞきながら(⑧　　　　)を動かして、明るく見えるようにする。

(3)観察するものをステージに置き、レンズをのぞきながら(⑨　　　　)を回し、はっきり見えるところで止める。

かいぼうけんび鏡

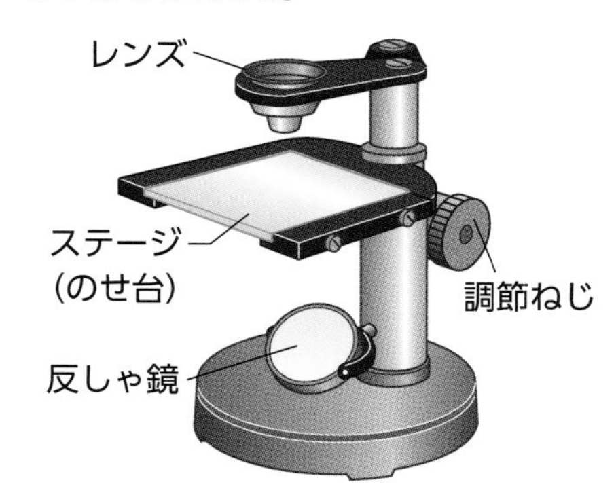

ここがだいじ!
①メダカの受精卵は、中のようすが変化して、約11日で子メダカがかえる。
②たまごの中や、かえったばかりの子メダカのはらのふくらみには、育つための養分がある。

メダカ以外の魚も、めすが産んだたまごが、おすが出す精子と結びついて、たまごが育ち始めます。

1 メダカのたまごが育っていくようすを観察しました。

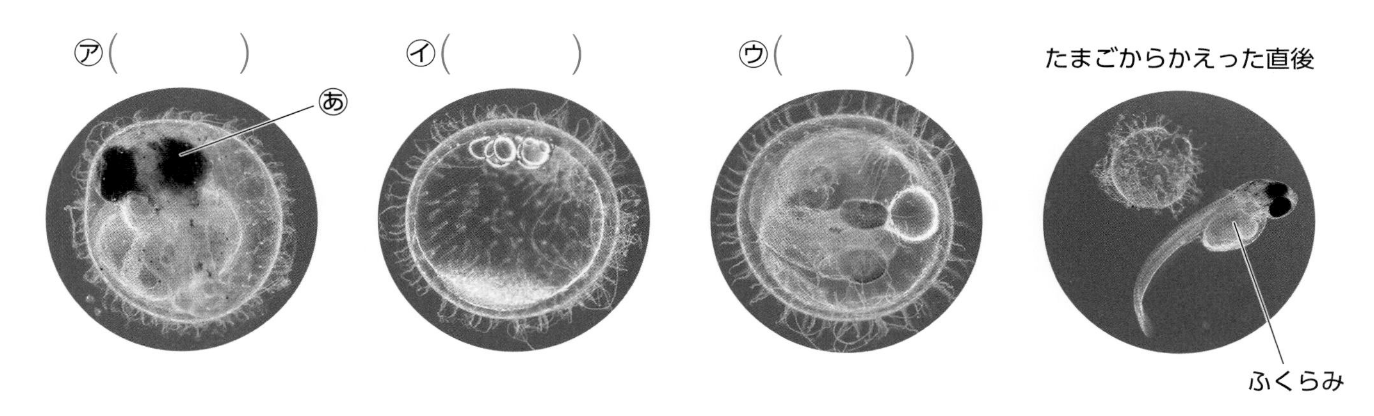

(1) ㋐の部分は何ですか。(　　　　)

(2) たまごが育っていく順に、上の㋐～㋒の(　)に1～3の番号を書きましょう。

(3) メダカのたまごが育っていくための養分について、正しいものに○をつけましょう。

ア(　)たまごの中にたくわえられている。

イ(　)水中から取り入れている。

ウ(　)親のメダカがときどきあたえている。

(4) たまごからかえった直後の子メダカのはらのふくらみの中には、何が入っていますか。

(　　　　)

2 かいぼうけんび鏡について、次の問いに答えましょう。

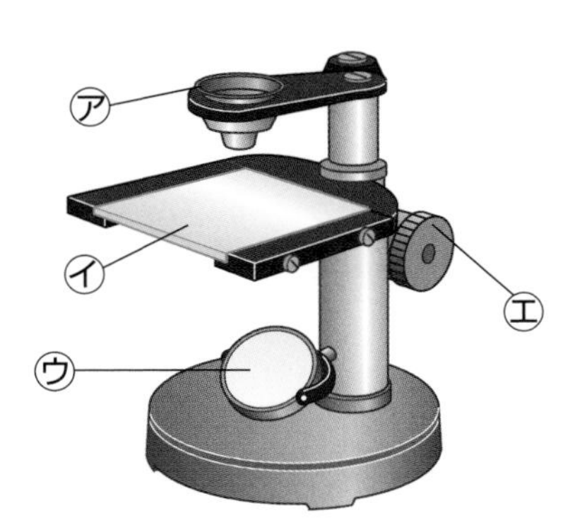

(1) かいぼうけんび鏡は、どんなところに置いて使いますか。正しいものに○をつけましょう。

ア(　)日光が直接(ちょくせつ)当たる明るいところ。

イ(　)日光が直接当たらない明るいところ。

ウ(　)日光が当たらないうす暗いところ。

エ(　)真っ暗なところ。

(2) ㋐～㋓の部分の名前をそれぞれ書きましょう。

㋐(　　　　)　㋑(　　　　)

㋒(　　　　)　㋓(　　　　)

(3) 観察するものが明るく見えるようにするためには、どこをのぞきながら、どこを動かしますか。それぞれ㋐～㋓の記号を書きましょう。

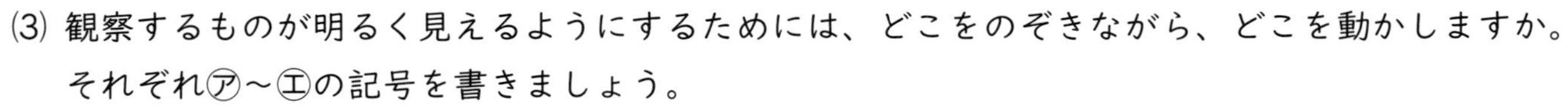

のぞくところ(　　)　動かすところ(　　)

3. 魚のたんじょう

／100

合格 70 点

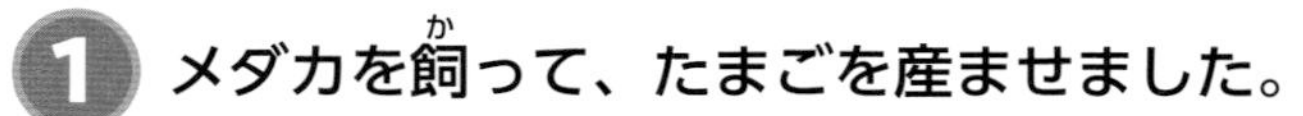

1 メダカを飼(か)って、たまごを産ませました。

技能 各5点(40点)

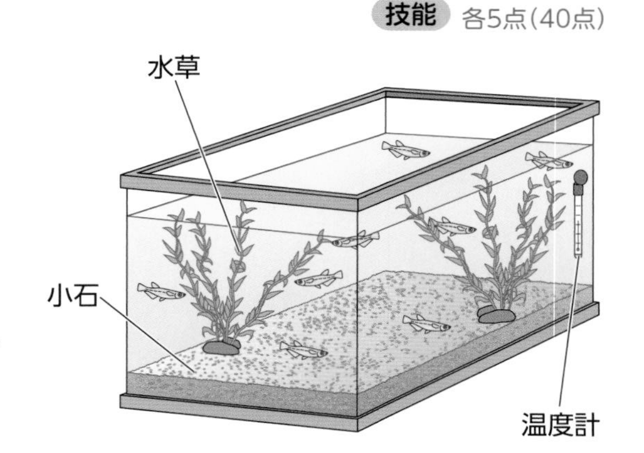

(1) メダカの飼い方で正しいもの２つに○をつけましょう。

ア(　　)水そうは、日光の直接(ちょくせつ)当たる明るいまどぎわに置く。

イ(　　)くみ置きの水道水を水そうに入れる。

ウ(　　)よくあらった小石を、水そうの底に入れる。

エ(　　)えさは１週間に１回あたえる。

オ(　　)水温は５℃くらいにする。

(2) メダカがたまごを産みつけやすいように、水そうに入れてあるものは何ですか。正しいものに○をつけましょう。

(　　)小石　(　　)水草　(　　)温度計

(3) メダカにたまごを産ませるには、水そうで飼うメダカの数をどのようにしたらよいですか。正しいものに○をつけましょう。

ア(　　)おすのメダカだけを１ぴき入れる。

イ(　　)めすのメダカだけを数ひき入れる。

ウ(　　)おすのメダカだけを数ひき入れる。

エ(　　)おすのメダカとめすのメダカを数ひきずつ入れる。

(4) 図のメダカがめすかおすかを見分けようと思います。どのひれを手がかりにするとよいですか。図の㋐～㋔から２つ選び、記号を書きましょう。

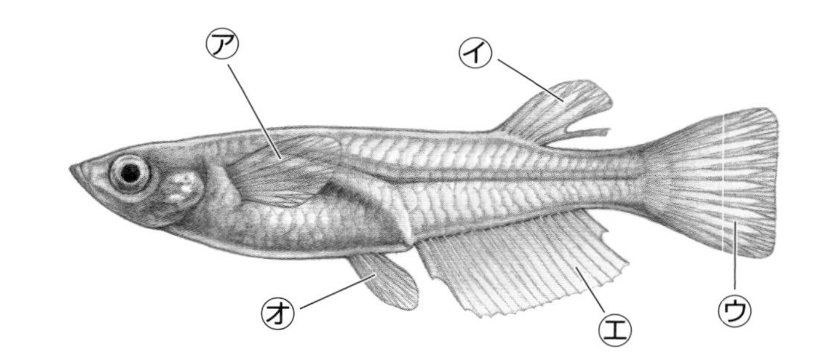

(　　)(　　)

(5) 図のメダカは、めすとおすのどちらですか。

(　　　　)

(6) 記述 メダカのたまごをかいぼうけんび鏡で観察します。レンズをのぞくと暗いので、明るく見えるようにします。何をどのようにすればよいですか。

(　　　　　　　　　　　　　　　　)

よく出る

2 メダカの育ちについて調べました。

(1)は全部できて10点、他は各5点(30点)

(1) 次の写真は、メダカの受精卵(じゅせいらん)が育っていくとちゅうのようすです。受精卵が変化していく順に、㋐～㋔の(　)に1～5の番号を書きましょう。 (完答)

㋐(　　)　㋑(　　)　㋒(　　)　㋓(　　)　㋔(　　)

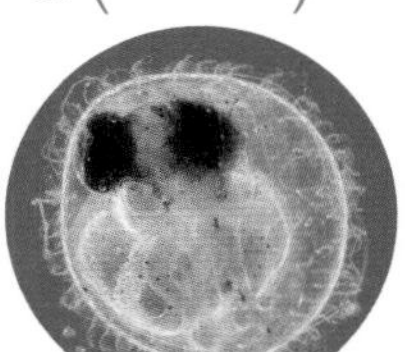 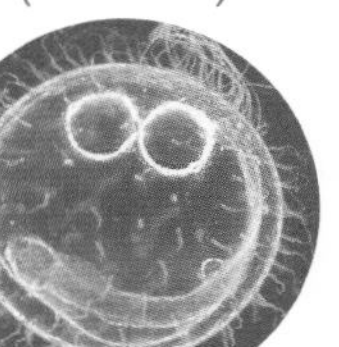 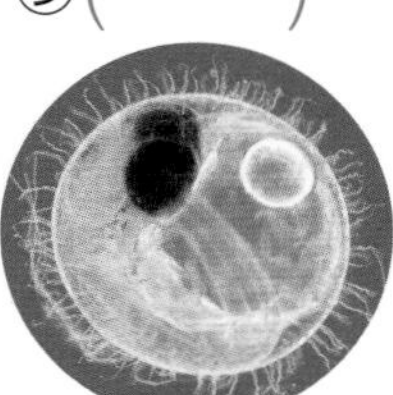 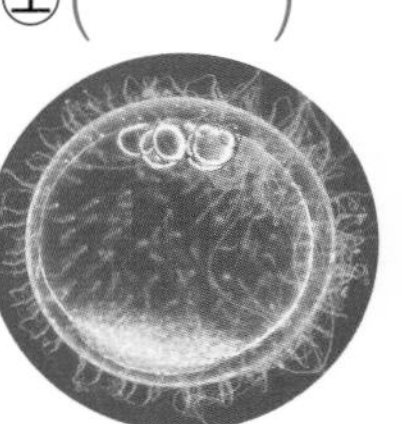 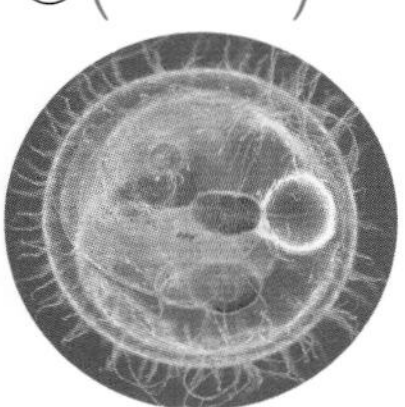

(2) 受精卵が(1)のように育ち、子メダカとしてたんじょうするのは、受精のおよそ何日後ですか。正しいものに○をつけましょう。

ア(　　)1日後　　イ(　　)11日後　　ウ(　　)21日後

(3) たまごの中のメダカが育つための養分はどこにありますか。**ア～ウ**から選びましょう。

ア 水の中　　**イ** たまごの中　　**ウ** 親のメダカがあたえる　(　　)

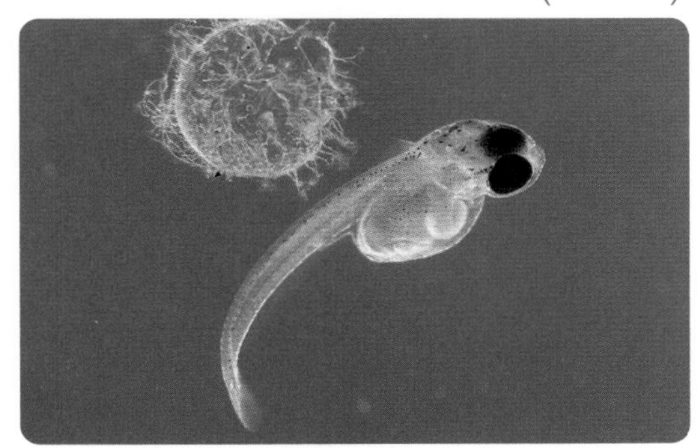

(4) たまごからかえったばかりの子メダカには、はらにふくらみがあります。
ふくらみには何がありますか。

(　　　　　)

(5) 数日後には、このふくらみはどうなりますか。正しいものに○をつけましょう。

ア(　　)大きくなる。　イ(　　)小さくなる。
ウ(　　)変わらない。

できたらスゴイ!

3 たまごを産む場所はちがいますが、サケのたまごもメダカと同じように育っていきます。

各10点(30点)

(1) 写真は、たまごを産むサケのようすです。

①めすがたまごを産むと、おすは何を出しますか。(　　　　　)

②めすが産んだたまごと、おすが出した①が結びつくことを何といいますか。

(　　　　　)

川底の石
たまごからかえった直後のサケ

(2) 記述 たまごからかえった直後は、サケもメダカも同じようなようすをしていて、しばらくの間は何も食べずに育ちます。それは、なぜですか。　思考・表現

(　　　　　　　　　　　　　　　　　　　　　　)

2 がわからないときは、20ページの 1 にもどってかくにんしましょう。
3 がわからないときは、18ページの 2 、20ページの 1 にもどってかくにんしましょう。

ぴったり1 準備

3分でまとめ

★ 台風の接近

学習日　月　日

めあて
台風の進路と天気の変化、台風による災害についてかくにんしよう。

教科書 54〜63ページ　答え 13ページ

下の(　　)にあてはまる言葉を書くか、あてはまるものを○で囲もう。

1 台風は、どのように動くのだろうか。

教科書 54〜59ページ

9月3日午前9時　9月3日午後9時　9月4日午前9時

雲画像

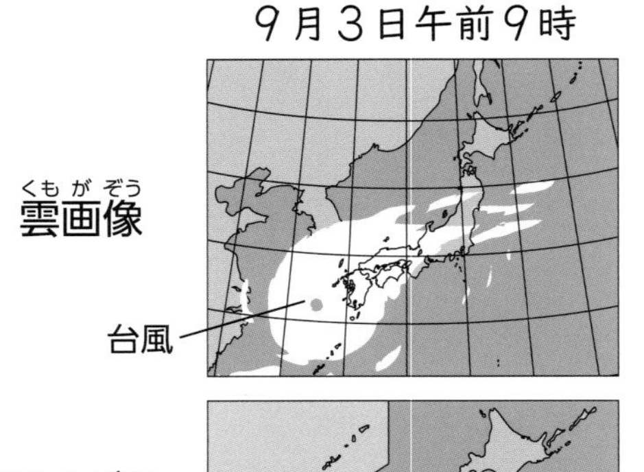

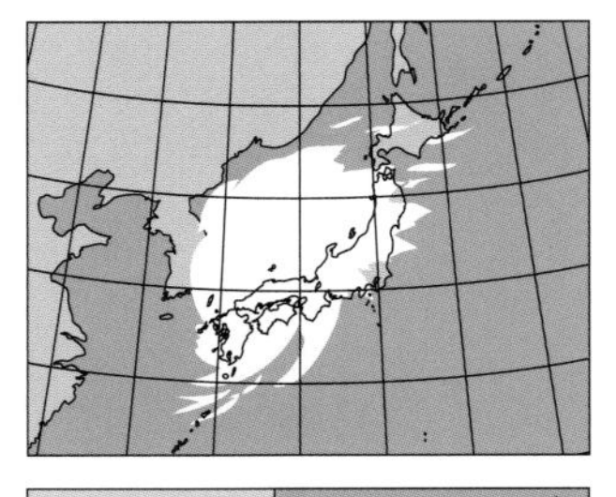

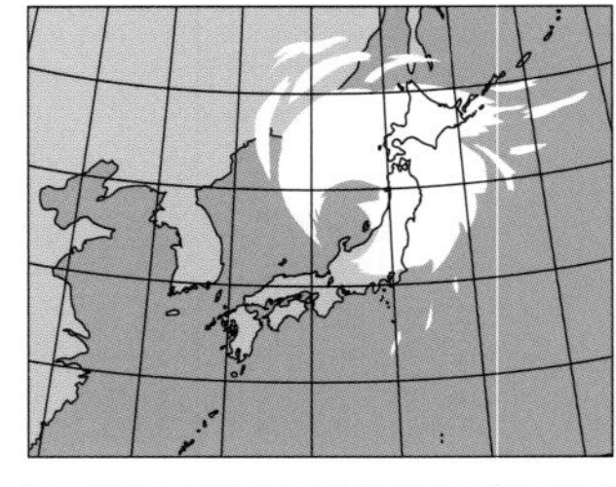

アメダスのこう雨情報

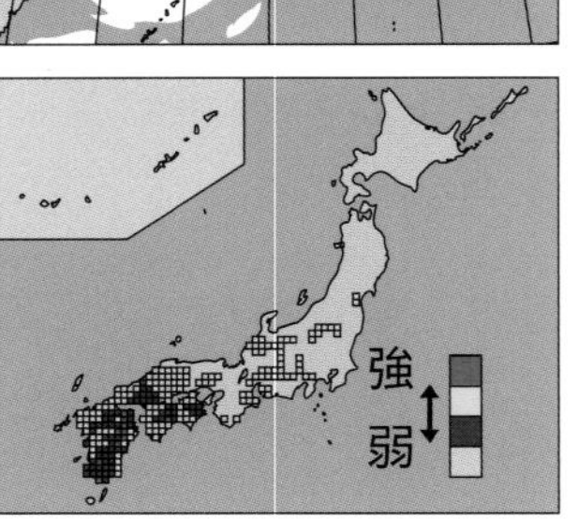

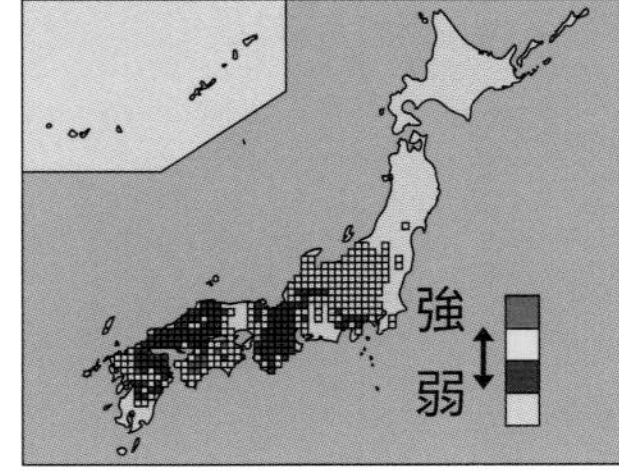

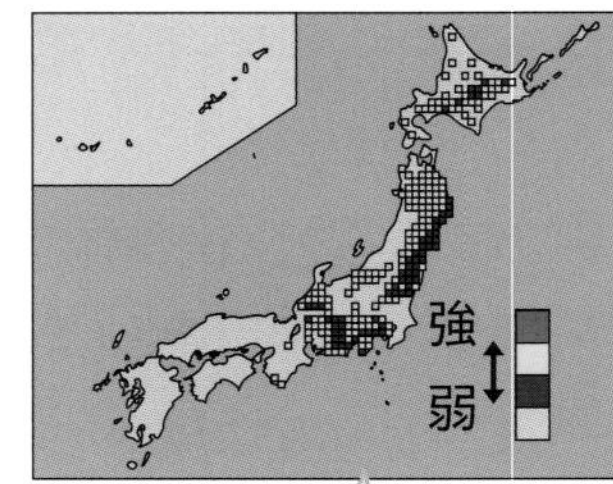

▶台風は、夏から(①　　　　)にかけて、日本に近づくことが多い。

▶台風は、日本のはるか(②　　　　)の方で発生し、(③　　　　)へ向かって動くことが多い。

台風の位置によって、雨のふる地いきが変わる。台風が近づいた地いきでは、雨の量が多くなる。

2 台風が近づくと、どのような災害が起こるのだろうか。

教科書 60〜63ページ

▶台風が近づくと、広い地いきで風や雨が(①　強く　・　弱く　)なる。

▶台風が近づくと、風や雨によって各地に大きな災害が起こることがある。

▶台風による災害の例

(②　大雨　・　強風　)によってたおれた木

大雨による増水で、水につかる道路

台風が近づいたら、気象情報を調べるなどして、十分に注意する必要があるね。

ここが だいじ!

①台風は、夏から秋にかけて日本に近づくことが多い。

②台風は、日本の南の方で発生し、北へ向かって動くことが多い。

③台風が近づくと風や雨が強くなり、大きな災害が起こることがある。

ぴたトリビア　自然災害が起こったときに予想されるひ害を、地図上に表したものを「ハザードマップ」といいます。

★ 台風の接近

教科書 54〜63ページ　答え 13ページ

1 下の図は、連続した２日間の１２時間おきの雲画像です。

㋐

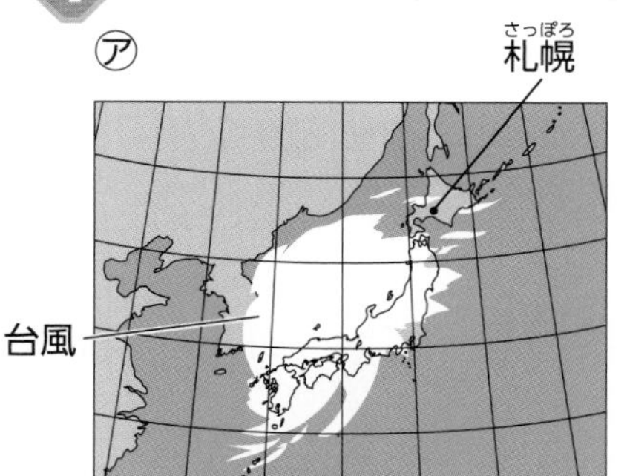

㋑

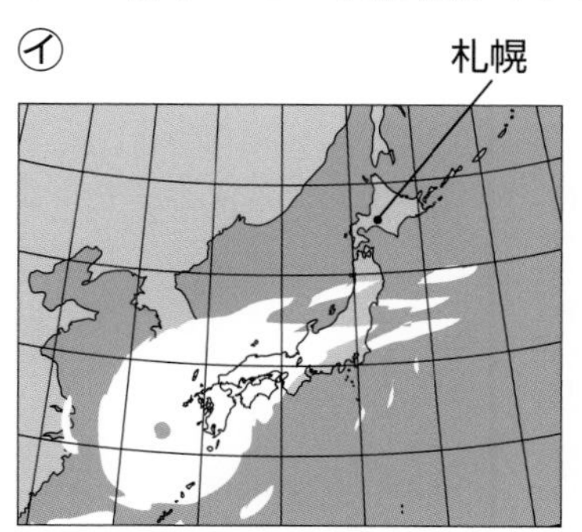

㋒

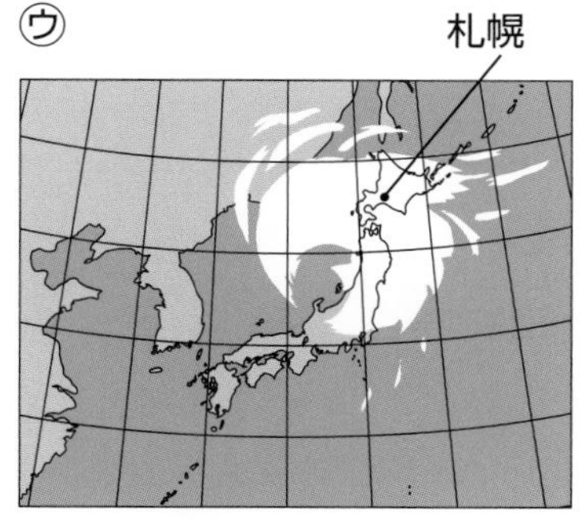

(1) ㋐〜㋒の雲画像は、順番どおりにならんでいません。正しい順に、記号をならべましょう。

(　　)→(　　)→(　　)

(2) ㋐〜㋒の雲画像の時こくに、札幌に雨がふっていたときがありました。それはどのときですか。記号を書きましょう。

(　　)

(3) 台風が近づくと、ふる雨の量はどうなることが多いですか。正しいものに〇をつけましょう。

ア(　　)多くなる。
イ(　　)少なくなる。
ウ(　　)変わらない。

(4) 台風が、日本に近づくことが多いのはいつごろですか。正しいものに〇をつけましょう。

ア(　　)春から夏
イ(　　)夏から秋
ウ(　　)秋から冬
エ(　　)冬から春

2 台風による風の強さの変化と、台風による風によって起こる災害について調べました。

(1) 台風が近づくと、風の強さはどうなることが多いですか。正しいものに〇をつけましょう。

ア(　　)強くなる。
イ(　　)弱くなる。
ウ(　　)変わらない。

(2) 次のア〜エのうち、台風による風によって起こる災害はどれですか。正しいものすべてに〇をつけましょう。

ア(　　)こう水が起き、家の中に水が入ってくる。
イ(　　)かん板や屋根がわらが、ふきとばされる。
ウ(　　)がけがくずれて、家がおしつぶされたり、道路がふさがれたりする。
エ(　　)リンゴの実が落ち、収かくできなくなる。

★ 台風の接近

よく出る

1 新聞の気象らんやテレビの画面などには、下のような画像や情報があります。

各6点(30点)

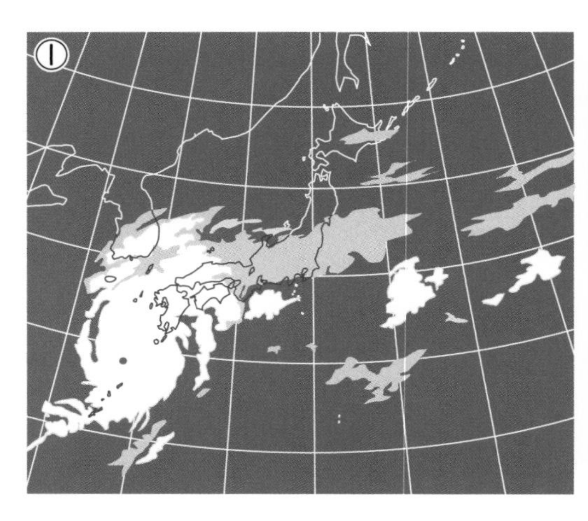

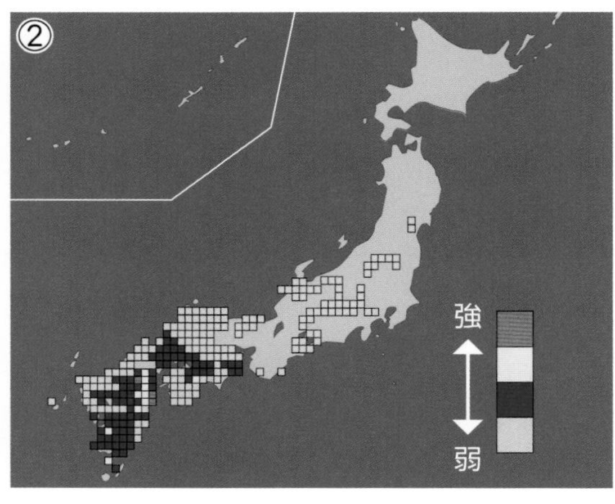

※①と②は、同じ日時の画像、情報です。

(1) ①の画像を、何といいますか。　(　　　　)

(2) ②の情報を、何といいますか。　(　　　　)

(3) ②の情報から、どのようなことがわかりますか。正しいもの２つに○をつけましょう。

ア(　　)雨はふっていないが、くもっている地いき
イ(　　)雨のふっている地いき
ウ(　　)風の強さ
エ(　　)雨の量

(4) ①と②から、台風がある地いきと雨のふる地いきには、どのような関係がありますか。正しいものに○をつけましょう。

ア(　　)台風がある地いきでは、雨のふる地いきが多い。
イ(　　)台風がある地いきでは、雨のふる地いきが少ない。
ウ(　　)台風がある地いきと雨のふる地いきの間には、何の関係もない。

2 右の図は、ある月の台風の動き方を表しています。

各6点(12点)

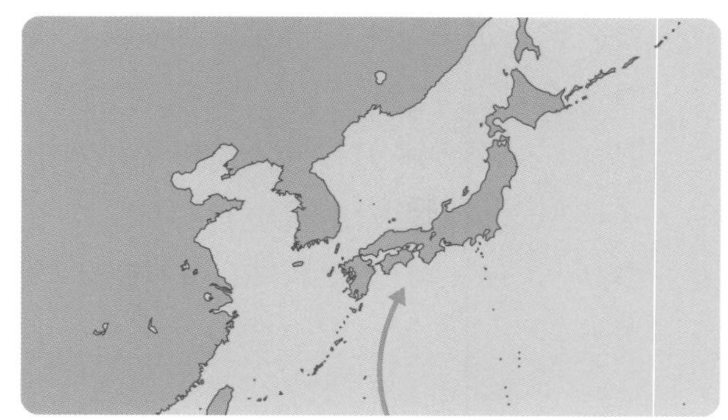

(1) 図は、日本に台風が近づくことが多い月の台風の動きを表しています。この月は、何月ごろですか。正しいものに○をつけましょう。

ア(　　)１月ごろ　イ(　　)４月ごろ
ウ(　　)９月ごろ　エ(　　)12月ごろ

(2) 作図 図の台風は、このあとどのように動きますか。図の矢印の続きをかきましょう。　技能

学習日　　月　　日

3 次の日時の天気の情報を調べました。

各6点(18点)

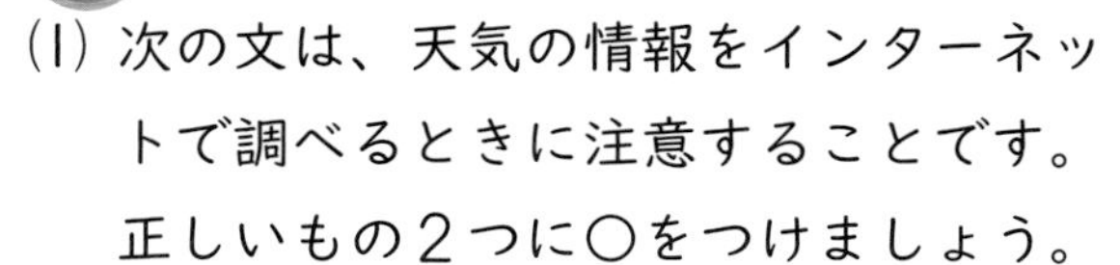

(1) 次の文は、天気の情報をインターネットで調べるときに注意することです。正しいもの2つに○をつけましょう。

技能

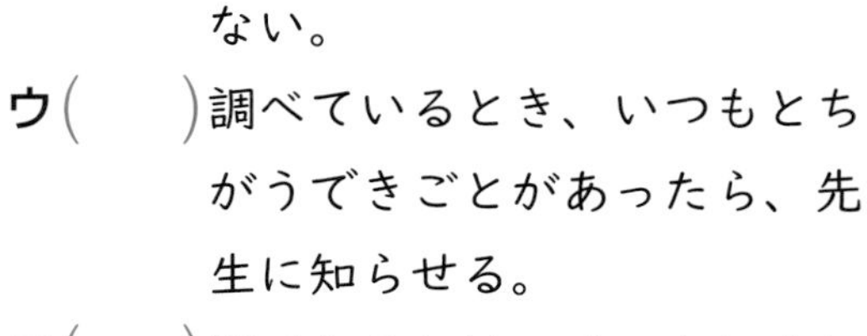

ア(　　)調べる前に、何を調べるか整理して話し合う。

イ(　　)調べる前に、先生には相談しない。

ウ(　　)調べているとき、いつもとちがうできごとがあったら、先生に知らせる。

エ(　　)調べたことは、ノートにまとめる必要はない。

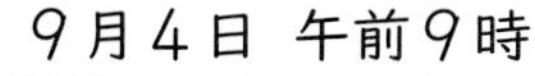

9月3日 午後9時　　9月4日 午前9時

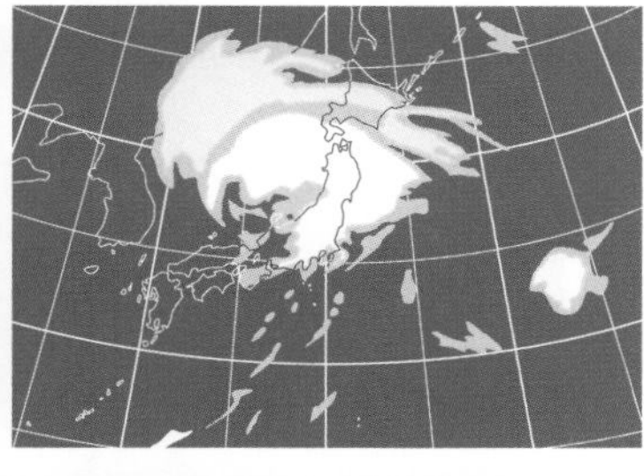

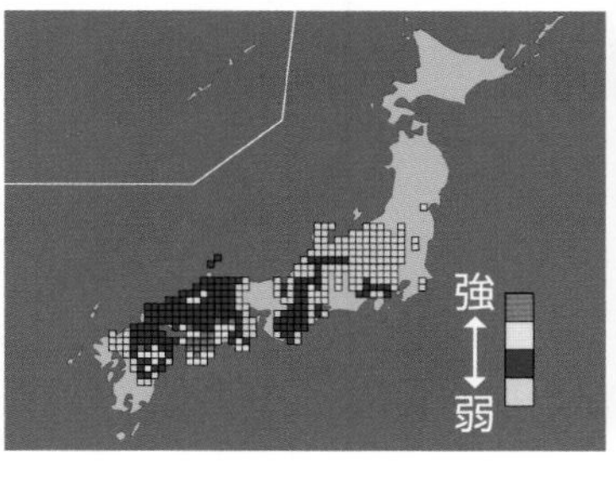

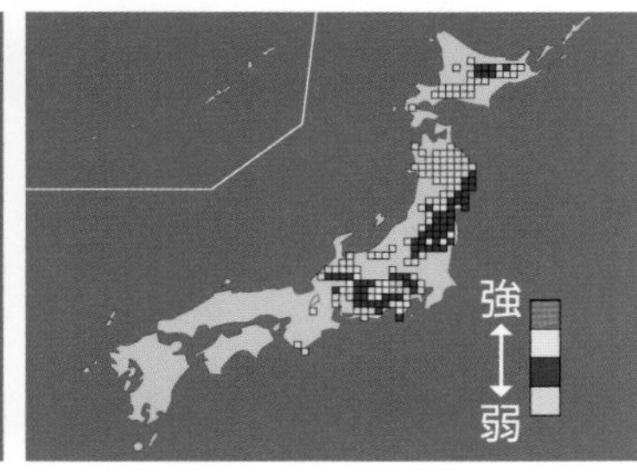

(2) 上の情報から、図のⓐの地いきの天気は、どのように変化したことがわかりますか。正しいものに○をつけましょう。

ア(　　)3日午後9時は晴れていたが、4日午前9時は雨がふっていた。

イ(　　)3日午後9時は雨がふっていたが、4日午前9時は雨がやんでいた。

ウ(　　)3日午後9時はくもっていた(雨はふっていない)が、4日午前9時は晴れていた。

エ(　　)3日午後9時は雪がふっていたが、4日午前9時は雨がふっていた。

できたらスゴイ！

4 右の図は、台風のときの日本付近の雲のようすを表しています。

各10点(40点)

(1) このとき、大阪(おおさか)と鹿児島(かごしま)はちがう天気でした。天気が雨と考えられるのはどちらですか。

(　　　　)

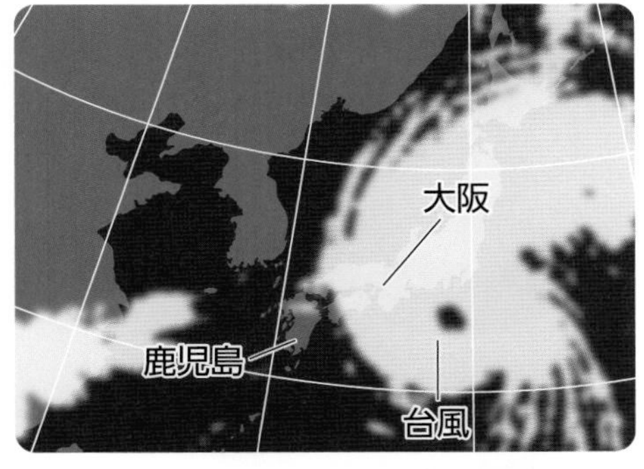

(2) しばらくすると、大阪の天気が変化しました。どのように変化しましたか。

(　　　　)

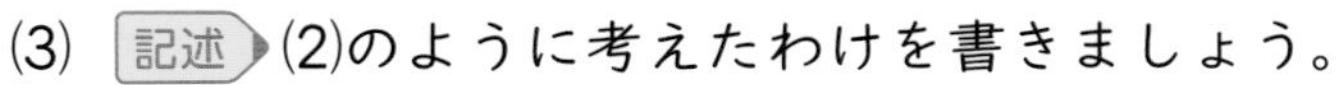

(3) 記述 (2)のように考えたわけを書きましょう。

思考・表現

(　　　　)

(4) 右の写真は台風による災害(さいがい)の写真です。この災害は、台風のどのような特ちょうによって起こりましたか。

(　　　　)

この本の終わりにある「夏のチャレンジテスト」をやってみよう！

ふりかえり

3 がわからないときは、24ページの 1 にもどってかくにんしましょう。
4 がわからないときは、24ページの 1 、2 にもどってかくにんしましょう。

3分でまとめ

4. 実や種子(しゅし)のでき方

①花のつくり①

学習日　月　日

めあて
ヘチマの花のつくりを、アサガオの花のつくりと比べてかくにんしよう。

教科書 66～69ページ　答え 15ページ

下の(　)にあてはまる言葉を書こう。

1 花は、どのような部分からできているのだろうか。

教科書 68～69ページ

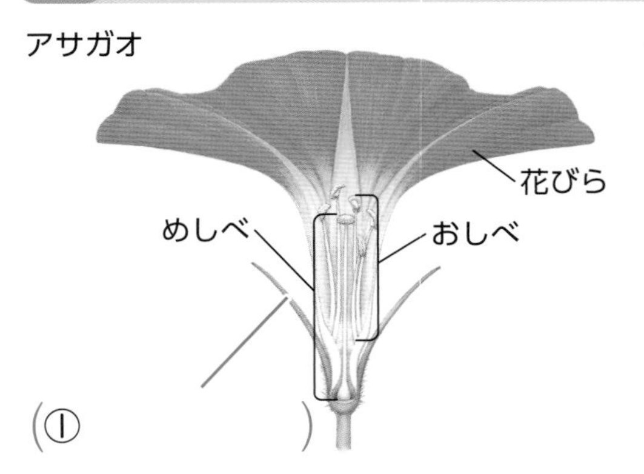

ヘチマ

めばな

(③　　　)

おばな

がく

めしべ

めしべは、花の根もとのふくらんだ部分の中にもある。

(④　　　)

▶アサガオは、１つの花にめしべと(②　　　)がある。

アサガオの花は１種類(しゅるい)で、どの花も同じつくりをしているけど、ヘチマやカボチャには２種類の花があるよ。

▶ヘチマは、めばなに(⑤　　　)が、(⑥　　　)におしべがある。

2 花のどの部分が実になっていくのだろうか。

教科書 68～69ページ

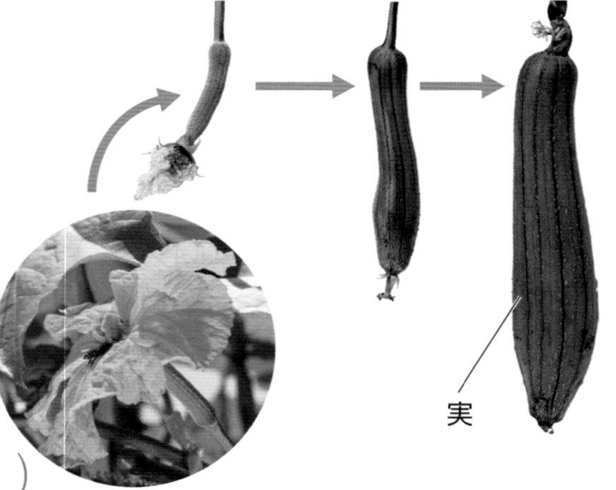

(②　　　)

▶ヘチマもアサガオも(③　　　)のもとがふくらみ、やがて実になる。

①アサガオの花は、１つの花にめしべとおしべがある。
②ヘチマは、めばなにめしべ、おばなにおしべがある。
③アサガオもヘチマも、めしべのもとがふくらんで実になる。

植物の種類によって、花のおしべの本数、花びらのまい数などはちがいますが、花のつくりは同じです。

4. 実や種子(しゅし)のでき方

①花のつくり①

教科書 66〜69ページ 答え 15ページ

1 アサガオの花とヘチマの花を調べました。

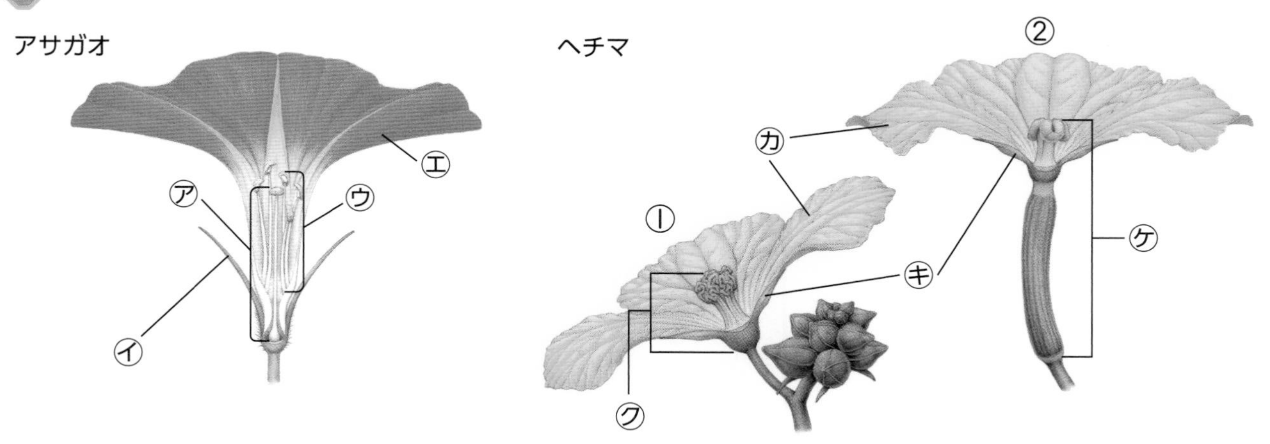

(1) アサガオの花のつくりとして正しいものに○をつけましょう。

ア(　　)どの花も1つの花にめしべとおしべの両方がある。
イ(　　)おしべはあるがめしべのない花がある。
ウ(　　)めしべはあるがおしべのない花がある。

(2) ㋐〜㋓、㋕〜㋘の部分をそれぞれ何といいますか。

㋐(　　　　) ㋑(　　　　) ㋒(　　　　) ㋓(　　　　)
㋕(　　　　) ㋖(　　　　) ㋗(　　　　) ㋘(　　　　)

(3) ヘチマのめばなは、①、②のどちらですか。　(　　)

2 ヘチマの花のどの部分が実になるのか調べました。

(1) 実ができるのは、㋐、㋑のどちらの花ですか。記号を書きましょう。

(　　)

(2) (1)の花は、おばな、めばなのどちらですか。

(　　　)

(3) 実になるのはどの部分ですか。正しいものに○をつけましょう。

ア(　　)おしべの先の部分
イ(　　)おしべのもとの部分
ウ(　　)めしべの先の部分
エ(　　)めしべのもとの部分

4. 実や種子(しゅし)のでき方

①花のつくり②

学習日　月　日

めあて
めしべとおしべには、どのような特ちょうがあるかをかくにんしよう。

教科書 70〜71ページ　答え 16ページ

下の(　)にあてはまる言葉を書くか、あてはまるものを○で囲もう。

1 めしべとおしべには、どんな特ちょうがあるのだろうか。

教科書 70〜71ページ

めしべの先を指でそっとさわる。

虫めがねで観察する。

ヘチマのめしべの先

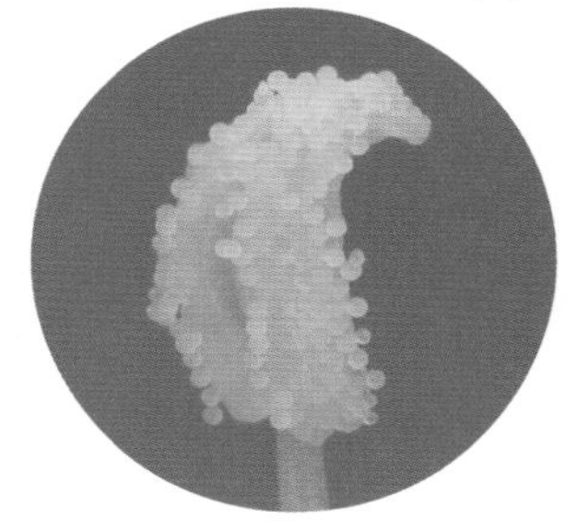

ヘチマの(①　　　　)の先

粉(こな)のようなものがたくさんついている。

▶めしべの先は(② さらさら ・ ねばねば)している。
▶おしべの先にたくさんついている粉のようなものを(③　　　　)という。

アサガオのめしべの先　アサガオのおしべの先　カボチャのめしべの先　カボチャのおしべの先

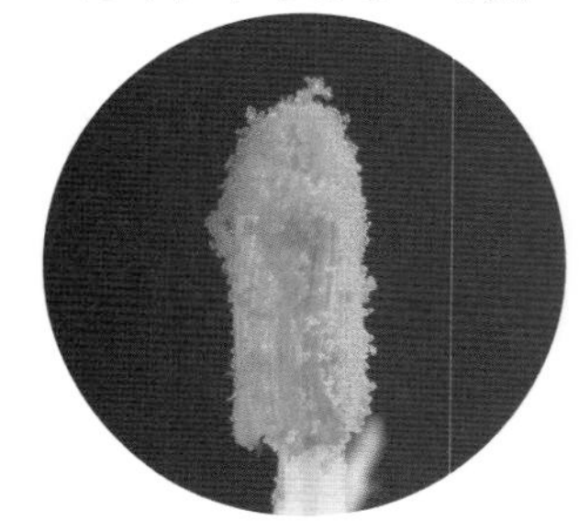

2 ヘチマの花粉(かふん)はどんな形をしているのだろうか。

教科書 70〜71ページ

スライドガラスに
(① おしべ ・ めしべ)
をおしつけて、花粉をつける。

(②　　　　)
をかける。

けんび鏡で観察する。

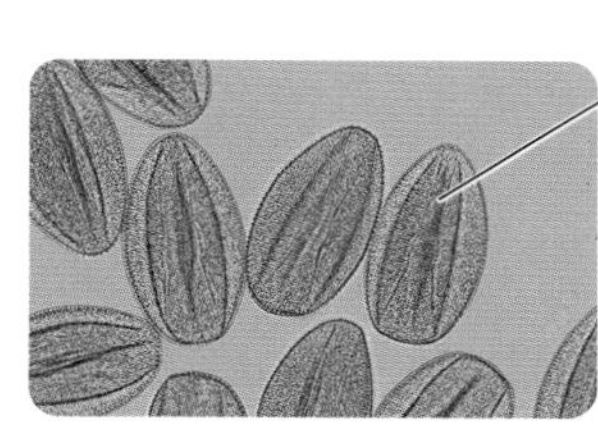

ヘチマの花粉

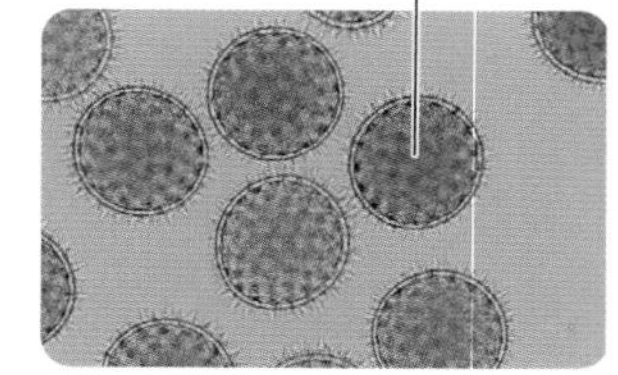

アサガオの花粉

植物によって、花粉の形はちがうんだね。

ここがだいじ!
①めしべの先はねばねばしている。
②おしべの先には花粉がたくさんついている。

ぴたトリビア
花粉がこん虫によって運ばれる花を虫ばい花、風によって運ばれる花を風ばい花といいます。虫ばい花にはカボチャやヘチマなど、風ばい花にはトウモロコシやマツなどがあります。

4. 実や種子（しゅし）のでき方

①花のつくり②

教科書 70～71ページ　答え 16ページ

1 ヘチマの花のめしべの先とおしべの先を調べました。

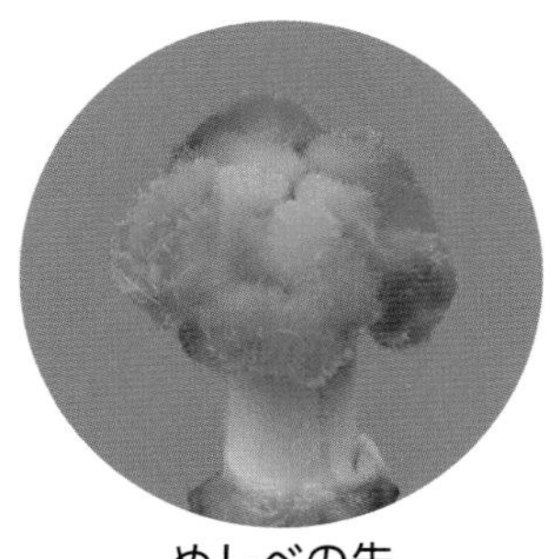

めしべの先

おしべの先

(1) めしべの先とおしべの先を、指でそっとさわってみました。ねばねばしていたのはどちらですか。　(　　　　)

(2) 粉のようなものがたくさんついていたのは、めしべの先とおしべの先のどちらですか。　(　　　　)

(3) (2)の粉のようなものを何といいますか。　(　　　　)

2 ヘチマの花粉（かふん）をけんび鏡で観察します。

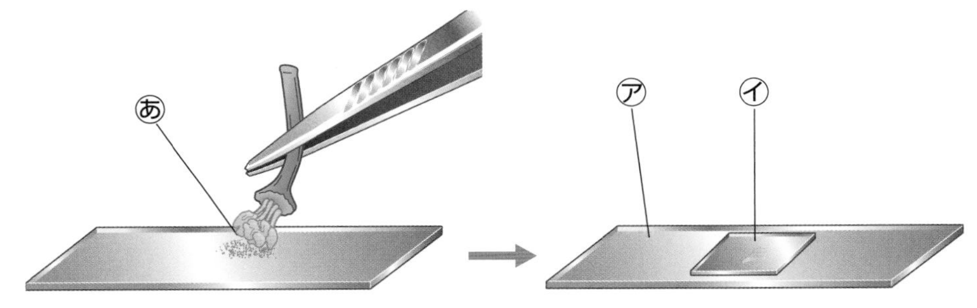

(1) あは、めしべ、おしべのどちらを用いるとよいですか。　(　　　　)

(2) けんび鏡で観察するときに使う、ア、イをそれぞれ何といいますか。

ア(　　　　)
イ(　　　　)

(3) けんび鏡で観察したときのヘチマの花粉に、○をつけましょう。

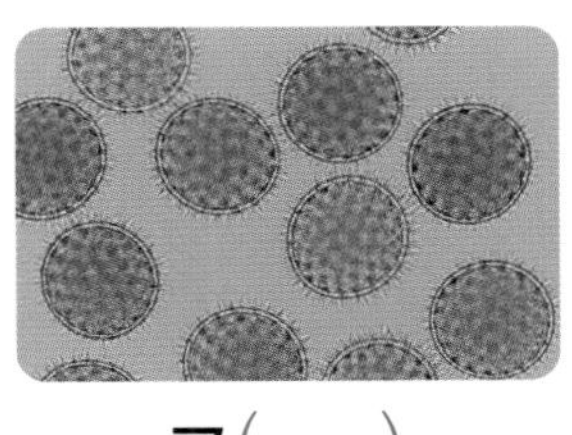

ア(　　)

イ(　　)

4. 実や種子(しゅし)のできス

けんび鏡

学習日　月　日

めあて
けんび鏡の各部分の名前と、けんび鏡の正しい使い方をかくにんしよう。

教科書 186～187ページ　答え 17ページ

下の(　)にあてはまる言葉を書くか、あてはまるものを○で囲もう。

1 けんび鏡の各部分の名前は何だろうか。

教科書 186～187ページ

- けんび鏡は(① かた手 ・ 両手)で持って運ぶ。
- 日光が直接(② 当たる ・ 当たらない)明るいところに置く。
- けんび鏡の倍率(ばいりつ)は、接眼(せつがん)レンズの倍率×(③　　)レンズの倍率

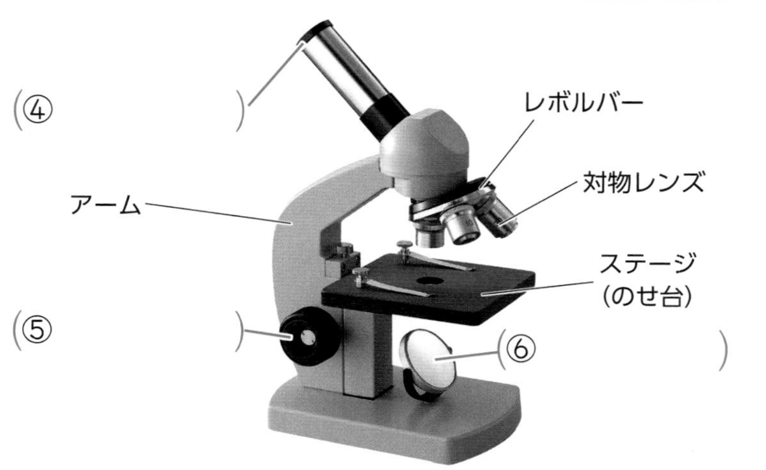

2 けんび鏡はどのようにして使うのだろうか。

教科書 186～187ページ

- 接眼レンズをのぞきながら、(①　　)を動かして、全体が明るく見えるようにする。
- プレパラートを(②　　)に置き、クリップでおさえる。
- 横から見ながら、(③　　)を回して、対物レンズとプレパラートの間をできるだけ近づける。(接眼レンズと対物レンズは、一番低い倍率のものにしておく。)
- 接眼レンズをのぞきながら、少しずつ調節ねじを回して、対物レンズとプレパラートの間を(④ 近づけて ・ はなして)いき、はっきり見えるところで止める。
- 見るものが中心になるようにプレパラートを動かす。
- 大きくして見たいときは、(⑤　　)を回して、倍率の高い対物レンズにかえる。

見えているものを右上に動かしたいときは、プレパラートを左下に動かすよ。

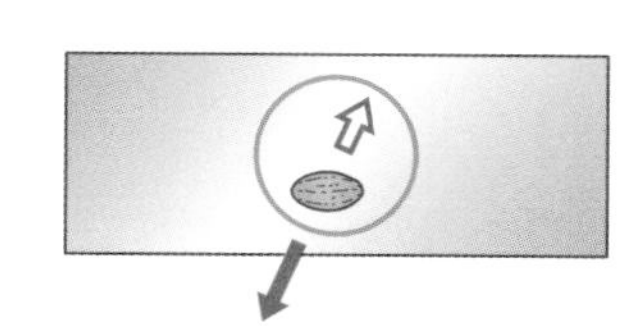

ここが、だいじ!

①けんび鏡は、日光が直接当たらない明るいところで使い、対物レンズとプレパラートの間をはなしながらピントを合わせる。

②大きくしてみたいときは、レボルバーを回して、高い倍率のレンズに変える。

けんび鏡には、ステージ(のせ台)が動くものとつつ(鏡とう)が動くものがあります。上の写真のけんび鏡は、ステージが動きます。

4. 実や種子のでき方

けんび鏡

学習日 月 日

教科書 186〜187ページ　答え 17ページ

1 けんび鏡について、次の問いに答えましょう。

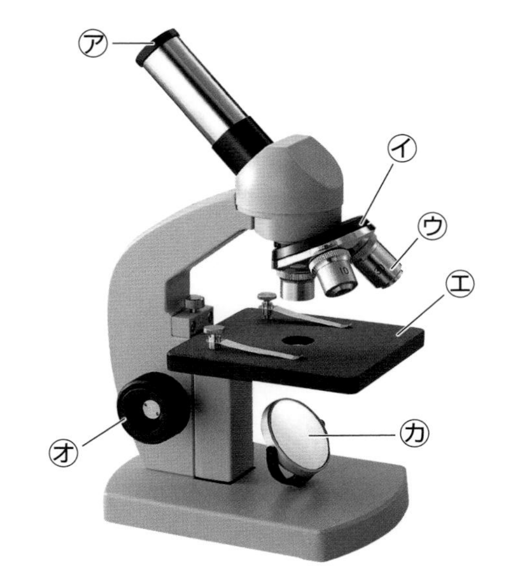

(1) ㋐〜㋕の部分の名前をそれぞれ書きましょう。

㋐(　　　　　　)　㋑(　　　　　　)
㋒(　　　　　　)　㋓(　　　　　　)
㋔(　　　　　　)　㋕(　　　　　　)

(2) けんび鏡を運ぶとき、かた手で持ちますか、両手で持ちますか。

(　　　　　　)

(3) 観察する前に、接眼レンズをのぞきながら、明るく見えるようにします。どの部分を動かして明るく見えるようにしますか。名前を書きましょう。(　　　　　　)

2 けんび鏡の使い方について、次の問いに答えましょう。

(1) 次の文は、けんび鏡の使い方です。正しい順になるように、**ア〜オ**に１〜５の番号を書きましょう。

ア(　　)プレパラートをステージに置き、クリップでおさえる。
イ(　　)日光が直接当たらない明るいところに置く。
ウ(　　)横から見ながら、対物レンズとプレパラートをできるだけ近づける。
エ(　　)接眼レンズをのぞきながら、対物レンズとプレパラートの間をはなしていき、はっきり見えるところで止める。
オ(　　)接眼レンズをのぞきながら、反しゃ鏡を動かして、全体が明るく見えるようにする。

(2) けんび鏡をのぞくと、花粉が下の図のように見えていました。花粉が中心になるようにするには、プレパラートを㋚、㋛のどちらに動かせばよいですか。

(　　)

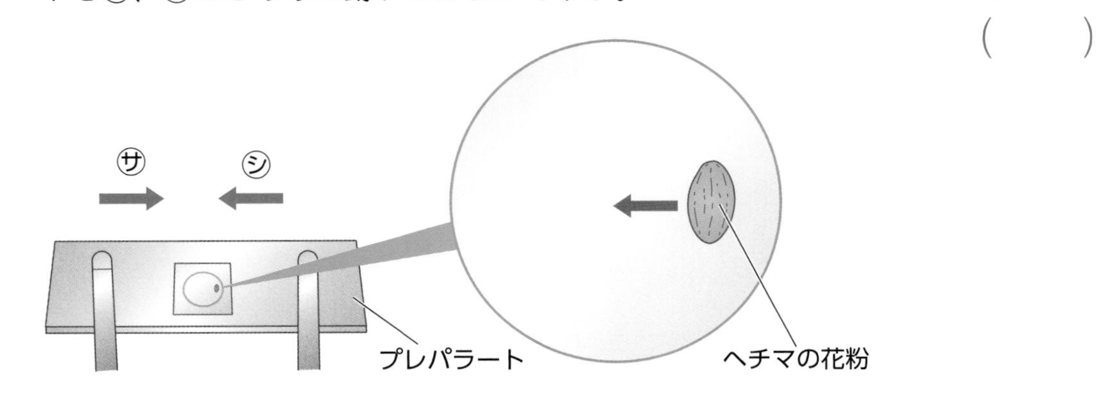

(3) 接眼レンズの倍率が１５倍、対物レンズの倍率が１０倍のとき、けんび鏡の倍率は何倍ですか。

(　　　　　　)

ヒント ❷ (2)プレパラートの上のものは、けんび鏡で見ると上下左右が逆に見えます。

4. 実や種子(しゅし)のでき方

②おしべのはたらき

学習日　月　日

めあて
めしべの先に花粉がつくと実ができることをかくにんしよう。

教科書 72〜76ページ　答え 18ページ

下の(　)にあてはまる言葉を書くか、あてはまるものを○で囲もう。

1 めしべの先におしべの花粉がつくと、実ができるのだろうか。

教科書 72〜76ページ

明日さきそうな、いくつかの(① めばな ・ おばな)のつぼみに、紙のふくろをかぶせる。

次の日、さいた花の半分はふくろを外し、めしべの先におしべの(②　　　)をつける。

㋐
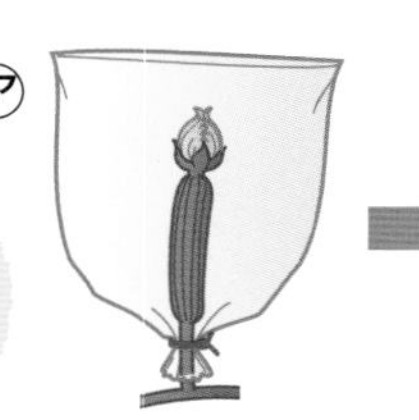

ふくろを外して、(②)をつける。

再(ふた)びふくろをかぶせる。

㋑
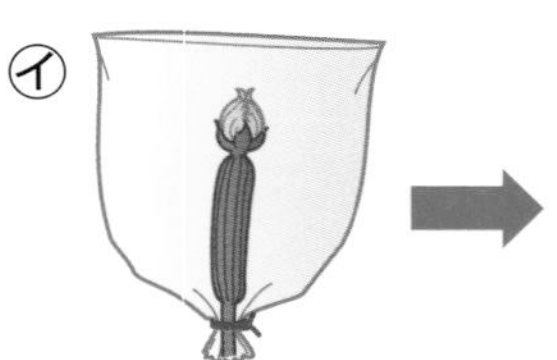

そのままにしておく。

そのままにしておく。

めばながしぼんだらふくろを外す。

㋐

めしべのもとが成長する。

(③　　　)ができる。

(④　　　)

㋑

実はできない。

▶花粉がめしべの先につくことを(⑤　　　)という。

▶ヘチマは、受粉(じゅふん)するとめしべの(⑥ 先 ・ もと)が実になる。
▶実の中には(⑦　　　)ができる。
▶ヘチマでは、おもに(⑧　　　)によって花粉が運ばれて、受粉が行われる。

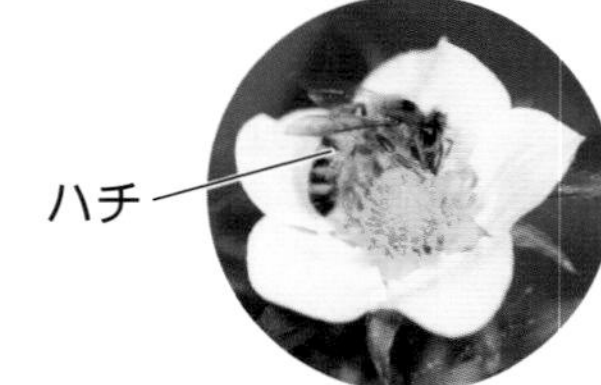

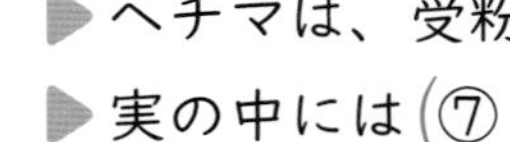
ここが だいじ!
①めしべの先に花粉がつくと、めしべのもとが成長して実ができる。
②花粉がめしべの先につくことを受粉という。
③実の中には種子ができる。

ぴたトリビア　ハチなどのこん虫が花粉を運び受粉させることは、農業でも利用されています。

1 ヘチマの花を使って、どんなときに実ができるのか調べました。

㋐

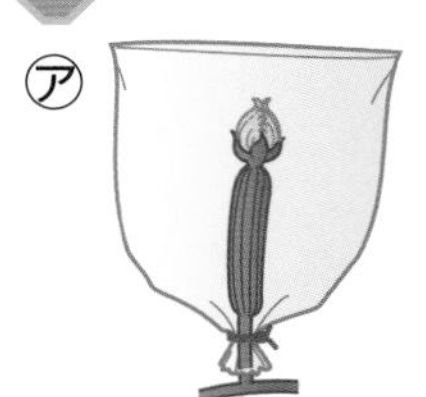

明日さきそうなつぼみに紙のふくろをかぶせる。

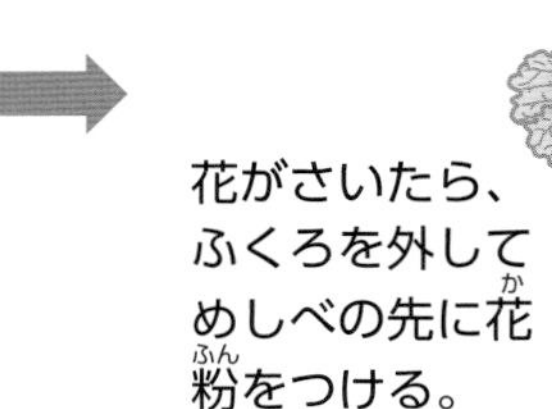

花がさいたら、ふくろを外してめしべの先に花粉をつける。

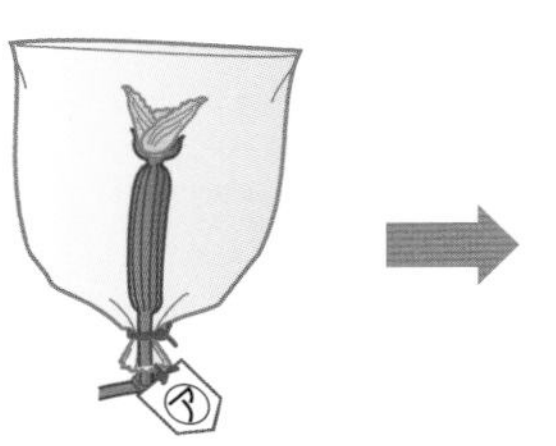

再びふくろをかぶせる。

㋑

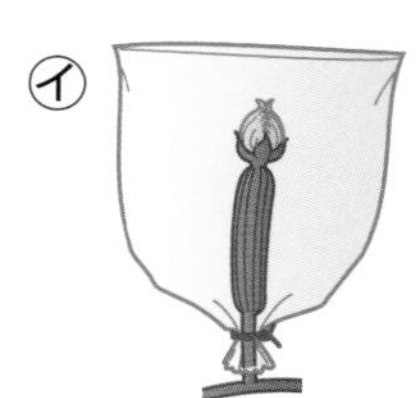

明日さきそうなつぼみに紙のふくろをかぶせる。

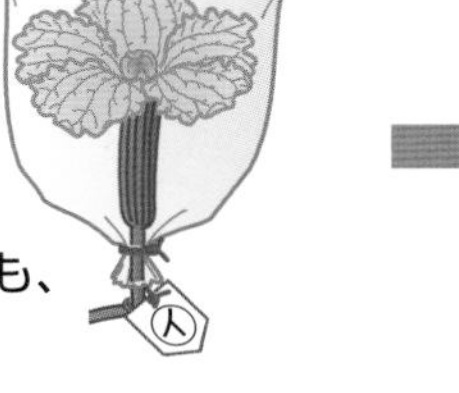

花がさいても、そのままにしておく。

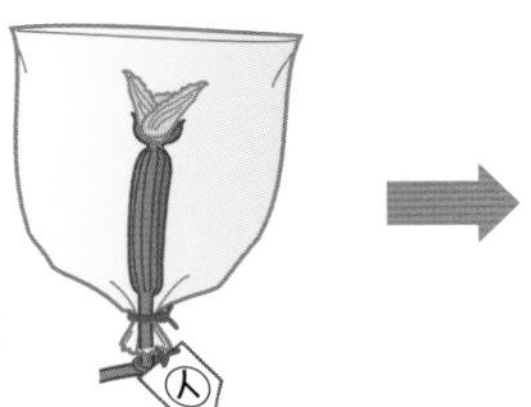

そのままにしておく。

(1) ふくろをかぶせるつぼみは、めばな、おばなのどちらですか。

(　　　　)

(2) つぼみにふくろをかぶせるのはなぜですか。正しいものに○をつけましょう。

ア(　　)日光を直接当てないようにするため。

イ(　　)雨や風に当てないようにするため。

ウ(　　)花がさいたときに、めしべの先に花粉がつかないようにするため。

(3) めしべの先に花粉がつくことを何といいますか。

(　　　　)

(4) 花がしぼみ、ふくろを外すと、**カ**、**キ**の写真のようになりました。㋐、㋑の結果にあてはまる写真はどちらですか。記号を書きましょう。

カ(　　)

キ(　　)

(5) 実が育つと、中に何ができますか。(　　　　)

ヒント 1 (2)つぼみの中のめしべには、花粉がついていません。

4. 実や種子のでき方

時間 30 分　／100　合格 70 点

教科書 66～79ページ　答え 19ページ

1 アサガオの花とヘチマの花のつくりを調べました。

各10点、(1)(4)は両方できて10点(40点)

アサガオ

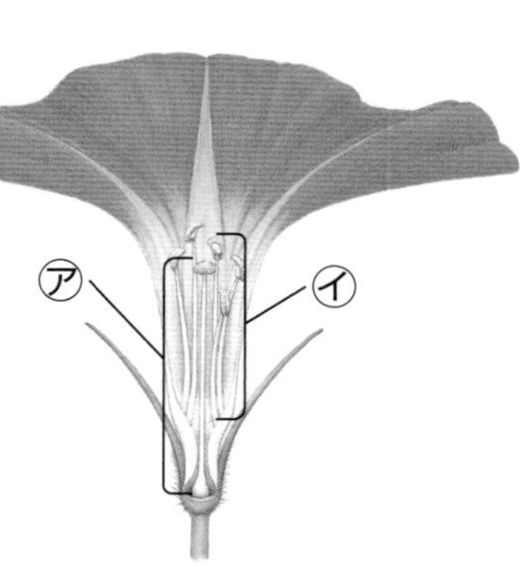

ヘチマ

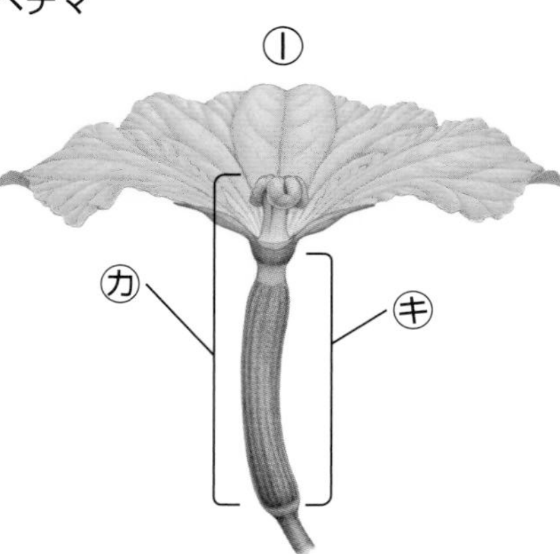

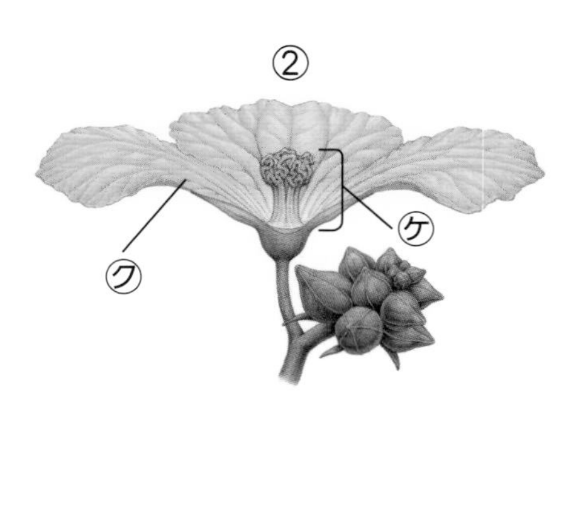

(1) ア、イの部分を何といいますか。　(完答) ア(　　　) イ(　　　)

(2) ヘチマのめばなは、①、②のどちらですか。　(　　)

(3) 記述 (2)のように選んだのはなぜですか。　思考・表現

(　　　　　　　　　　)

(4) アサガオの花のア、イの部分は、ヘチマの花ではどの部分ですか。カ～ケからそれぞれ選んで、記号を書きましょう。　(完答) ア(　　) イ(　　)

2 ヘチマのめしべの先、おしべの先と花粉を観察しました。

各5点(20点)

ア

指でそっとさわると、さらさらしていた。

イ

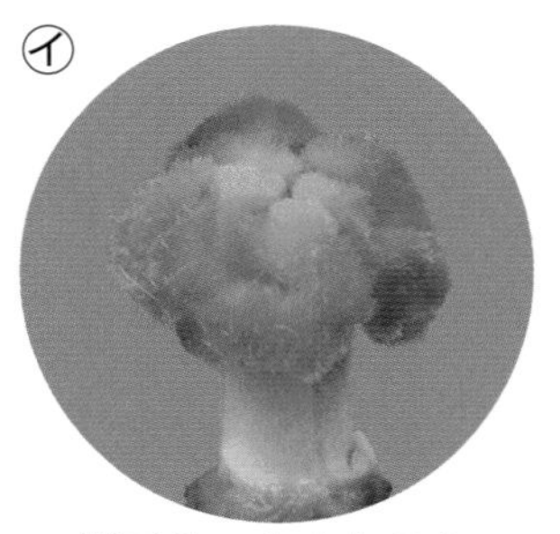

指でそっとさわると、ねばねばしていた。

(1) めしべの先はア、イのどちらですか。

(　　)

(2) ウは、おしべ、めしべのどちらを使うとよいですか。　(　　　)

(3) 花粉の形を観察するときの、けんび鏡の倍率で正しいものに○をつけましょう。

(　　)10倍 (　　)100倍 (　　)1000倍

(4) ヘチマの花粉に○をつけましょう。

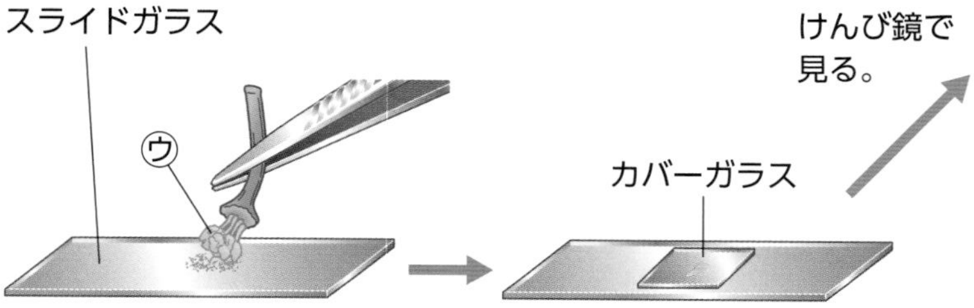

スライドガラス　ウ　カバーガラス　けんび鏡で見る。

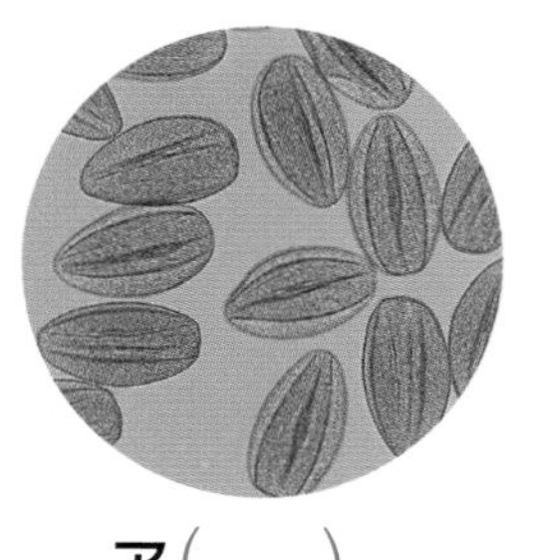

ア(　　)

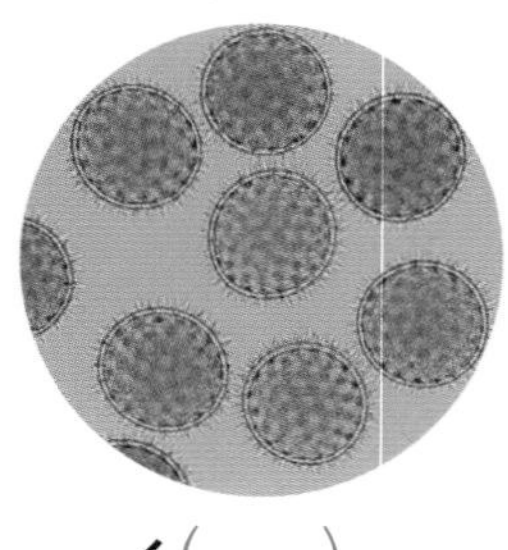

イ(　　)

できたらスゴイ!

3 ヘチマの花を使って、どんなときに実ができるか調べました。

各10点(40点)

㋐

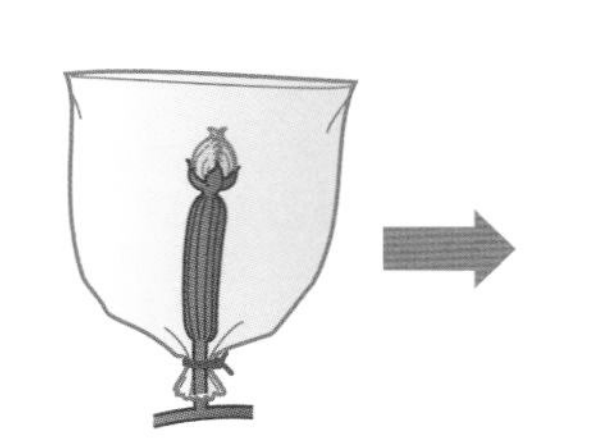

めばなのつぼみにふくろをかぶせる。

花がさいたら受粉(じゅふん)させる。

再(ふたた)びふくろをかぶせる。

花がしおれたらふくろを外す。

実ができた。

㋑

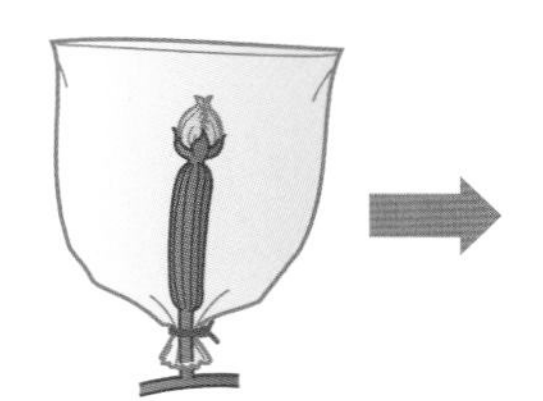

めばなのつぼみにふくろをかぶせる。

花がさいてもそのままにしておく。

そのままにしておく。

花がしおれたらふくろを外す。

実ができなかった。

(1) さいている花ではなく、つぼみにふくろをかぶせるのはなぜですか。正しいものに○をつけましょう。

ア(　　)つぼみの中のめしべの先には花粉がついていないので、つぼみにふくろをかぶせて、花がさいたときに花粉がつくようにしている。

イ(　　)つぼみの中のめしべの先には花粉がついていないので、つぼみにふくろをかぶせて、花がさいたときに花粉がつかないようにしている。

ウ(　　)つぼみの中のめしべの先には花粉がついているので、つぼみにふくろをかぶせて、花がさいたときにもっと花粉がつくようにしている。

エ(　　)つぼみの中のめしべの先には花粉がついているので、つぼみにふくろをかぶせて、花がさいたときにさらに花粉がつかないようにしている。

(2) 記述 ㋐の花に受粉させた後、再(ふたた)びふくろをかぶせるのはなぜですか。　技能

(　　　　　　　　　　)

(3) 記述 この実験からどんなことがわかりますか。　思考・表現

(　　　　　　　　　　)

(4) この実験では、人がおしべの花粉をめしべの先につけていますが、自然にあるヘチマで、おしべからめしべへ花粉を運んで受粉させるはたらきをしているものはおもに何ですか。

(　　　　　　　　　　)

ふりかえり

1 がわからないときは、28ページの 1 にもどってかくにんしましょう。
3 がわからないときは、34ページの 1 にもどってかくにんしましょう。

ぴったり1 準備

3分でまとめ

5. 雲と天気の変化

①雲と天気

学習日　月　日

めあて
雲のようすと天気の変化には、どのような関係があるかをかくにんしよう。

教科書 80〜85ページ　答え 20ページ

下の(　)にあてはまる言葉を書くか、あてはまるものを○で囲もう。

1 天気は、どのように決めるのだろうか。　教科書 82ページ

- 晴れかくもりかは、目で見た空全体の広さを 10 としたときの(①　　　)の量で決める。
- 雨がふっているときは、雲の量に関係なく天気は(②　　　)。

←空全体を写した写真

雲の量が0〜8
→天気は
(③　　　)

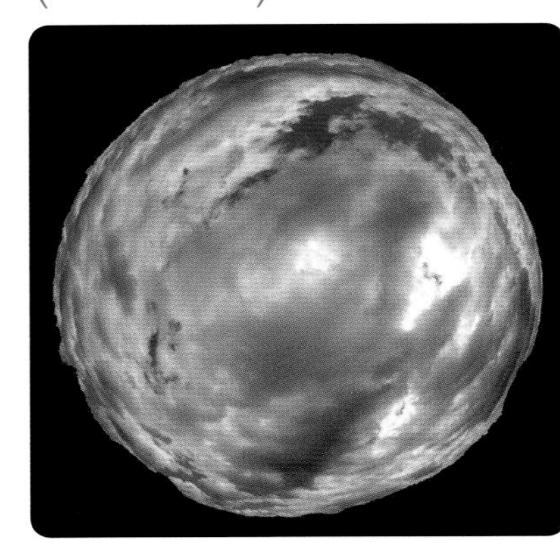

←空全体を写した写真

雲の量が9、10
→天気は
(④　　　)

2 雲のようすと天気の変化には、どのような関係があるのだろうか。　教科書 83〜85ページ

- 右の図で午前 10 時に見られた雲は、(① 東 ・ 西)の方位へ移動した。

方位磁針

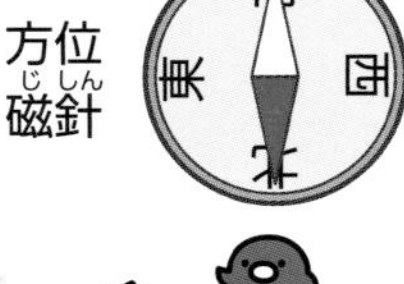

色のぬってあるはりを、文字ばんの「北」に合わせるよ。

- 雲の量や色、形が変わると、天気は変わることがありますか、変わりませんか。
(②　　　)

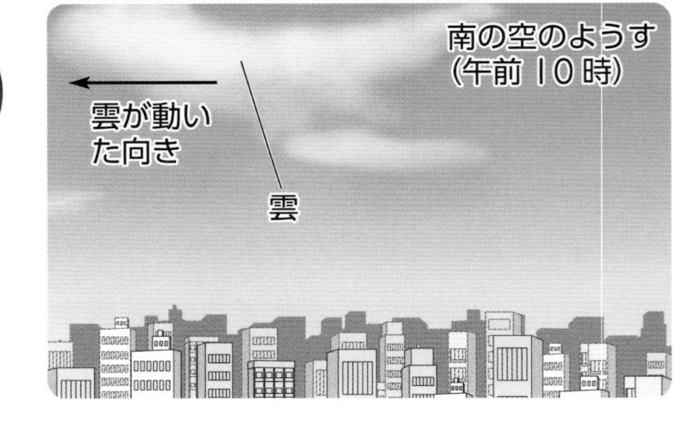

- いろいろな雲の形や色

発達すると、(③ 短 ・ 長)時間に大量の雨をふらせる。

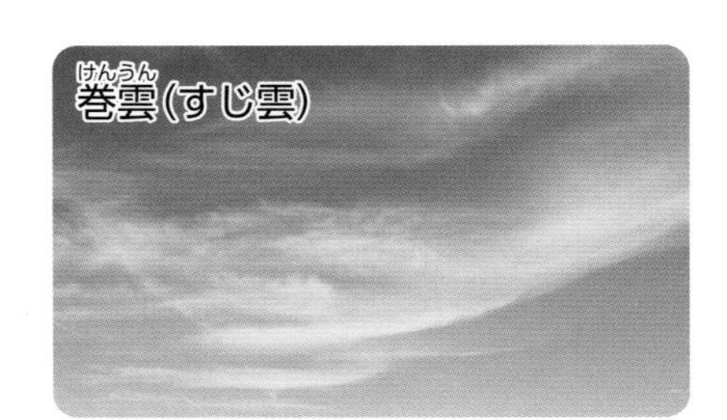

晴れた日に見られるが、量が増えてくると、やがて雨になることが多い。

低い空に見られる。
(④　　　)になることが多い。

※雲にはほかに、巻積雲(うろこ雲)や層積雲(うね雲)などがある。

ここがだいじ!
①雲の量が0〜8のときの天気は晴れ、9、10 のときの天気はくもり。雨がふっているときの天気は雨。
②雲の量や色、形が変わると、天気も変わることがある。

ぴたトリビア
雲は、できる高さと形によって、10 種類に分けられます。雲の種類によって特ちょうがあり、雨がふるかどうかを知るのに、役立てることができます。

5. 雲と天気の変化

①雲と天気

1 下の写真は、空全体を写した写真です。

① 雲の量7

② 雲の量2

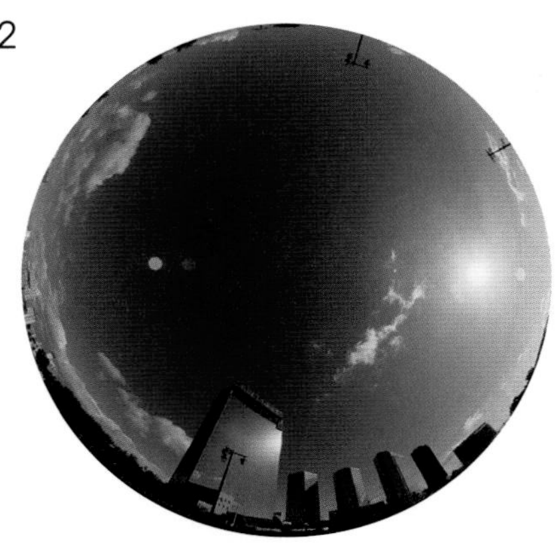

(1) 晴れとくもりの天気の決め方について、正しいものに○をつけましょう。

ア(　　)空全体を10としたとき、雲の量が0〜2のときが晴れ、3〜10のときがくもり。

イ(　　)空全体を10としたとき、雲の量が0〜5のときが晴れ、6〜10のときがくもり。

ウ(　　)空全体を10としたとき、雲の量が0〜8のときが晴れ、9、10のときがくもり。

(2) ①、②の天気は、それぞれ晴れ、くもりのどちらですか。

①(　　　　)　②(　　　　)

(3) 雲の量に関係なく、雨がふっているときの天気を何といいますか。

(　　　　)

2 図は、ある日の南の空のようすを表しています。

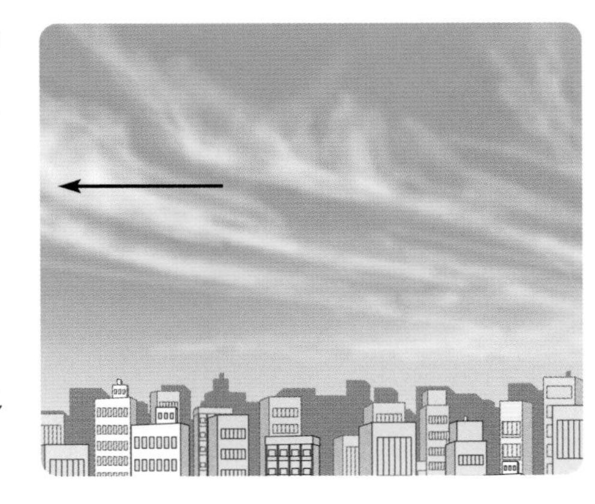

(1) 雲は、時間がたつと矢印の向きに動いていました。どの方位からどの方位へ動きましたか。正しいものに○をつけましょう。

ア(　　)西から東へ

イ(　　)北から南へ

ウ(　　)南から北へ

(2) 図の雲は、すじ雲です。すじ雲は、別の名前で何といわれますか。

(　　　　　　)

(3) 図の雲は晴れた日に見られますが、雲の量が増(ふ)えてくるとき、天気はどうなることが多いですか。正しいものに○をつけましょう。

ア(　　)ずっと晴れることが多い。

イ(　　)やがて雨になることが多い。

ウ(　　)短時間に大量の雨をふらせることが多い。

ぴったり1 準備

5. 雲と天気の変化

②天気の予想

学習日　月　日

めあて
雲の動き方と、天気がどのように変化するかについてかくにんしよう。

教科書 86〜91ページ　答え 21ページ

下の(　)にあてはまる言葉を書こう。

1 雲の動きと天気の変化には、どのような関係があるのだろうか。 教科書 86〜91ページ

10月21日午前9時　10月21日午後9時　10月22日午前9時

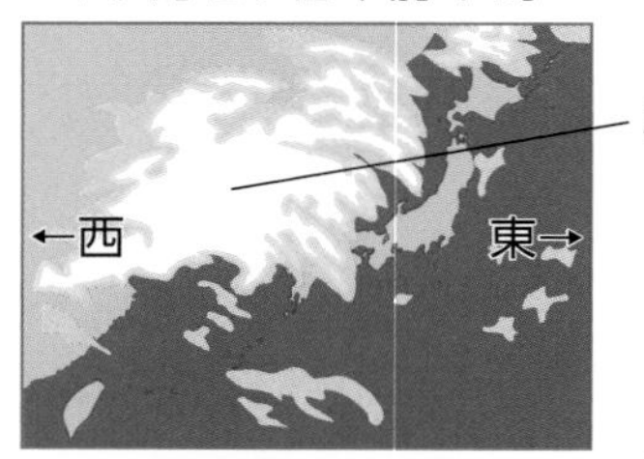

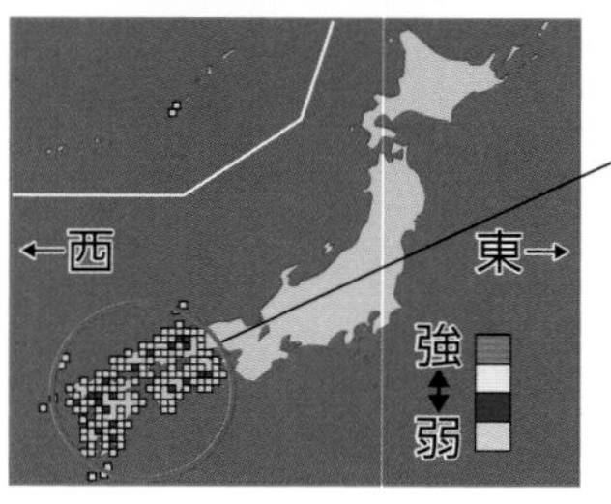

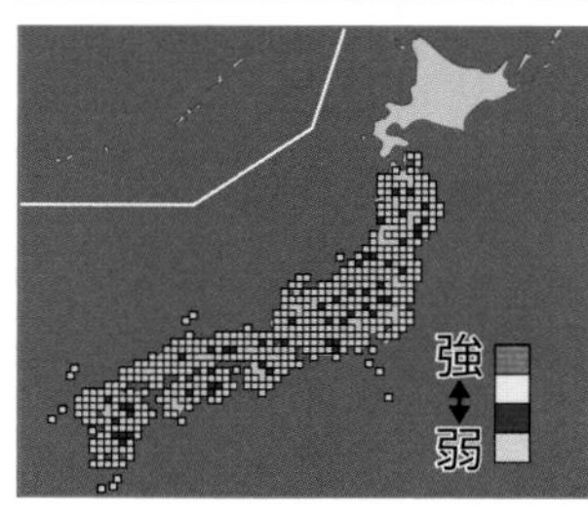

強
弱

▶雲画像より、雲はおよそ西から(①　　　　)へ動いている。

▶アメダスのこう雨情報より、雨のふる地いきは、およそ西から(②　　　　)へ移っている。

→天気は、(③　　　　)の動きにともなって変化する。

2 天気は、どのように予想できるだろうか。 教科書 86〜91ページ

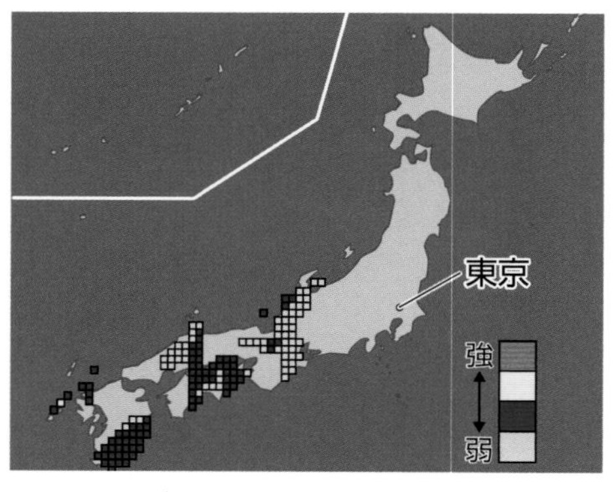

上のアメダスのこう雨情報から、
しばらくすると、東京の天気は晴れから、
(①　　　　)に変わると考えられる。

上の雲画像から、
しばらくすると、札幌の天気は晴れから、
(②　　　　)に変わると考えられる。

予想する地いきから見て、どの方位の天気や、雲のようすから、天気を予想できるかな。

▶自分の住んでいる地いきの天気を予想するとき、自分の住んでいる地いきより(③　　　　)の地いきの天気を手がかりにする。

①日本付近の雲は、およそ西から東へ動く。
②雲の動きにともない、日本付近の天気はおよそ西から東へ変化する。
③西の地いきの天気や、雲のようす、種類などから、天気を予想できる。

気象レーダーなどによって、雨雲の広がりや動き、雨の強さを正確にとらえて、短時間の予報に役立てられています。

ぴったり2
練習

5. 雲と天気の変化

②天気の予想

学習日　　月　　日

教科書 86～91ページ　答え 21ページ

1 下の図は、10月11日と12日の雲画像（くもがぞう）とアメダスのこう雨情報（うじょうほう）です。

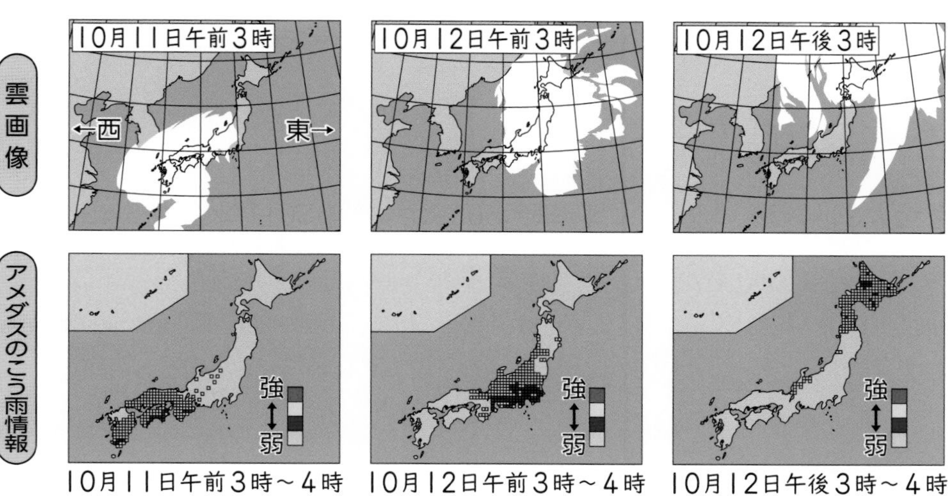

(1) 雲は、どの方位からどの方位へ動いていますか。正しいものに○をつけましょう。

ア（　　）東から西　　イ（　　）西から東

ウ（　　）北から南

(2) 雨のふる地いきは、どの方位からどの方位へ移っていますか。正しいものに○をつけましょう。

ア（　　）東から西　　イ（　　）西から東

ウ（　　）北から南

(3) 雲の動きと雨のふる地いきが移り変わることは、関係がありますか。

（　　　　　　　　）

2 右の図は、10月のある日時の雲画像とアメダスのこう雨情報です。

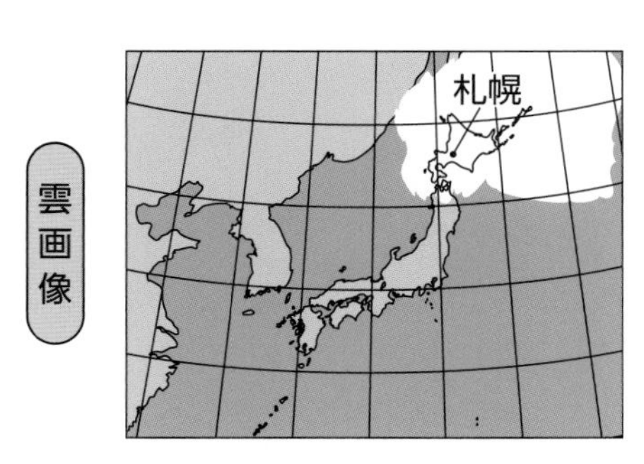

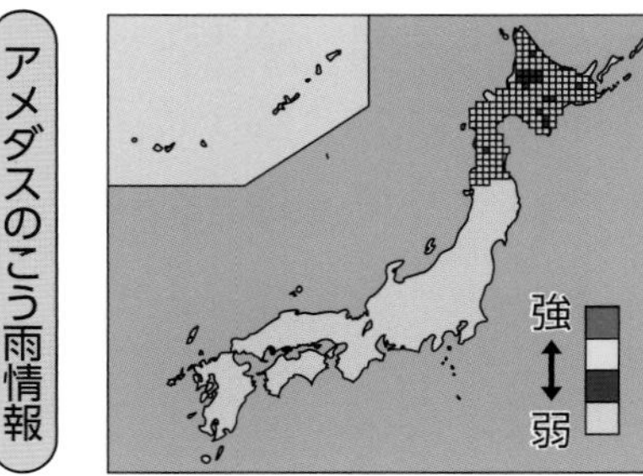

(1) 図の日時のとき、札幌（さっぽろ）の天気は何ですか。正しいものに○をつけましょう。

ア（　　）晴れ

イ（　　）くもり

ウ（　　）雨

(2) 次の日の同じ時こくには、札幌の天気は(1)から変わっていました。天気は晴れ、雨のどちらに変わりましたか。

（　　　　　）

(3) (2)のように天気が変わったのはなぜですか。次の文の（　）にあてはまる言葉を書きましょう。

札幌の上空にあった雲が、（　　　　）の方位へ動いたから。

ヒント ② (3)雲の動きとともに、天気も変化します。

5. 雲と天気の変化

時間 30 分

／100

合格 70 点

教科書 80〜95ページ　答え 22ページ

1 下の図のように、秋の低い空に、はい色や黒色の厚い雲が見られました。

各5点(30点)

(1) このような雲を何といいますか。正しいものに○をつけましょう。

ア(　　)積乱雲　　イ(　　)巻雲

ウ(　　)乱層雲　　エ(　　)巻積雲

(2) (1)の雲が次つぎと出てくると、どのような天気になることが多いですか。正しいものに○をつけましょう。

ア(　　)晴れ

イ(　　)雨

(3) 雲はおよそ、どの方位からどの方位に動くことが多いですか。正しいものに○をつけましょう。

ア(　　)西から東　　イ(　　)北から南

ウ(　　)南から北

(4) 晴れとくもりの区別は、雲の量によって決めます。空全体の広さを10としたときの雲の量が次の①〜③のときの天気は、それぞれ晴れとくもりのどちらですか。

①雲の量1(　　　　　)

②雲の量8(　　　　　)

③雲の量9(　　　　　)

2 方位磁針の使い方について、次の問いに答えましょう。

各5点(15点)

(1) 方位磁針の色がぬってあるはりは、文字ばんのどの方位に合わせますか。図1の㋒にあてはまる方位を、書きましょう。

(　　　　　)

(2) 図2のように、方位磁針を手の上にのせて、図1の㋑の方位を向きました。㋑の方位を、書きましょう。　技能

(　　　　　)

(3) 図1の㋐、㋓の方位の組み合わせとして、正しいものに○をつけましょう。　技能

ア(　　)㋐…東、㋓…南

イ(　　)㋐…西、㋓…北

ウ(　　)㋐…北、㋓…西

エ(　　)㋐…南、㋓…東

図1

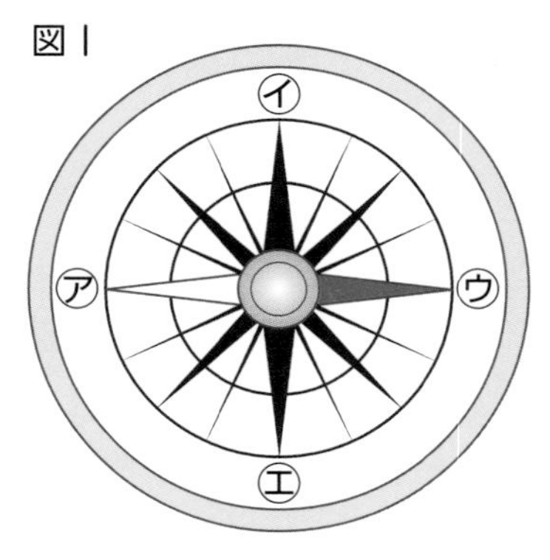

図2

方位磁針

㋑の方位

よく出る

3 図1は、ある日時の雲画像(くもがぞう)です。

各5点、(2)は全部できて5点(15点)

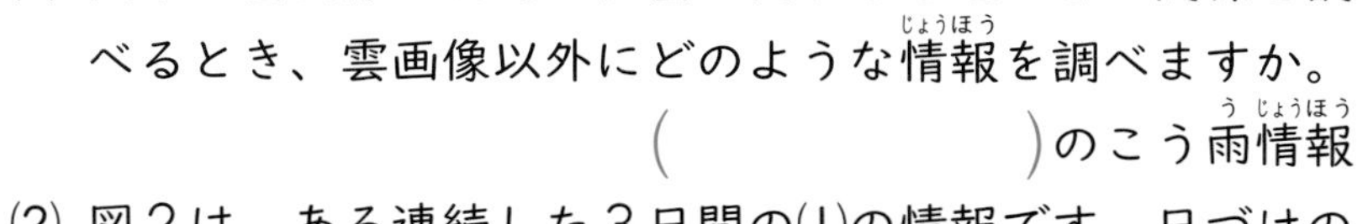

(1) 図1の雲画像の日時に、雲と雨がふる地いきの関係を調べるとき、雲画像以外にどのような情報(じょうほう)を調べますか。

(　　　　　)のこう雨情報(うじょうほう)

(2) 図2は、ある連続した3日間の(1)の情報です。日づけの早いものから順に記号をならべましょう。(完答)

(　　)→(　　)→(　　)

(3) 図1の日時での(1)の情報は、どうなりますか。最も正しいと考えられるものを、図2の㋐～㋒から選びましょう。

(　　)

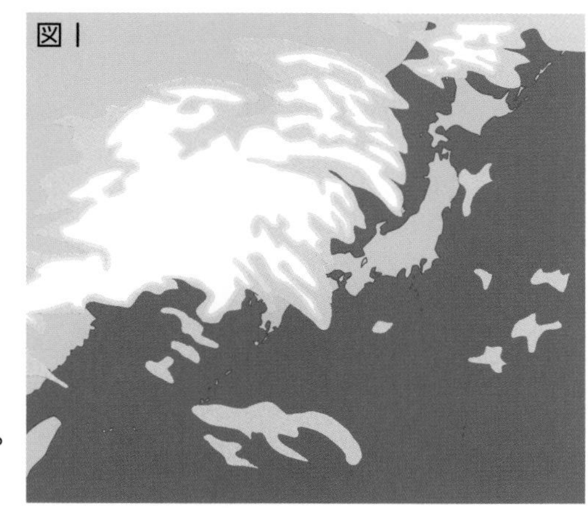

図2　㋐　㋑　㋒

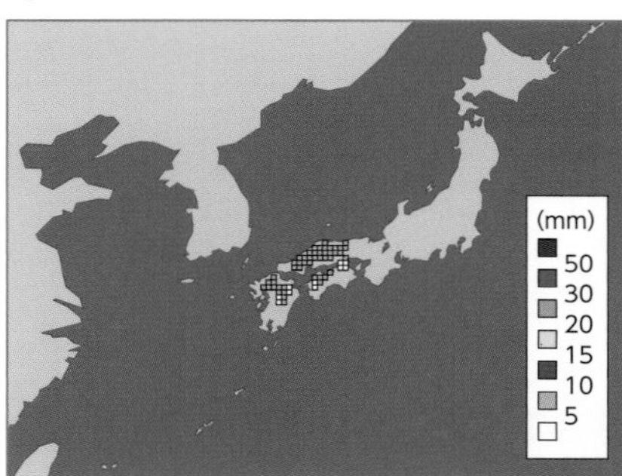

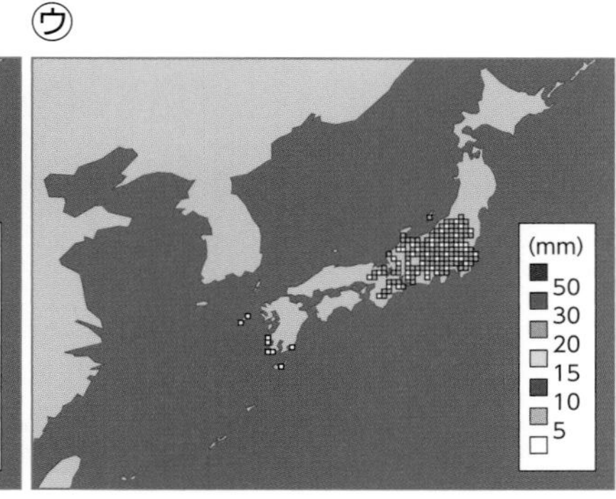

4 天気と雲のようすの関係について調べました。

各10点(20点)

(1) 右の雲画像を見て、関東地方の天気はこのあとどのように変わると考えられますか。正しいものに〇をつけましょう。

ア(　　)晴れ→くもりや雨　　**イ**(　　)雨→晴れ

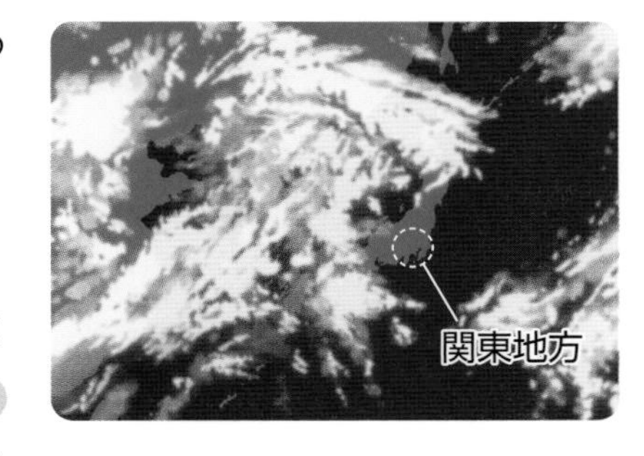

(2) 記述 (1)のように変わると考えたのは、どの方位の雲がどのように動くからですか。　思考・表現

(　　　　　　　　　　　　　　　　)

できたらスゴイ!

5 写真のように、日本のある場所で夕焼けが見られました。

各10点(20点)

(1) 夕焼けが見られる方位は、太陽がしずむ方位です。その方位は何ですか。

(　　　　)

(2) 夕焼けが見られるときは、観測(かんそく)した場所から(1)の方位の空に雲がありません。次の日、観測した場所の天気はどうなると考えられますか。

(　　　　)

ふりかえり

3がわからないときは、40ページの1にもどってかくにんしましょう。
5がわからないときは、40ページの2にもどってかくにんしましょう。

ぴったり1 準備

3分でまとめ

6. 流れる水のはたらき

①流れる水のはたらき①

学習日　　月　　日

めあて
山の中と平地では川の流れや川原はどのようにちがうかをかくにんしよう。

教科書 96～102ページ　答え 23ページ

下の(　　)にあてはまるものを○で囲もう。

1 場所により、川や川岸のようすはどのようなちがいがあるのだろうか。 教科書 98～102ページ

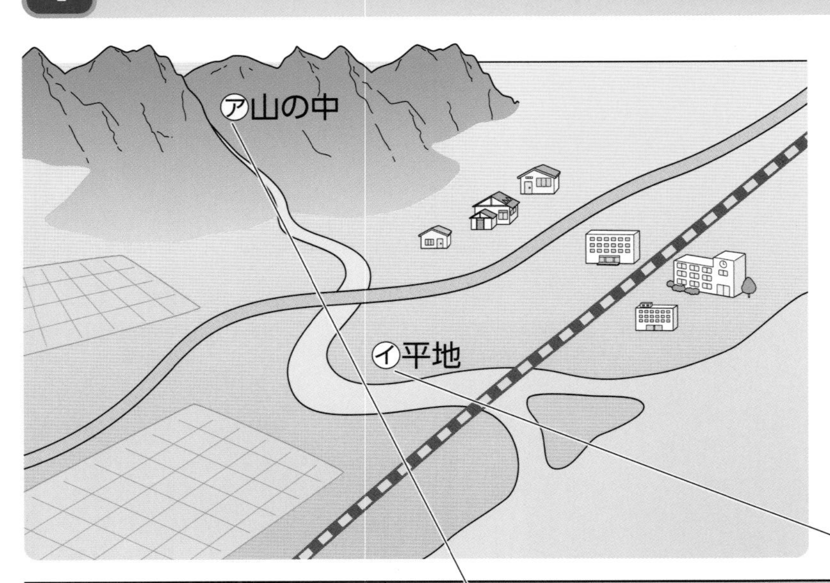

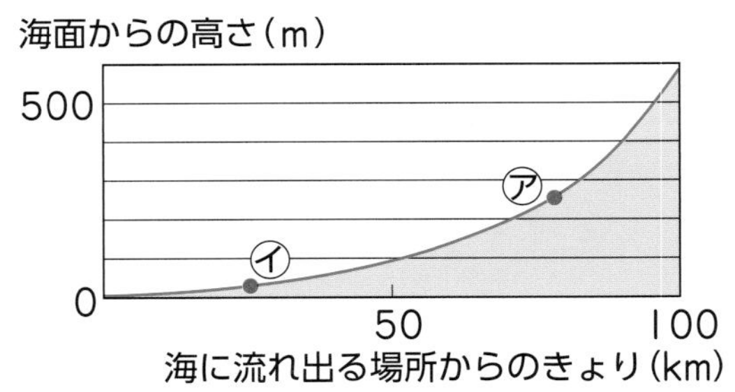

	㋐山の中	㋑平地
土地のかたむき	(① 大きい ・ 小さい)	(② 大きい ・ 小さい)
川はば	(③ 広い ・ せまい)	(④ 広い ・ せまい)
水の流れのようす	(⑤ 速い ・ ゆるやか)	(⑥ 速い ・ ゆるやか)
川原の石のようす	(⑦ 大きい ・ 小さい)	(⑧ 大きい ・ 小さい)
石の大きさは、ものさしと比べてどうなっているかな。 		

▶山の中から平地に向かって、土地のかたむきはしだいに(⑨ 大きく ・ 小さく)なる。
▶平地では(⑩ 広い ・ せまい)川原ができているところがある。

①山の中を流れる川より平地を流れる川のほうが、川はばが広く、水の流れがゆるやか。
②山の中を流れる川には大きな石が多く、平地を流れる川には小さな石が多い。

山の上から流れた川は、川底をしん食して、長い年月をかけて深い谷をつくります。このようにできた地形は、アルファベットのVの字に似ていることから「V字谷」とよばれます。

1 図のように、山の中から平地へ川が流れています。

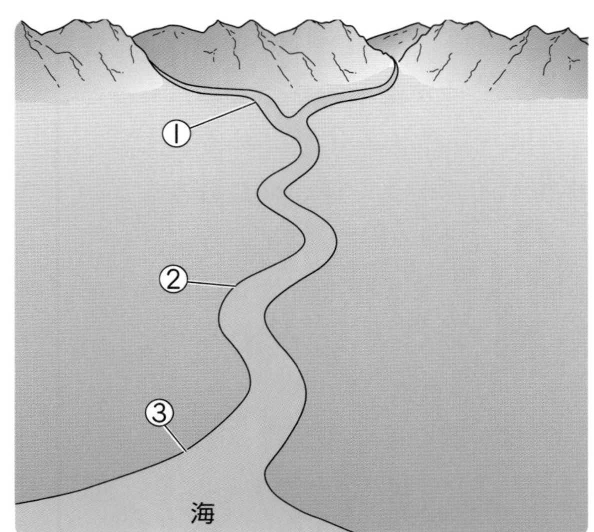

(1) 川はばが最も広いと考えられるのは、図の①〜③のどのあたりですか。

( )

(2) 水の流れが最も速いのは、図の①〜③のどのあたりですか。

( )

(3) (2)のように答えたわけとして正しいものに、○をつけましょう。

ア( )土が最も多く積もっているから。
イ( )水が最もにごっているから。
ウ( )川の曲がっているところが最も多いから。
エ( )土地のかたむきが最も大きいから。

(4) ㋐〜㋒は、上の図の①〜③の写真のどれかです。①と③の写真はどれですか。㋐〜㋒の記号で答えましょう。

①( ) ③( )

㋐

㋑

㋒

(5) ㋕〜㋗は、上の図の①〜③のどの場所でよく見られる石ですか。( )に記号を書きましょう。

㋕( )
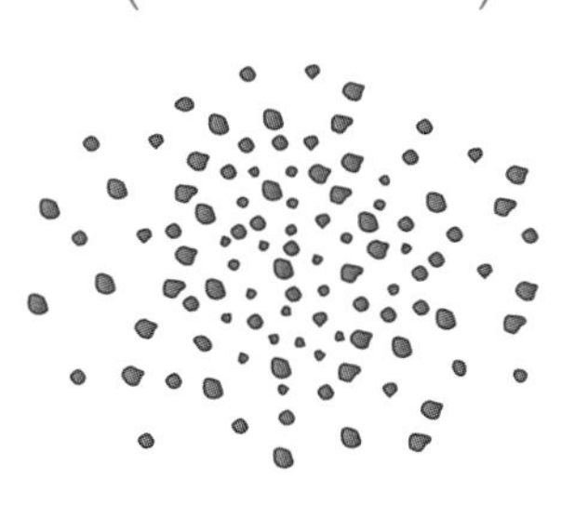
㋖( )
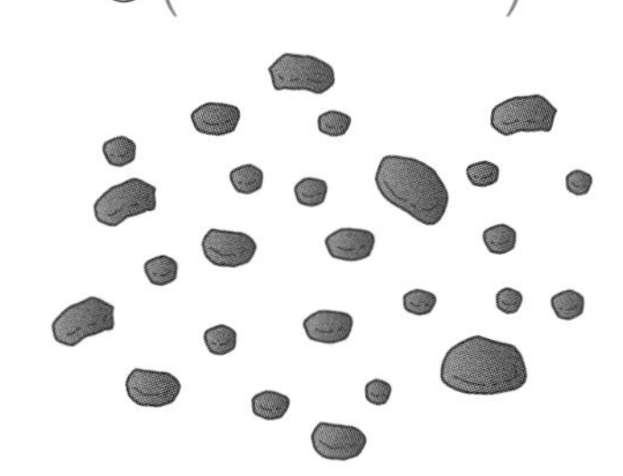
㋗( )
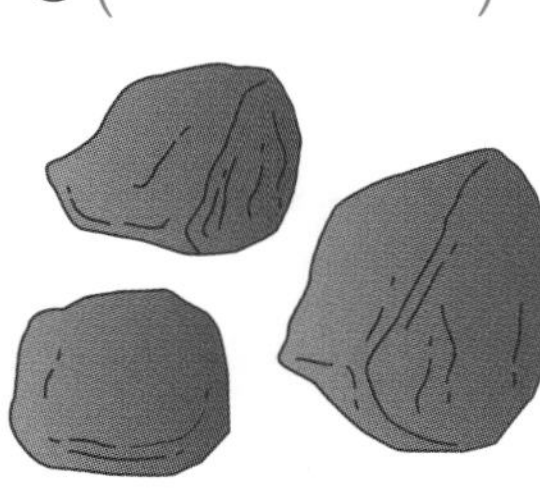

ぴったり1 準備

6. 流れる水のはたらき

①流れる水のはたらき②

学習日　月　日

めあて
流れる水には、どのようなはたらきがあるか実験を通してかくにんしよう。

教科書 103～107ページ　答え 24ページ

下の(　)にあてはまる言葉を書くか、あてはまるものを○で囲もう。

1 流れる水には、どのようなはたらきがあるのだろうか。　教科書 103～106ページ

▶流れる水が地面をけずるはたらきを、
(③　　　　　　)という。
▶流れる水が土を運ぶはたらきを、
(④　　　　　　)という。
▶運ばれた土を積もらせるはたらきを、
(⑤　　　　　　)という。

▶流れが速いところでは、土を
(⑥　けずる　・　積もらせる　)はたらきが大きい。
▶流れがゆるやかなところでは、土や石を積もらせるはたらきが(⑦　大きい　・　小さい　)。

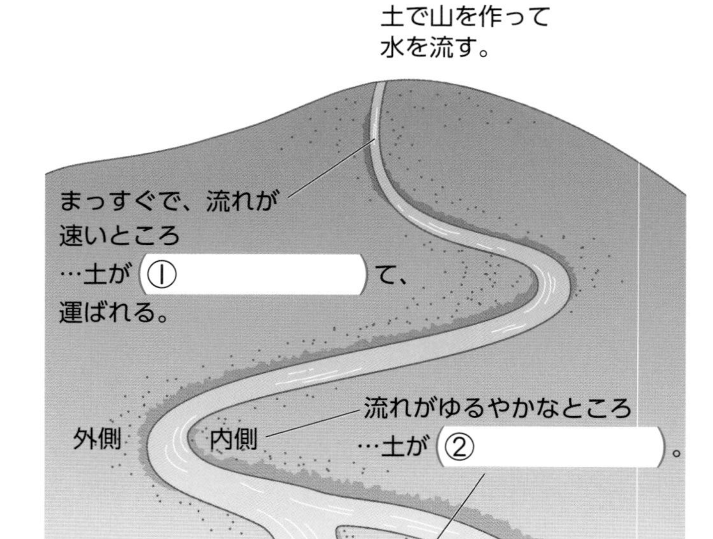

2 流れる水の量が増(ふ)えると、はたらきはどうなるのだろうか。　教科書 103～106ページ

㋐と㋑を比(くら)べる。
▶かたむきが大きいほう(㋑)では、水の流れは(①　速くなる　・　ゆるやかになる　)。
土は(②　深く　・　あさく　)けずられる。

㋒と㋓を比べる。
▶水の量を多くする(㋓)では、水の流れは
(③　速くなる　・　ゆるやかになる　)。
土をけずるはたらきは
(④　大きく　・　小さく　)なる。
▶水の量を多くすると、水はにごっている。
▶水の量を多くすると、土や石を運ぶはたらきも大きくなる。

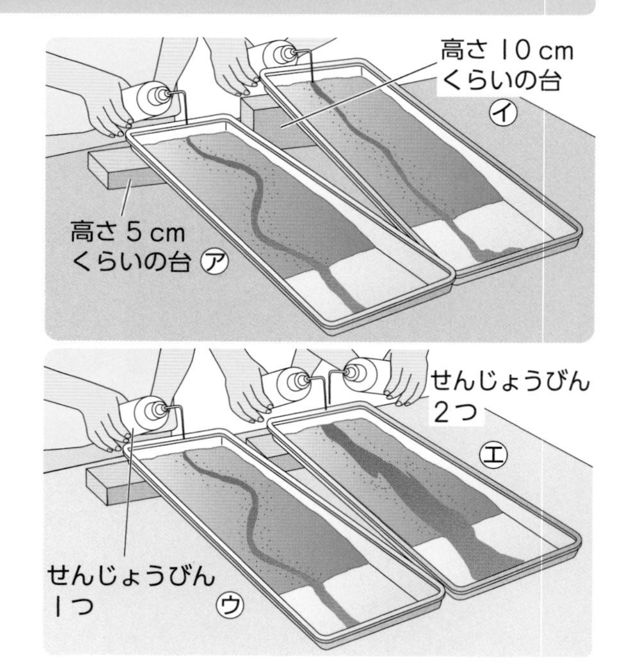

①地面を流れる水は、地面をけずる(しん食(しょく))、土を運ぶ(運(うん)ぱん)、土を積もらせる(たい積(せき))はたらきがある。
②流れる水の量が多くなると、流れる水のはたらきも大きくなる。

谷から平地に川が出ると水の流れる速さがおそくなるため、運んできた土がたい積していきます。このような場所では、扇状にたい積した地形ができるため、「扇状地(せんじょうち)」とよばれます。

6. 流れる水のはたらき

①流れる水のはたらき②

学習日　月　日

教科書 103〜107ページ　答え 24ページ

1 土で山を作って、上から水を流しました。

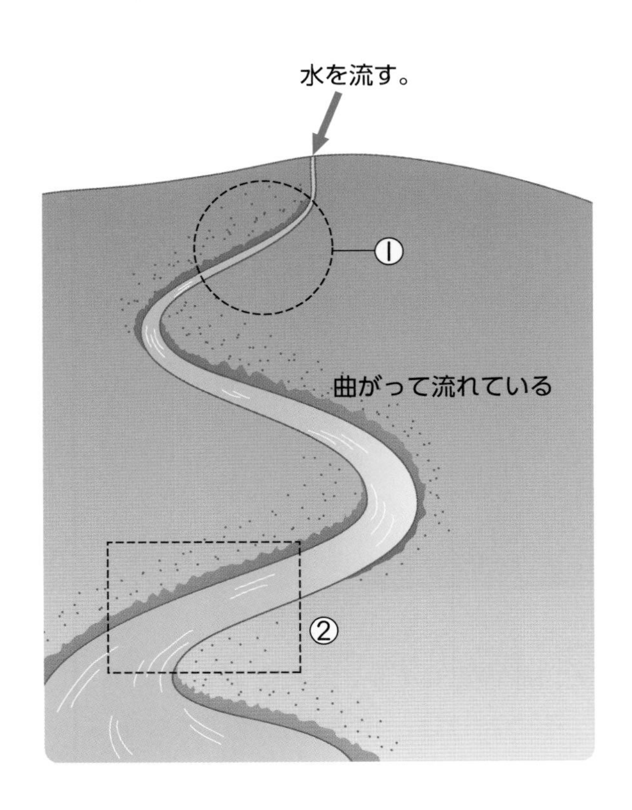

(1) ①と②を比(くら)べ、①の部分について、正しいものに○をつけましょう。

ア(　　)流れがおそく、土が積もった。
イ(　　)流れがおそく、土がけずられた。
ウ(　　)流れが速く、土が積もった。
エ(　　)流れが速く、土がけずられた。

(2) 土がより深くけずられるのは、①、②のどちらですか。(　　)

(3) けずられた土が積もるのは、①、②のどちらですか。(　　)

(4) 流れる水のはたらきで、土が積もることを何といいますか。(　　　　)

2 流水(りゅうすい)実験そう置で、流れる水の量とそのはたらきを調べます。

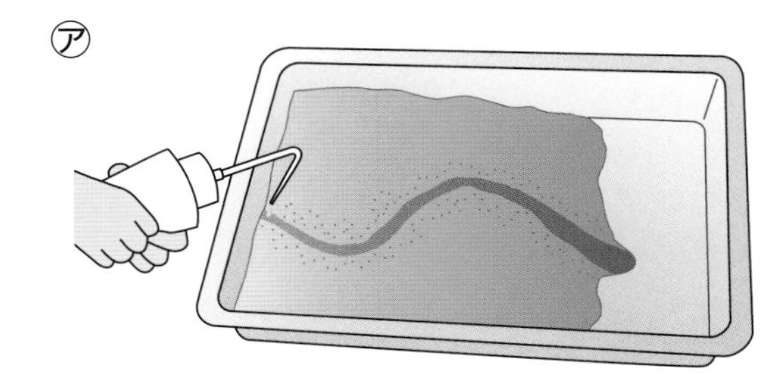

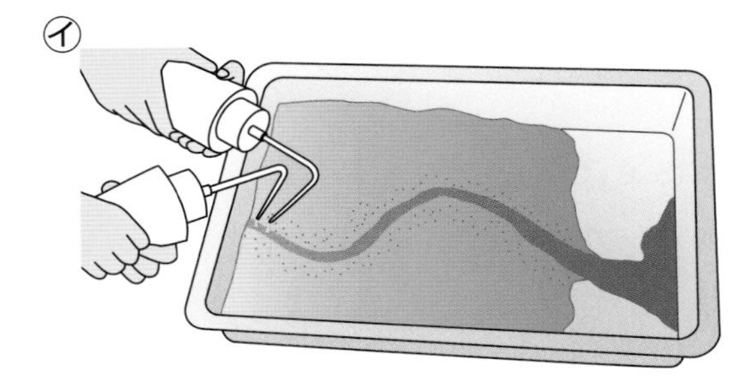

(1) ㋐はせんじょうびん１つ、㋑はせんじょうびん２つで水を流しました。これは、何のちがいによる水のはたらきを調べていますか。
(　　　　)

(2) このときそう置のかたむきは同じにしますか、変えますか。(　　　　)

(3) 水の流れが速いのは、㋐、㋑のどちらですか。
(　　)

(4) 土がけずられる量が多いのは、㋐、㋑のどちらですか。(　　)

(5) 流れる水の色はどのようにちがいますか。「㋑は㋐に比(くら)べて…」に続けて書きましょう。
(㋑は㋐に比べて　　　　　　　　)

ぴったり1 準備

6. 流れる水のはたらき

②川原の石のようす

学習日　月　日

めあて　流れる水は石をどのような形に変えるか実験を通してかくにんしよう。

教科書 108〜112ページ　答え 25ページ

下の(　)にあてはまる言葉を書くか、あてはまるものを○で囲もう。

1 川原の石のようすは、どのようになっているだろうか。

教科書 108〜112ページ

▶川原

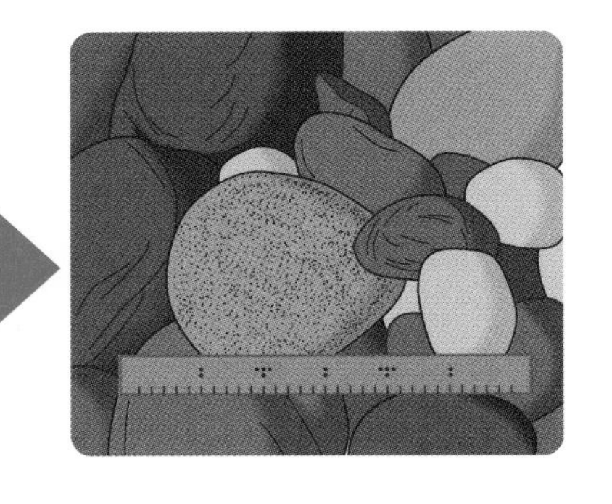

▶石の大きさは、山の中に比べ、平地にいくほど(① 大きく ・ 小さく)なっている。

▶川原の石は(② 丸みをおびている ・ 角ばっている)。
そのわけは、川の水に運ばれながら、石どうしが(③　　　　　)小さくなり、角がけずられるからである。

小石やすなが積もって、川原ができるよ。

2 流れる水のはたらきで、石の形は変わるだろうか。

教科書 110〜111ページ

▶この実験では、生け花用スポンジを、(①　　　)のかわりにしている。

▶図の㋐〜㋒は 50 回、100 回、150 回ふったときのスポンジのどれかである。150 回ふった後のスポンジは(②　　　)である。

▶多くふるほど、(③　　　)がけずられ、小さく、(④　　　)い形になっていく。

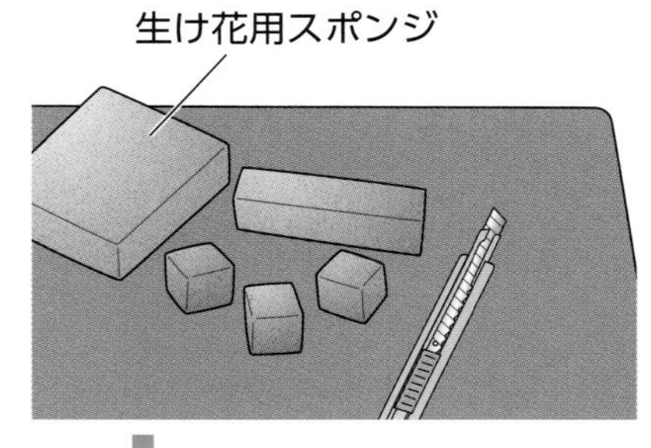

容器にスポンジと水を入れ、ふたをしてふる。

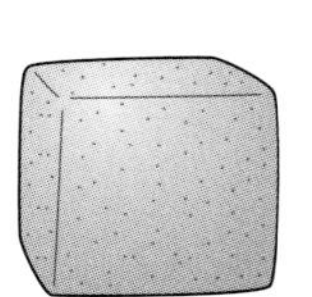

もとの大きさ

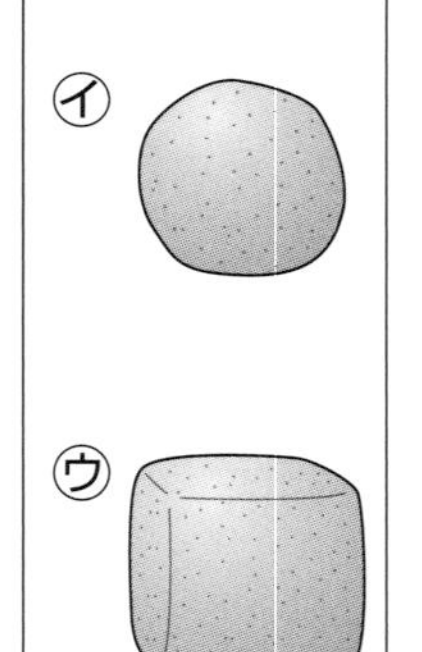

ここがだいじ！
①川原の石は下流にいくにつれて小さくなり、丸みをおびた形になる。
②川の石は運ばれながらぶつかり合い、角がけずられて、小さく丸くなる。

ぴたトリビア　平地では、山からしん食されて運ぱんされてきた土砂がたい積します。河口付近では、たい積した土砂の地形が、三角形の形に似るので、「三角州」とよばれます。

6. 流れる水のはたらき

②川原(かわら)の石のようす

教科書 108〜112ページ 答え 25ページ

1 ｜つの川のいろいろな場所で、ものさしを置いて石の大きさや形を調べました。

㋐

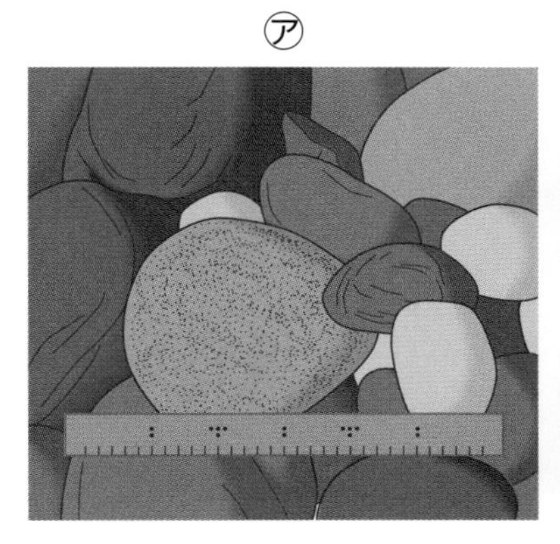

㋑

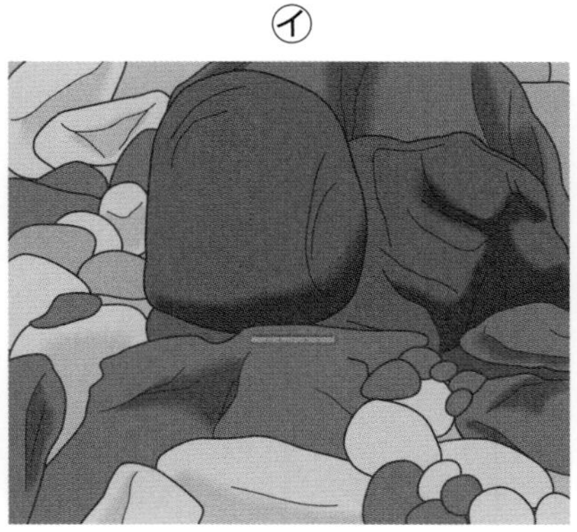

㋒

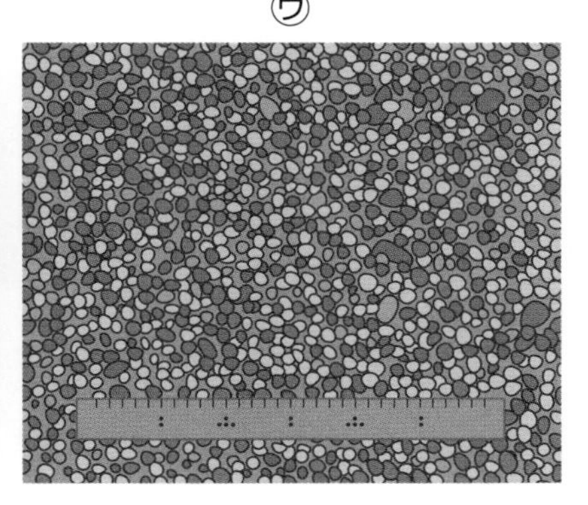

(1) 山の中の川で見られた石は、㋐〜㋒のどれですか。記号で書きましょう。（　　）

(2) 川の水の流れる順に、㋐〜㋒の図をならべるとどうなりますか。記号で書きましょう。

（　　）→（　　）→（　　）

(3) 石は、川の水に運ばれる間にどうなりますか。正しいものに○をつけましょう。

ア（　　）大きさも形も変わる。
イ（　　）大きさも形も変わらない。
ウ（　　）形は変わるが、大きさは変わらない。

2 流れる水のはたらきで石の形が変わることを、生け花用スポンジを用いた実験で調べます。

生け花用スポンジ
（2cm〜3cmの立方体に切る。）

容器にスポンジと水を入れ、ふたをしてふる。

(1) 容器をよくふった後、生け花用スポンジはどうなりますか。正しいものに○をつけましょう。

ア（　　）形も大きさも変わらない。
イ（　　）形は変わらないが、水をふくんで大きくなる。
ウ（　　）形は丸みをおび、小さくなる。

(2) 容器を勢(いきお)いよくふることは、次のどれにあたりますか。正しいものに○をつけましょう。

ア（　　）水の流れがおだやかになる。
イ（　　）水の流れがはげしくなる。
ウ（　　）水の流れとは関係がない。

(3) 川の水の流れがどのようなとき、石の大きさや形は変わりますか。水の量と、速さについて書きましょう。

（　　　　　　　　　　　　　　　　　　　）

ヒント **2** (1)(2)ここでは、生け花用スポンジを石と考えます。

ぴったり1 準備

3分でまとめ

★ 川と災害

学習日　　月　　日

めあて
川の水による災害を知り、それを防ぐためのくふうをかくにんしよう。

教科書 116～121ページ　答え 26ページ

下の（　）にあてはまる言葉を書くか、あてはまるものを○で囲もう。

1 流れる水は、どんなときに川のようすを変えるだろうか。

教科書 116～118ページ

ふだんの川のようす

大雨の直後の川のようす

流れる水の量と、水の流れる速さの関係はどうなっていたかな。

▶台風で大雨がふったり、梅雨で雨がふり続いたりすると、川の水の量は（① 増え ・ 減り ）、流れが（② 速く ・ おそく ）なる。

▶川の流れが速くなると、土地をしん食するはたらきが（③ 小さく ・ 大きく ）なり、橋がこわされる、道路がけずられるなどの災害が起こることがある。

▶水の量が減ると、流れは（④ 速く ・ おそく ）なり、運ぱんされてきた土や石などは川底や川原にたい積する。

増水でこわされた橋

2 災害を防ぐためのくふうにはどんなものがあるだろうか。

教科書 119～121ページ

ブロック	（① 　　　　）	コンクリートのていぼう
川岸がけずられるのを防いだり、水の力を弱めたりする。	石やすなが一度に流されるのを防ぐ。	川岸が（② 　　　　）されるのを防ぐ。

ここがだいじ！
①大雨などで、川の水の量が増え、流れが速くなると、土地をしん食するはたらきが大きくなり、災害を起こすことがある。
②川の水による災害を防ぐくふうには、ブロックやさ防ダムなどがある。

ぴたトリビア　大雨で下水道管から雨水があふれ出ることがないように、ふった雨水を地下に一時的にたくわえられるようにしているところがあります。

★川と災害

学習日　月　日

教科書 116～121ページ　答え 26ページ

1 ふだんの川と大雨の直後の川のようすを比べました。

㋐ 水の量が多い

㋑ 水の量が少ない

(1) 大雨の直後のようすはどちらですか。㋐、㋑の記号で書きましょう。（　　）

(2) 水の流れが速いのはどちらですか。㋐、㋑の記号で書きましょう。（　　）

(3) 流れる水が土地をけずったり、土や石などを運んだりするはたらきが大きいのはどちらですか。㋐、㋑の記号で書きましょう。（　　）

(4) 土や石などを積もらせるはたらきが大きいのはどちらですか。㋐、㋑の記号で書きましょう。（　　）

2 右の写真は、ある川のようすです。

(1) 写真の㋐は、川の水による災害を防ぐくふうです。㋐を何といいますか。正しいものに○をつけましょう。

ア（　　）遊水地
イ（　　）さ防ダム
ウ（　　）ブロック

(2) ㋐は、何のために置かれていますか。正しいものに○をつけましょう。

ア（　　）川底に土がたい積して、浅くなるのを防ぐため。
イ（　　）川岸がけずられるのを防ぐため。
ウ（　　）水の力を強くするため。

3 災害を防ぐくふう

(1) １時間にふる雨の量のめやすによって予報が出されます。ア～エのうち、最も多く雨がふる予報用語はどれですか。記号を書きましょう。（　　）

ア　強い雨　　イ　もうれつな雨　　ウ　はげしい雨　　エ　非常にはげしい雨

(2) 各地いきごとに作られた、こう水の起きる場所を予測して示した地図を何といいますか。

（　　　　　　　　）

ぴったり3 確かめのテスト。

6. 流れる水のはたらき ★ 川と災害（さいがい）

時間 30分 ／100 合格 70点

教科書 96〜121ページ　答え 27ページ

1 右の図は、川が曲がって流れているところです。　各5点(30点)

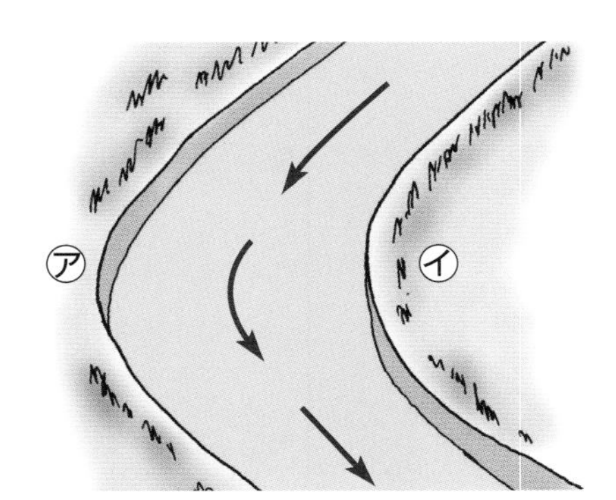

(1) 図の川の水は、⟶のほうへ流れています。流れが速く、川底が深くなっているのは、川が曲がって流れているところの外側と内側のどちらですか。

(　　　　)

(2) 川原になりやすいのは、川が曲がって流れているところの外側と内側のどちらですか。(　　　　)

(3) この川を㋐ー㋑で切ると、川の断面（だんめん）はどうなっていると考えられますか。正しいものに○をつけましょう。

ア(　　)　イ(　　)　ウ(　　)

㋐ ㋑

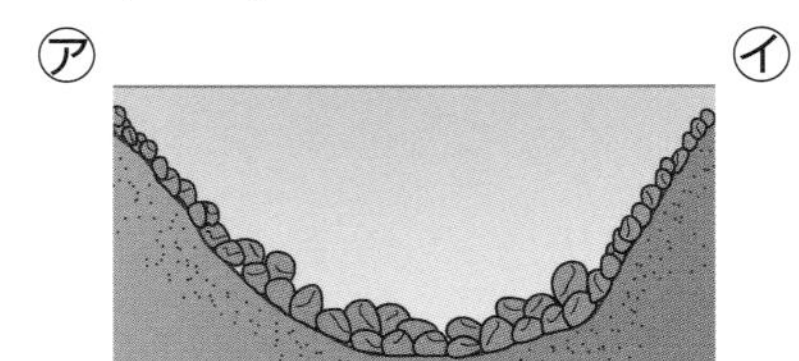

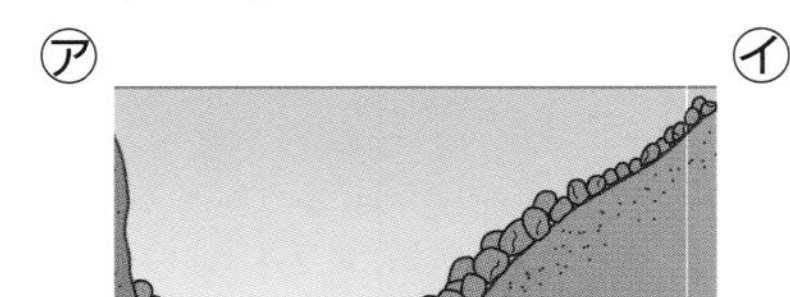

(4) 次の流れる水のはたらきの名前をそれぞれ書きましょう。

①地面をけずるはたらき　(　　　　)

②土を運ぶはたらき　(　　　　)

(5) 同じものさしを石の上に置いて、大きさをはかりました。平地の川原で見られる石はどちらですか。正しいものに○をつけましょう。

ア(　　)

イ(　　)

よく出る

2 流水実験そう置を作り、水を流しました。

各10点（40点）

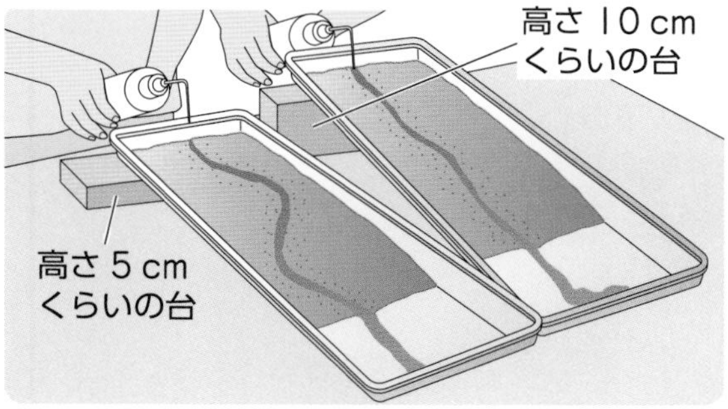

高さ 10 cm
くらいの台
高さ 5 cm
くらいの台

(1) そう置のかたむきを大きくすると、水の流れの速さと土がけずられるようすはどのように変わりますか。正しいものに○をつけましょう。

ア（　　）流れは速くなり、深くけずられる。
イ（　　）流れはゆるやかになり、あまりけずられない。
ウ（　　）流れは速くなり、あまりけずられない。
エ（　　）流れはゆるやかになり、深くけずられる。

(2) そう置のかたむきが大きいのは、実際の川では山の中、平地のどちらのようすといえますか。

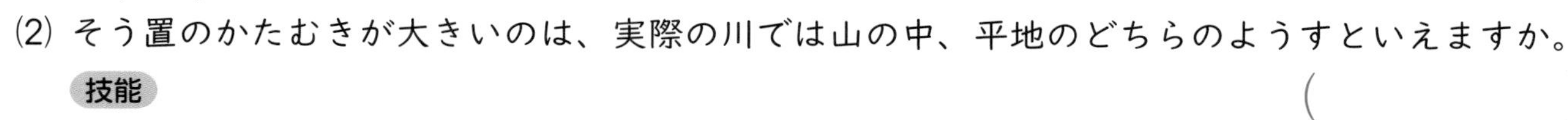

技能　（　　　　）

(3) 水の量が多いときと少ないときで、水のにごり方を調べました。正しいものに○をつけましょう。

ア（　　）水の量が多いときのほうがにごった。
イ（　　）水の量が少ないときのほうがにごった。
ウ（　　）水の量が多いときも少ないときも水のにごり方は変わらなかった。

(4) 流す水の量を変えると、土をけずったり、運んだりするはたらきの大きさは変わりますか。

（　　　　）

できたらスゴイ！

3 梅雨や台風などで、雨がふり続いたり、短時間に大雨がふったりすることがあります。

(1)、(3)は各10点、(2)は両方できて10点（30点）

(1) 図1のような川岸に、川岸がけずられるのを防ぐためにブロックを置くとしたら、どこに置けばよいですか。正しいものに○をつけましょう。

ア（　　）内側に置く。
イ（　　）外側に置く。
ウ（　　）内側と外側に置く。

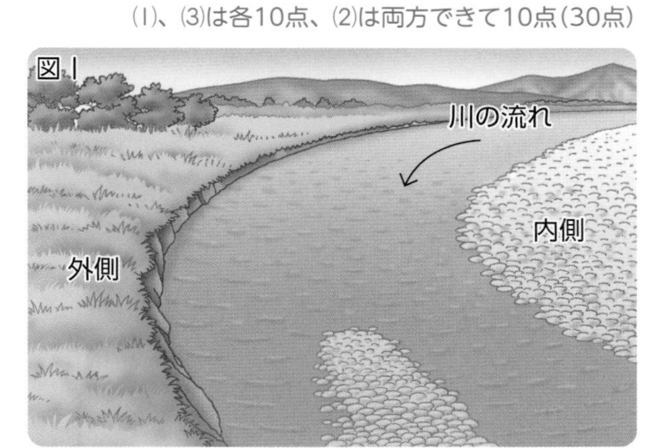

(2) たくさんの雨がふって川の水の量が増えると、①水の流れる速さ、②川の水が川岸をけずるはたらきは、それぞれどうなりますか。（完答）

①（　　　　）
②（　　　　）

(3) 記述　図2は、川が引き起こす災害を防ぐために作られたさ防ダムです。このダムはどのようなはたらきをしますか。　思考・表現

（　　　　　　　　）

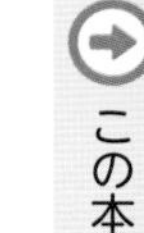

この本の終わりにある「冬のチャレンジテスト」をやってみよう！

2がわからないときは、46ページの2にもどってかくにんしましょう。
3がわからないときは、50ページの1、2にもどってかくにんしましょう。

7. 電流と電磁石

①電磁石のはたらき①

学習日　月　日

めあて
コイル、電磁石とは何かを知り、電磁石の性質についてかくにんしよう。

教科書 122〜128ページ　答え 28ページ

下の(　)にあてはまる言葉を書くか、あてはまるものを○で囲もう。

1 電磁石は、どのように作るのだろうか。

教科書 122〜125ページ

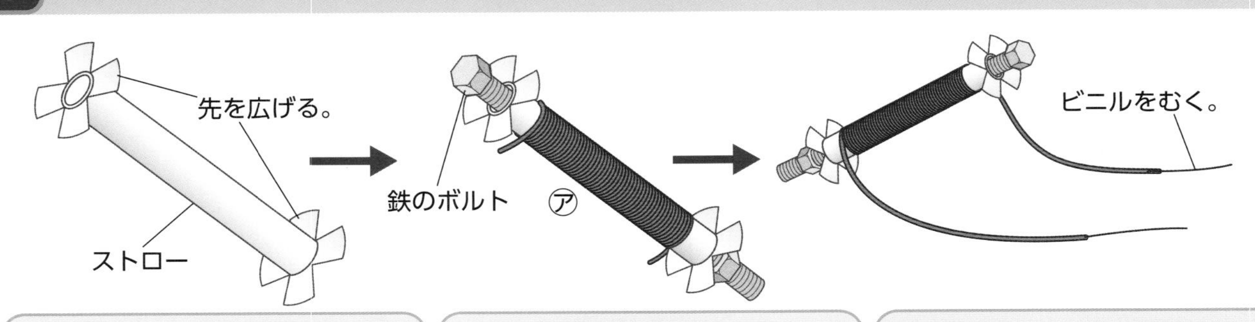

(1)ストローの両はしに切れこみを入れて、先を広げる。

(2)ビニル導線を同じ向きにまいて㋐を作り、鉄のボルトを入れる。

(3)ビニル導線の両はしはビニルをむき、(①　　　　)が流れるようにする。

▶㋐のように、導線(エナメル線)を同じ向きに何回もまいたものを(②　　　　)という。

▶鉄のしんを入れたコイルに電流を流し、磁石にしたものを(③　　　　)という。

2 電磁石には、どのような性質があるのだろうか。

教科書 122〜128ページ

電磁石にかん電池とスイッチをつなぐ。

かん電池　スイッチ　電磁石

スイッチを入れる。

電磁石を、鉄のクリップに近づける。

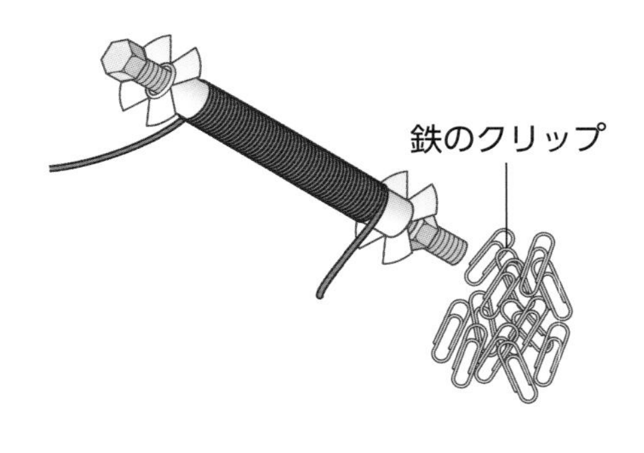

※コイルが熱くなるので、実験のときだけスイッチを入れて電流を流す。

▶スイッチを入れたとき、鉄のクリップは、引きつけ(①　られる　・　られない　)。

▶スイッチを切ったとき、鉄のクリップは、引きつけ(②　られる　・　られない　)。

電磁石とぼう磁石のちがいを考えようね。

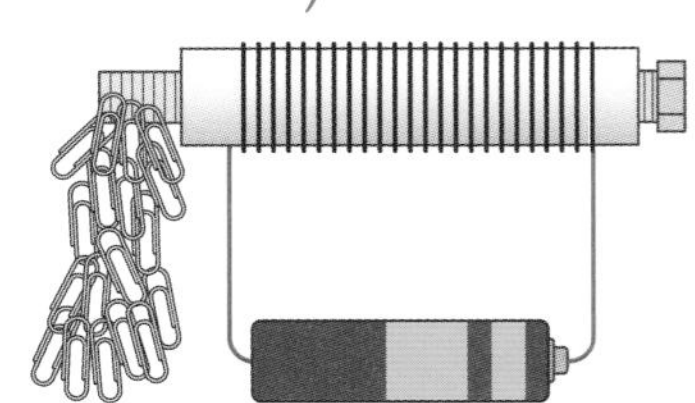

ここがだいじ！

①導線を同じ向きに何回もまいたものをコイルという。

②鉄のしんを入れたコイルに電流を流し、鉄のしんを磁石にしたものを電磁石という。

③電磁石は、電流を流しているときだけ磁石のはたらきをする。

磁石についていた鉄のクリップが、磁石からはなれても鉄を引きつけることがあるように、電磁石の鉄のしんにしていた鉄のボルトが、電流を切った後も鉄を引きつけることがあります。

学習日　月　日

7. 電流と電磁石

①電磁石のはたらき①

教科書 122～128ページ　答え 28ページ

1 ストローとビニル導線で作ったコイルを回路につなぎ、鉄のしんを入れます。

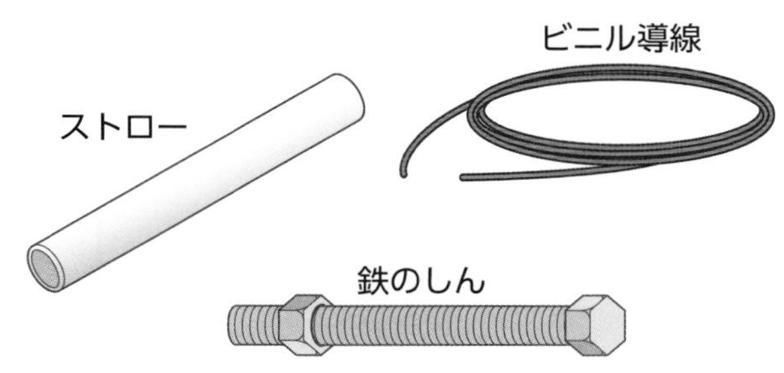

(1) ストローに導線をまいてコイルを作るとき、導線はどのような向きにまきますか。正しいものに○をつけましょう。

ア（　）同じ向きにまく。
イ（　）向きを変えながらまく。
ウ（　）まく向きに決まりはない。

(2) 右の図は、ビニル導線のつくりを表しています。電流が流れるのはどの部分ですか。正しいものに○をつけましょう。

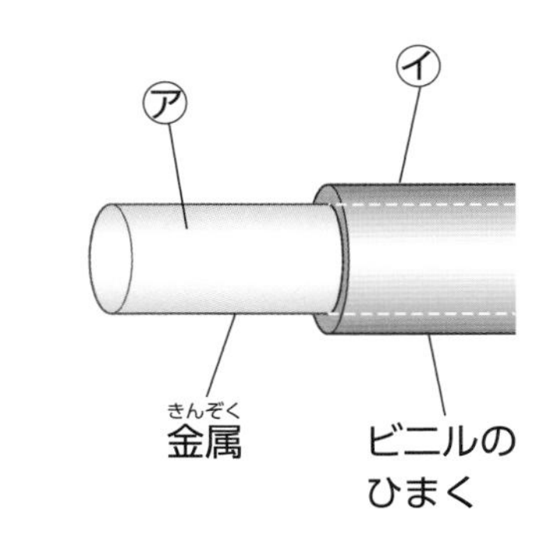

ア（　）㋐の部分だけ、電流が流れる。
イ（　）㋑の部分だけ、電流が流れる。
ウ（　）㋐の部分と㋑の部分のどちらも電流が流れる。
エ（　）㋐の部分と㋑の部分のどちらも電流が流れない。

(3) コイルに入れた鉄のしんが磁石になるのは、コイルに何を流したときですか。

（　　　）

2 電磁石をかん電池やスイッチにつなぎ、クレーンを作ります。

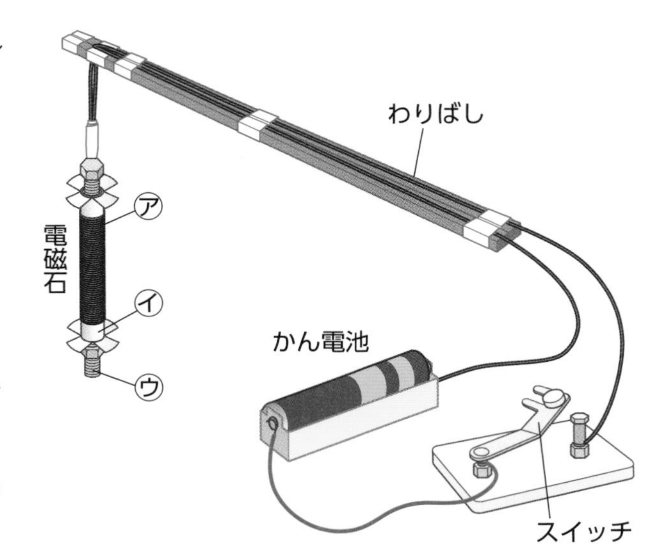

(1) 次のうち、電磁石に引きつけられるものはどれですか。正しいものに○をつけましょう。

ア（　）ガラスのコップ
イ（　）鉄のクリップ
ウ（　）アルミニウムのかん
エ（　）プラスチックのストロー

(2) (1)のものがよく引きつけられるのは、図の㋐～㋒のどの部分ですか。記号で書きましょう。

（　　）

(3) (1)のものが電磁石についているときに、スイッチを切りました。電磁石についていたものは、どうなりますか。正しいものに○をつけましょう。

ア（　）いつまでも、そのままついている。
イ（　）はなれる。

ヒント **2** (3)電磁石は、コイルに電流が流れているときだけ、磁石になります。

ぴったり1 準備

7. 電流と電磁石(でんじしゃく)

①電磁石のはたらき②

学習日　　月　　日

めあて
電磁石にはN極とS極があり、極と電流の向きとの関係をかくにんしよう。

教科書 126〜129ページ　答え 29ページ

下の(　)にあてはまる言葉を書くか、あてはまるものを○で囲もう。

1 電磁石(でんじしゃく)のN極とS極はどこだろうか。

教科書 126〜129ページ

▶回路に電流を流して、両はしに方位磁針(じしん)を近づける。

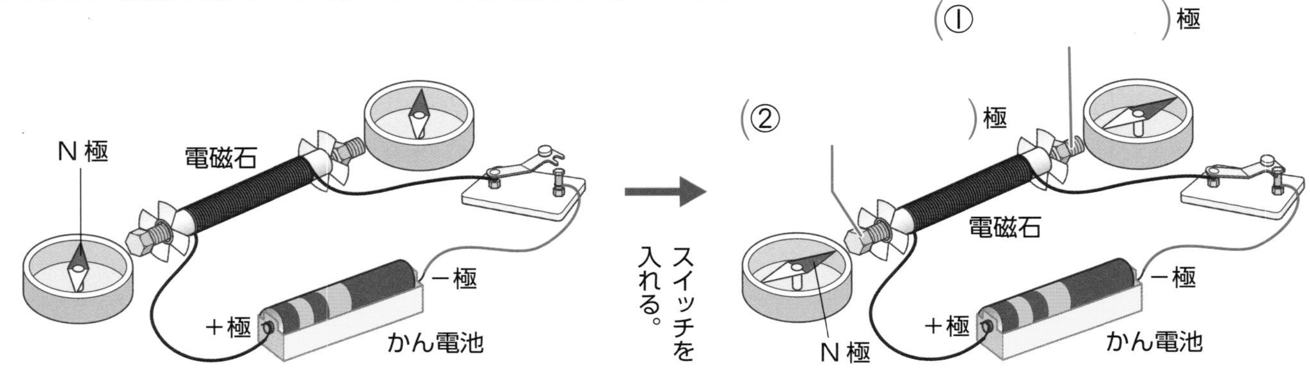

▶磁石と同じように、電磁石の一方のはしは方位磁針のS極を、もう一方のはしは方位磁針の(③　　　)極を引きつける。

▶電磁石には、N極と(④　　　)極がある。

N極とS極が引き合うのかな。

2 電流の向きを変えると、電磁石はどうなるだろうか。

教科書 126〜129ページ

▶かん電池の向きを逆(ぎゃく)にして、(①　　　)の向きを逆にする。

電流は、＋極から−極の向きに流れるよ。

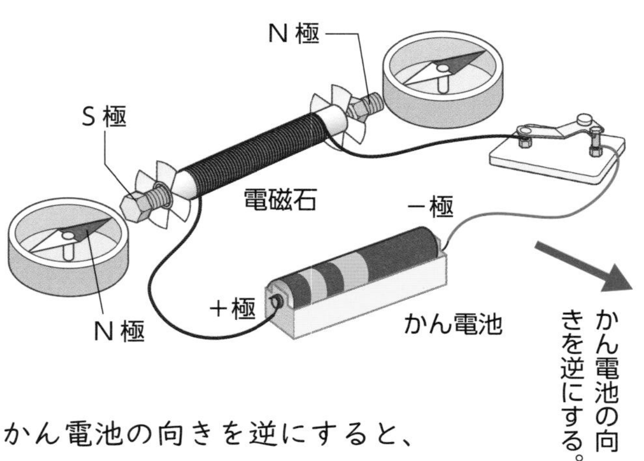

かん電池の向きを逆にする。

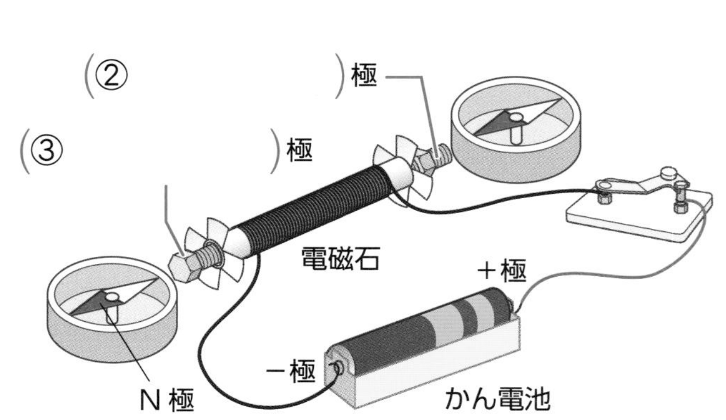

▶かん電池の向きを逆にすると、電磁石の極は
(④　変わる　・　変わらない　)。

ここがだいじ!
①電磁石にも、磁石と同じように、N極とS極がある。
②電流の向きが変わると、電磁石の極も変わる。

ぴたトリビア　電流を流したコイルを方位磁針に近づけると、はりは向きを変えますが、コイルに鉄のしんを入れると、磁石の強さはより強くなります。

学習日　　月　　日

教科書 126～129ページ　答え 29ページ

1 電磁石の性質を調べます。

(1) 電磁石を、方位磁針に近づけます。

①電磁石に電流を流していないとき、方位磁針のはりは動きますか。

（　　　　　　）

②電磁石に電流を流すと、方位磁針のはりは動きますか。

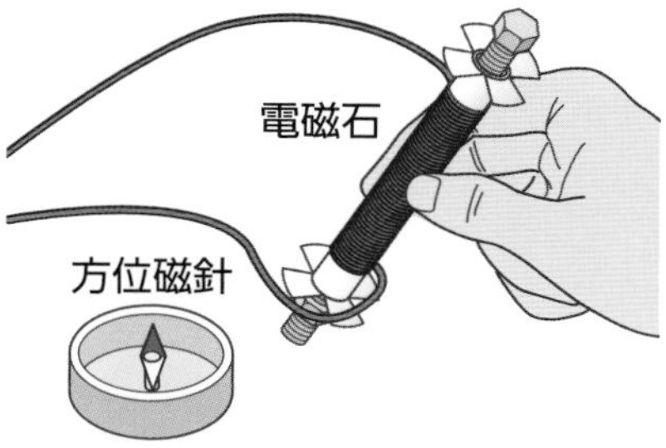

（　　　　　　）

(2) 電磁石の両はしに方位磁針を近づけてスイッチを入れると、㋐に近い方位磁針はＳ極が引きつけられました。このとき、㋐と㋑はそれぞれ何極になっていますか。

㋐（　　　　　）
㋑（　　　　　）

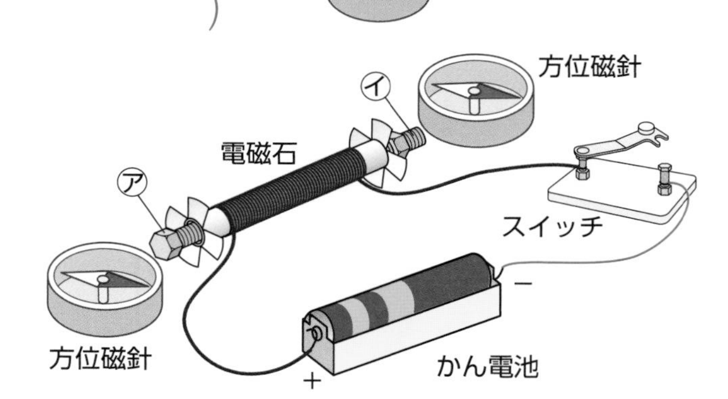

2 電磁石の両はしに方位磁針を近づけます。

(1) スイッチを入れると、右の図のように、方位磁針のはりが引きつけられました。

①図の㋐は、何極になっていますか。

（　　　　　）

②スイッチを入れると、回路に何が流れますか。

（　　　　　）

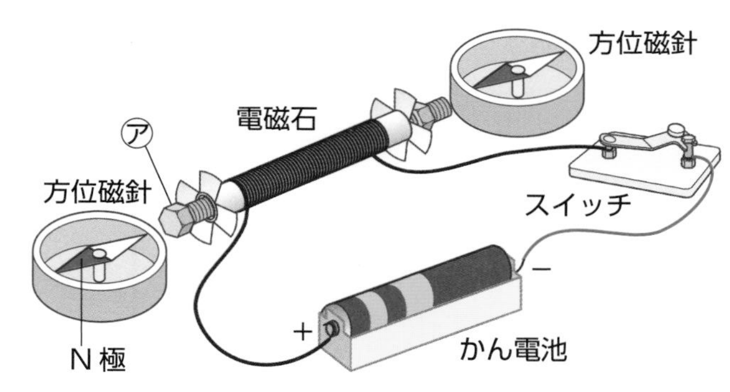

(2) かん電池の向きを逆にしてスイッチを入れると、(1)②の流れはどうなりますか。正しいものに○をつけましょう。

ア（　　）大きくなる。
イ（　　）小さくなる。
ウ（　　）向きが逆になる。
エ（　　）大きさも向きも変わらない。

(3) かん電池の向きを逆にしてスイッチを入れると、図の㋐は(1)①と比べてどうなりますか。正しいものに○をつけましょう。

ア（　　）(1)①と同じ極ができる。
イ（　　）(1)①とちがう極ができる。
ウ（　　）極はできなくなる。

ぴったり1 準備

7. 電流と電磁石

②電磁石の強さ①

学習日　　月　　日

めあて
電流の大きさを変えると、電磁石の強さはどうなるかをかくにんしよう。

教科書 130〜134ページ　答え 30ページ

下の(　　)にあてはまる言葉を書くか、あてはまるものを○で囲もう。

1 電磁石の強さは、電流の大きさによって変わるだろうか。

教科書 130〜134ページ

▶電流の大きさを変えて、電磁石につくクリップの数を調べる。

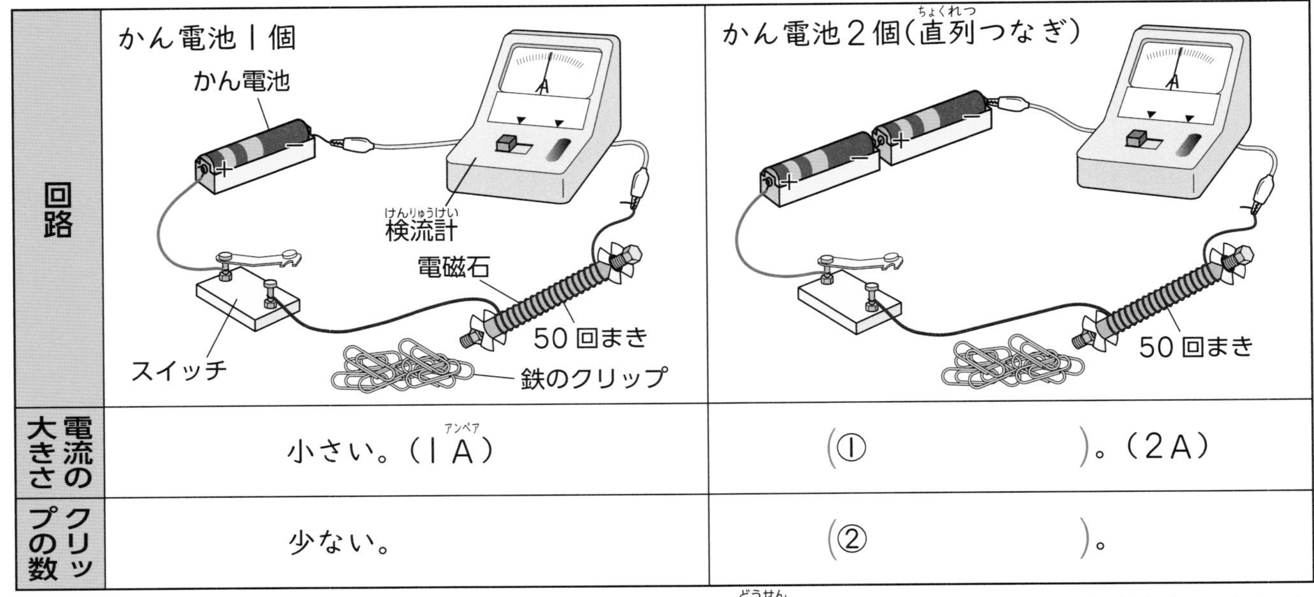

	かん電池1個	かん電池2個(直列つなぎ)
回路		
電流の大きさ	小さい。(1A)	(①　　　　)。(2A)
クリップの数	少ない。	(②　　　　)。

※導線の長さや太さ、コイルのまき数はどちらも同じ。

▶電磁石の鉄を引きつける強さは、電流が大きいほど(③　　　　)。

2 検流計は、どのように使うのだろうか。

教科書 132ページ

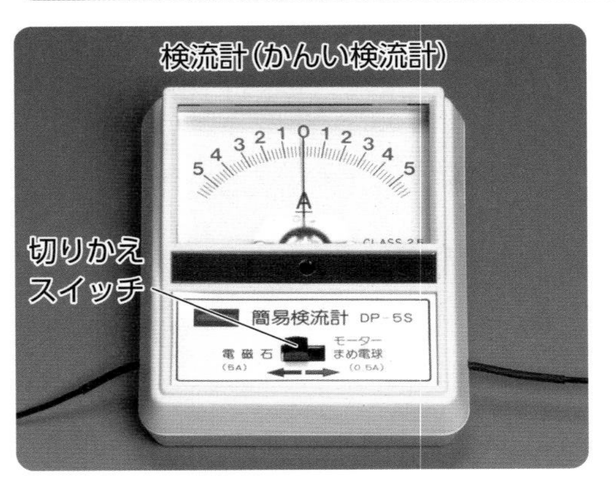

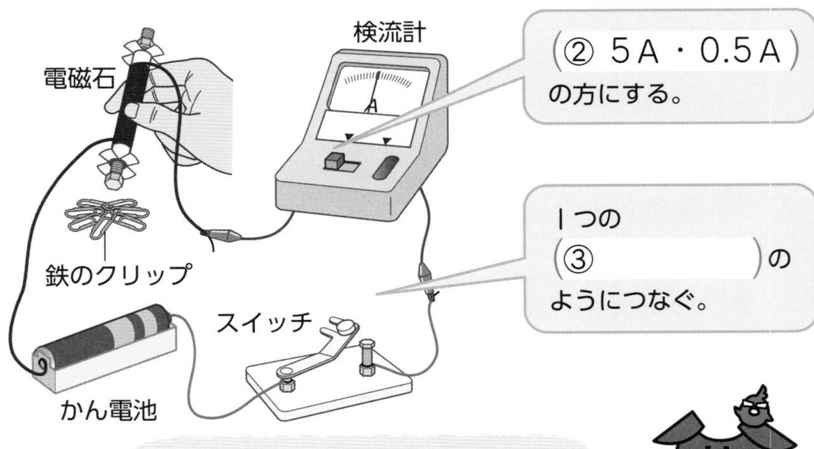

▶検流計は、回路に流れる(①　　　　)の大きさや電流の向きを調べることができる。

回路に電流を流すときは、かん電池のかわりに電源装置を使ってもいいよ。

①流れる電流を大きくするほど、電磁石の鉄を引きつける強さは強くなる。
②電流の大きさを調べるときは、検流計や電流計を使う。
③回路に電流を流すときは、かん電池や電源装置を使う。

電磁石は電流が大きいほど強くなりますが、コイルの中に入れる鉄のしんを太くすることでも、電磁石を強くすることができます。

ぴったり2 練習

7. 電流と電磁石(でんじしゃく)

②電磁石の強さ①

学習日　月　日

教科書 130〜134ページ　答え 30ページ

1 ㋐、㋑の回路のスイッチを入れて、電磁石をそれぞれ鉄のクリップに近づけます。

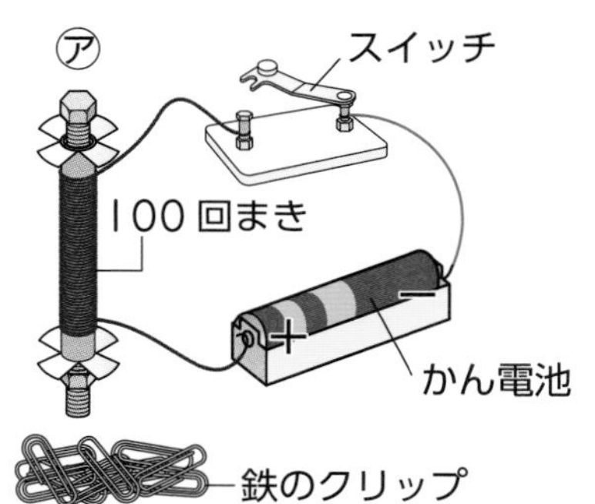

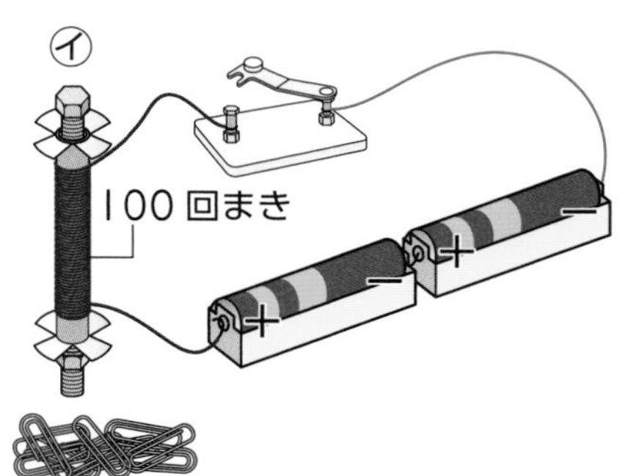

(1) ㋐、㋑のうち、電流が大きいのはどちらですか。正しいものに○をつけましょう。

ア(　　)㋐のほうが大きい。

イ(　　)㋑のほうが大きい。

ウ(　　)㋐と㋑の大きさは同じ。

(2) ㋐、㋑のうち、鉄のクリップが多くつくのはどちらですか。正しいものに○をつけましょう。

ア(　　)㋐のほうが多い。

イ(　　)㋑のほうが多い。

ウ(　　)㋐と㋑の個数は同じ。

(3) この実験の結果からわかることについて、正しいものに○をつけましょう。

ア(　　)電磁石の鉄を引きつける強さは、電流が大きいほど強い。

イ(　　)電磁石の鉄を引きつける強さは、電流が小さいほど強い。

ウ(　　)電磁石の鉄を引きつける強さは、電流の大きさによって変わらない。

2 いろいろな実験器具について、次の問いに答えましょう。

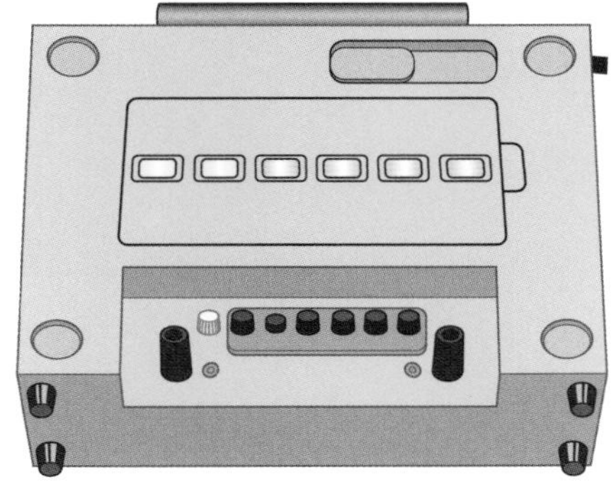

(1) 図の器具は回路に電流を流すことができます。この器具を何といいますか。正しいものに○をつけましょう。

ア(　　)かん電池　　イ(　　)電流計

ウ(　　)電源装置(でんげんそうち)

(2) 検流計(けんりゅうけい)は、何の大きさを調べることができますか。

(　　　　　)

(3) 検流計は、回路にどのようにつなぎますか。正しいものに○をつけましょう。

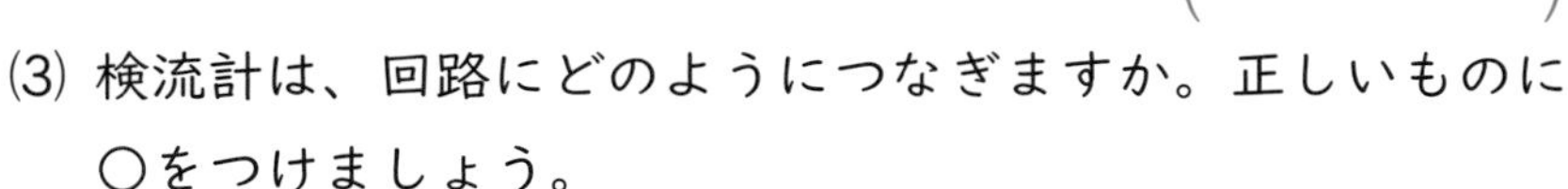
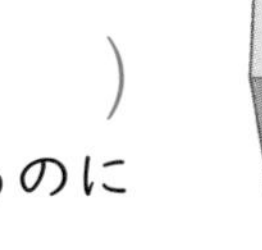

ア(　　)回路のはかりたい部分に、へい列(れつ)につなぐ。

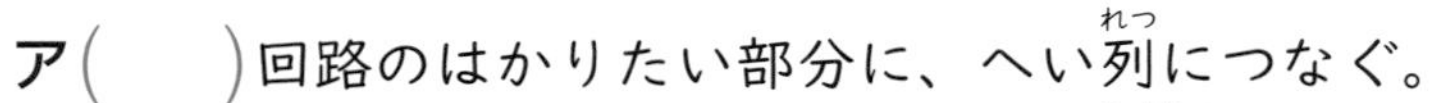

イ(　　)1つの輪になるように、回路に直列(ちょくれつ)につなぐ。

(4) 検流計は(2)の大きさのほかに、電流の何を調べることができますか。

(　　　　　)

ぴったり1 準備

7. 電流と電磁石

②電磁石の強さ②

●くらしの中のモーター

学習日　月　日

めあて
コイルのまき数を変えると、電磁石の強さはどうなるかをかくにんしよう。

教科書 130〜137ページ　答え 31ページ

下の(　)にあてはまる言葉を書こう。

1 電磁石の強さは、コイルのまき数によって変わるだろうか。

教科書 133〜134ページ

▶コイルのまき数を変えて、電磁石につくクリップの数を調べる。

	コイルのまき数 50 回	コイルのまき数 100 回
回路	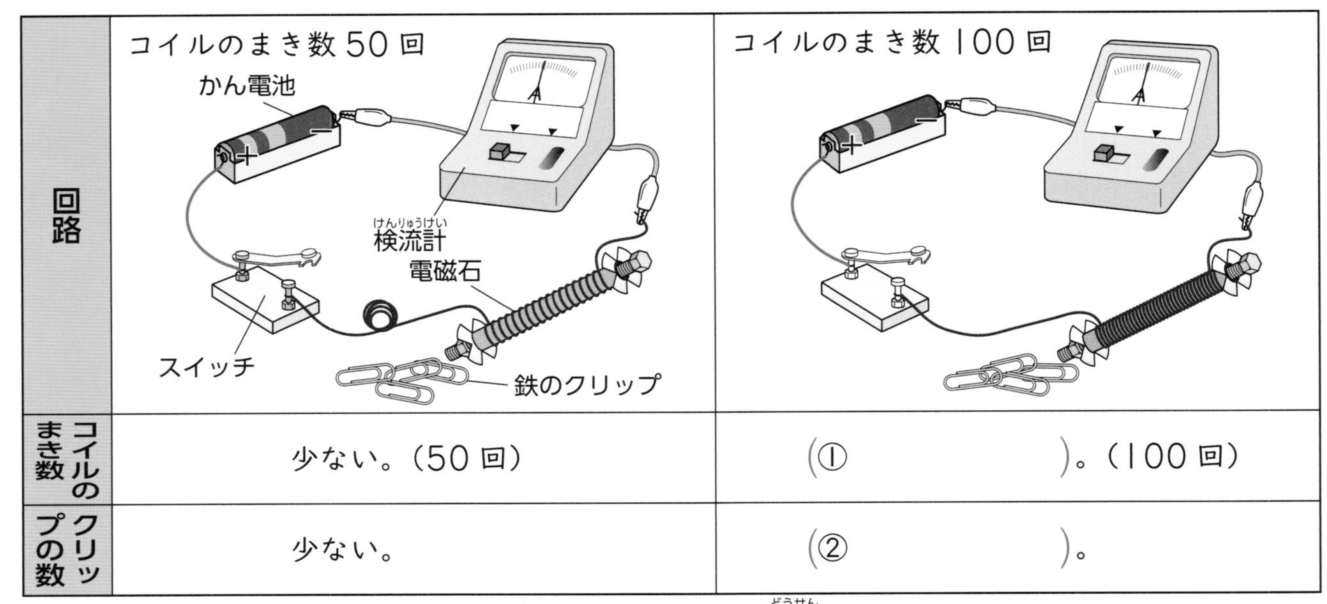	
コイルのまき数	少ない。(50 回)	(①　　　)。(100 回)
クリップの数	少ない。	(②　　　)。

※導線の長さや太さ、電流の大きさはどちらも同じ。

▶電磁石の鉄を引きつける強さは、コイルのまき数が多いほど(③　　　)。

2 モーターは、どのように回っているだろうか。

教科書 136〜137ページ

モーターの内部のようす

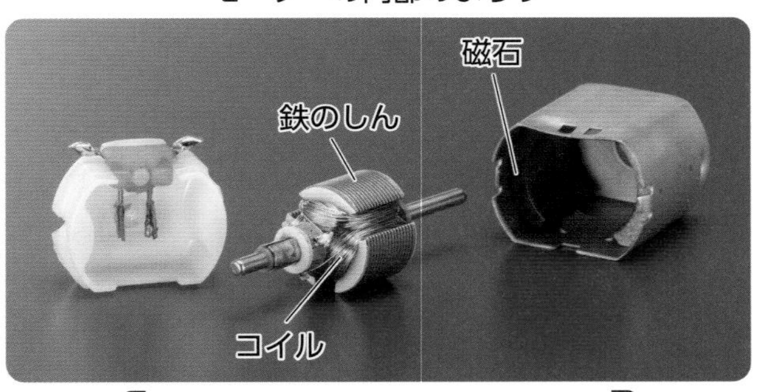

電流を流すと、鉄のしんは(①　　　)になる。

▶モーターは、電磁石と磁石が引きつけ合う力と、(③　　　)力によって回っている。

モーターが回転するしくみ

(②　　　)。

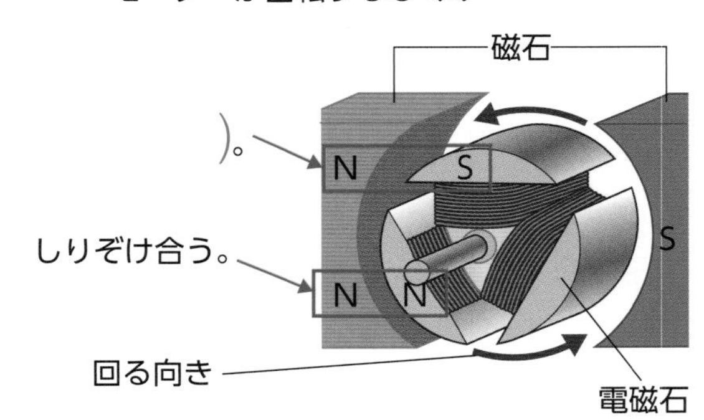

ここがだいじ!

①コイルのまき数を多くするほど、電磁石の鉄を引きつける強さは強くなる。

②モーターは、電磁石と磁石が引きつけ合う力と、しりぞけ合う力によって回っている。身の回りには、電磁石を利用した道具がいろいろとある。

電磁石を利用した道具には、モーター以外に検流計や電流計、ベル、ブザーなどがあります。

学習日　月　日

7. 電流と電磁石(でんじしゃく)

②電磁石の強さ②

●くらしの中のモーター

教科書 130〜137ページ　答え 31ページ

1 ㋐〜㋒の回路のスイッチを入れて、電磁石をそれぞれ鉄のクリップに近づけます。

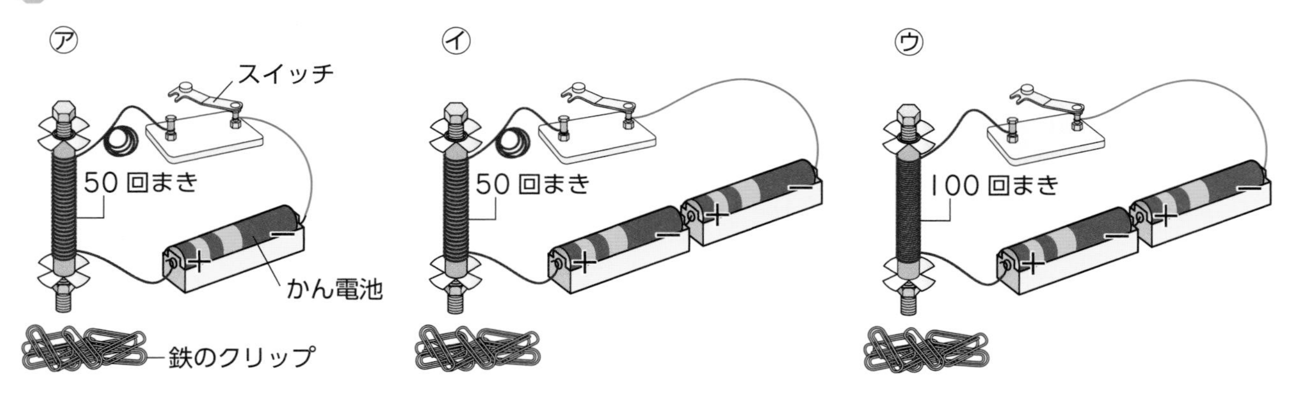

(1) 鉄のクリップがいちばん多くつくのは、どれですか。図の㋐〜㋒から選びましょう。

(　　)

(2) 電磁石について、正しいもの2つに○をつけましょう。

ア(　　)電磁石の鉄を引きつける強さは、電流が大きいほど強い。
イ(　　)電磁石の鉄を引きつける強さは、電流が小さいほど強い。
ウ(　　)電磁石の鉄を引きつける強さは、コイルのまき数が多いほど強い。
エ(　　)電磁石の鉄を引きつける強さは、コイルのまき数が少ないほど強い。

2 電磁石を利用した道具について、次の問いに答えましょう。

(1) 次の㋐〜㋓のうち、電磁石を利用した道具はどれですか。記号で答えましょう。　(　　)

豆電球

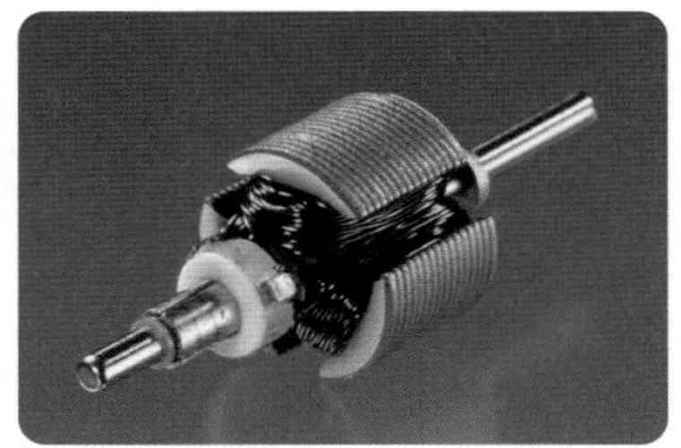
モーター

㋒
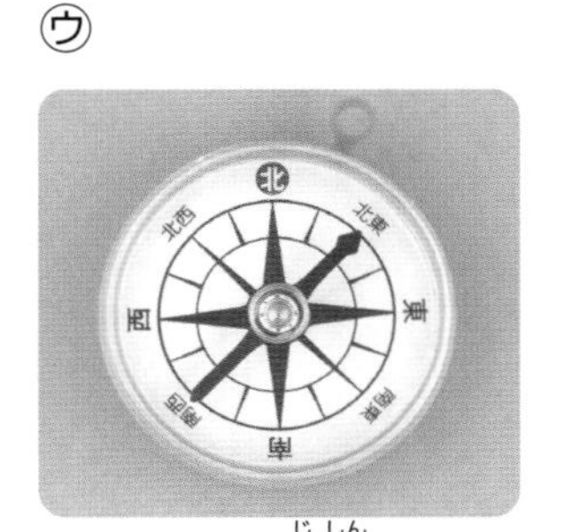
方位磁針(じしん)

㋓
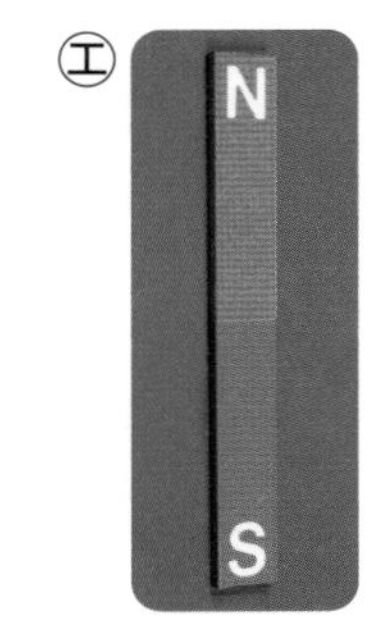

ぼう磁石

(2) (1)の道具について、正しいもの2つに○をつけましょう。

ア(　　)(1)の道具は、電磁石と磁石が、両方利用されている。
イ(　　)(1)の道具は、電磁石は利用されているが、磁石は利用されていない。
ウ(　　)(1)の道具の電磁石は、磁石を近づけるとN極とS極ができる。
エ(　　)(1)の道具の電磁石は、電流が流れるとN極とS極ができる。

ぴったり3
確かめのテスト
7. 電流と電磁石

時間 30分
／100
合格 70点

教科書 122〜139ページ　答え 32ページ

よく出る

1 電磁石の両はしに方位磁針を近づけました。　各5点(30点)

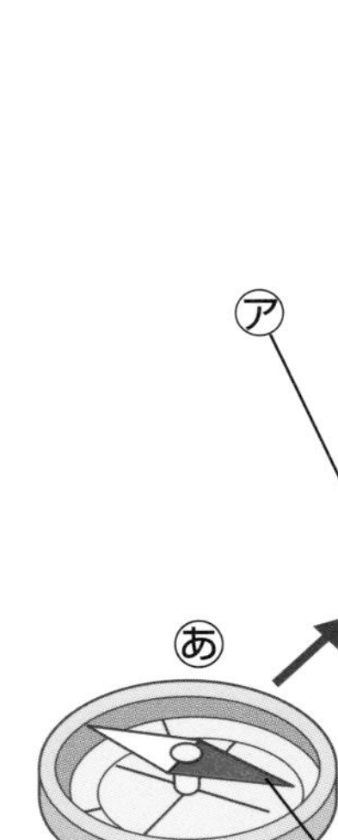

(1) 回路のスイッチを入れ、あの方位磁針を電磁石のアのはしに近づけたところ、N極が引きつけられました。

①アのはしは、何極ですか。（　　　）

②イのはしは、何極ですか。（　　　）

③次に、いの方位磁針をイのはしに近づけると、どうなりますか。正しいものに○をつけましょう。

ア（　）イのはしに、N極が引きつけられる。
イ（　）イのはしに、S極が引きつけられる。
ウ（　）方位磁針のはりは動かない。

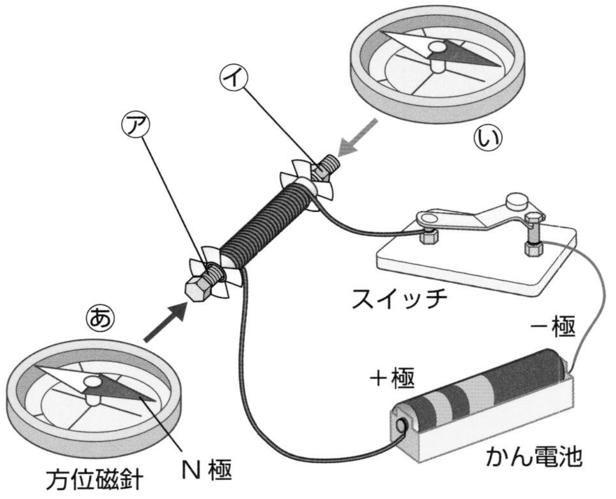

(2) かん電池の＋極と－極を逆にして、スイッチを入れました。

①あの方位磁針をアのはしに近づけると、どうなりますか。正しいものに○をつけましょう。

ア（　）アのはしに、N極が引きつけられる。
イ（　）アのはしに、S極が引きつけられる。
ウ（　）方位磁針のはりは動かない。

②アのはし、イのはしは、それぞれ何極ですか。　ア（　　　）　イ（　　　）

2 検流計の使い方について、次の問いに答えましょう。　各5点(15点)

(1) 作図 図の検流計を回路につなぐとき、検流計はどのようにつなぎますか。図に、導線を表す線をかきましょう。針は電流の向きにふれるものとします。

(2) 図のとき、検流計の切りかえスイッチは、5A(電磁石)、0.5A(光電池・豆球)のどちらにしますか。　技能

（　　　）

(3) (2)のとき、検流計のはりは、図のようにふれました。電流は何Aですか。

（　　　）

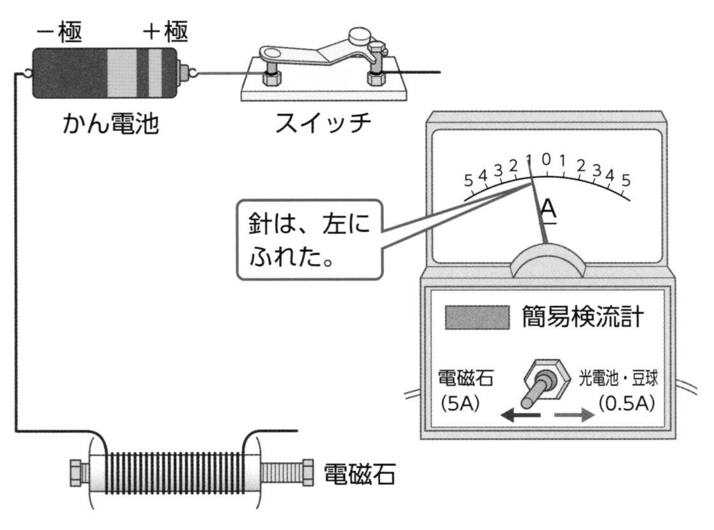

よく出る

3 下の2つの電磁石を、それぞれ鉄のクリップに近づけます。

各5点(15点)

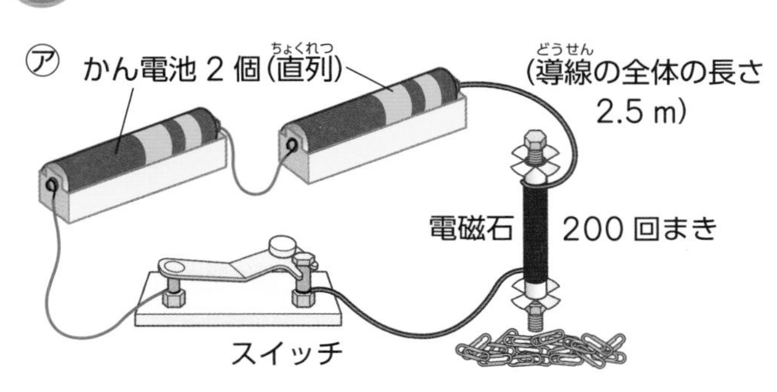

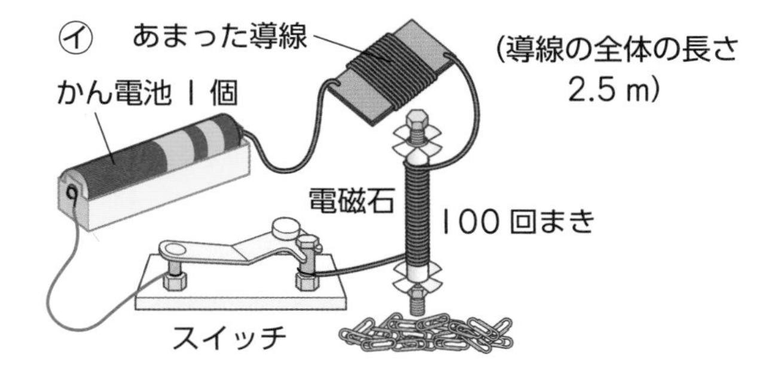

(1) 上の2つの回路で、電流の大きさと電磁石の強さの関係を調べるとき、㋑の回路の何をどのように変えますか。正しいものに○をつけましょう。 思考・表現

ア(　　)同じかん電池を2個直列につなぐ。

イ(　　)あまりが出ないように、導線を2.5 mより短くする。

ウ(　　)コイルのまき数を200回に増やす。

エ(　　)コイルのまき数を50回に減らす。

(2) 上の2つの回路で、コイルのまき数と電磁石の強さの関係を調べるとき、㋑の回路の何をどのように変えますか。(1)の**ア**～**エ**のうち、正しいものに△をつけましょう。 思考・表現

(3) (2)の条件で調べたとき、鉄のクリップが多くつくのは㋐、㋑のどちらですか。記号で答えましょう。

(　　)

できたらスゴイ!

4 電磁石と磁石は、どちらも鉄のクリップを引きつけます。

各10点(40点)

電磁石

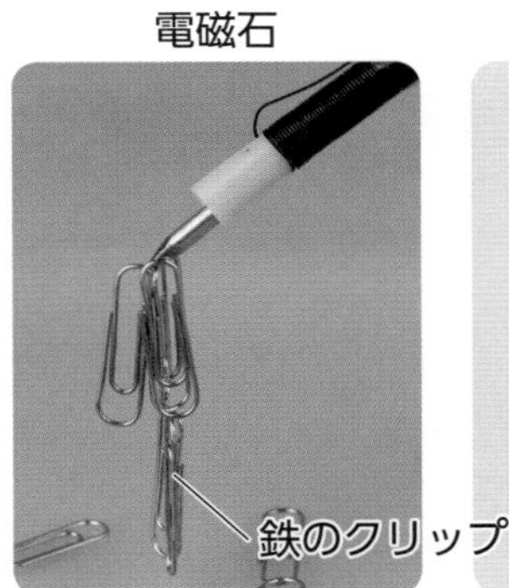

磁石

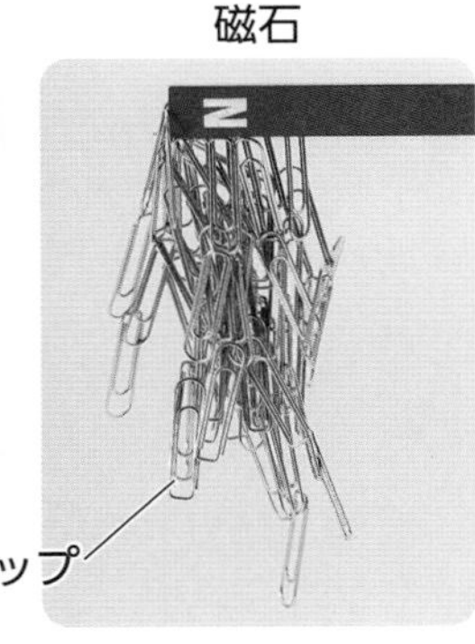

(1) 記述 電磁石に、鉄のクリップが引きつけられるのは、どのようなときですか。

(　　)

(2) 記述 鉄のクリップにふれずに電磁石に引きつけられた鉄のクリップをはなすには、どうすればよいですか。 思考・表現

(　　)

(3) 磁石は、(2)のようにして鉄のクリップをはなすことができますか。 (　　)

リフティングマグネット

(4) 記述 鉄でできたスチールかんを運ぶときなどに使われる、リフティングマグネットには、電磁石が使われています。磁石ではなく、電磁石が使われるのはなぜですか。(1)～(3)の電磁石や磁石の性質から答えましょう。 思考・表現

(　　)

ふりかえり

3 がわからないときは、58ページの 1 、60ページの 1 にもどってかくにんしましょう。
4 がわからないときは、54ページの 2 にもどってかくにんしましょう。

8. もののとけ方

①とけたもののゆくえ

学習日　月　日

めあて
水溶液とは何か、ものを水にとかしたときの水溶液の重さをかくにんしよう。

教科書 144～148ページ　答え 33ページ

下の（　）にあてはまる言葉を書くか、あてはまるものを○で囲もう。

1 水にとかす前と後で、全体の重さはどう変わるだろうか。

教科書 144～148ページ

全体の重さは、（① 変わる ・ 変わらない ）。

▶ものが水にとけている液体（えきたい）を、（②　　　　）という。

▶（ ② ）は、色がついているものもあるが、（③ とう明な液 ・ にごった液 ）である。

▶水溶液の重さは、（④　　　　）の重さと、とかしたものの重さの和になる。

食塩は水にとけると見えなくなるけど、食塩水の中にあるのかな。

食塩の（⑤　　　　）、または食塩水という。

2 電子てんびんは、どのように使うのだろうか。

教科書 147ページ

▶次の順に、そうさして使う。

❶（①　　　　）なところに置く。
❷スイッチを入れる。
❸表示（ひょうじ）が0でなければ、（②　　　　）をおして0にする。
❹はかるものをのせる。
❺表示が安定したら、表示を読み取る。

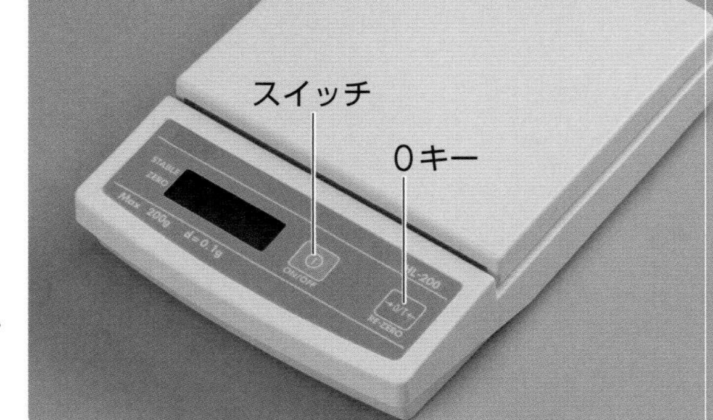

ものの重さをはかる器具には、上皿てんびんもあるよ。

ここがだいじ！

①ものを水にとかす前後で、全体の重さは変わらない。
「水溶液の重さ＝水の重さ＋とかしたものの重さ」
②ものの重さは、電子てんびんや上皿てんびんではかることができる。

ぴたトリビア　水にとけると、とけたものは目に見えないほど小さくなっています。なくなったのではなく水の中にあるので、とけたものの重さもなくなりません。

8. もののとけ方

①とけたもののゆくえ

教科書 144〜148ページ 答え 33ページ

1 水に食塩をとかす前と後で、全体の重さをはかりました。

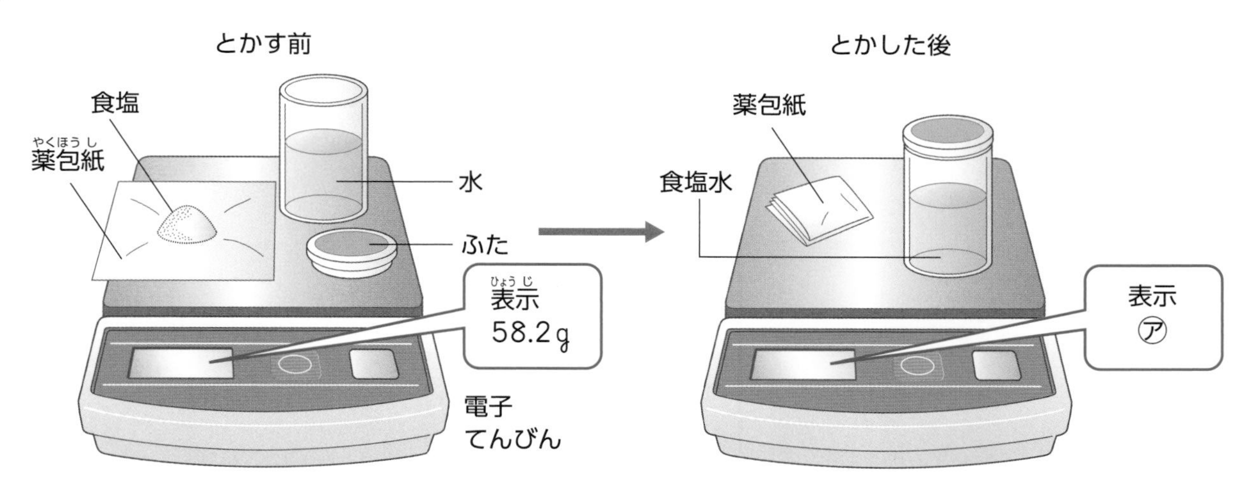

(1) 図の㋐に入る重さは、何gですか。（　　　　）

(2) とかす前と比べて、とかした後の重さが(1)のようになるのはなぜですか。正しいものに○をつけましょう。

ア（　　）食塩は、水にとけてなくなるから。

イ（　　）食塩は、水にとけて液の中にあるが、食塩の重さが重くなるから。

ウ（　　）食塩は、水にとけてもそのままの重さで液の中にあるから。

(3) 水に食塩がとけた液を、食塩水という以外に、何といいますか。

食塩の（　　　　）

(4) 水溶液について、正しいものに○をつけましょう。

ア（　　）とう明で、すべて色がついている。

イ（　　）とう明で、色がついているものも、ついていないものもある。

ウ（　　）色がついていて、とう明でもない。

2 電子てんびんの使い方について、次の問いに答えましょう。

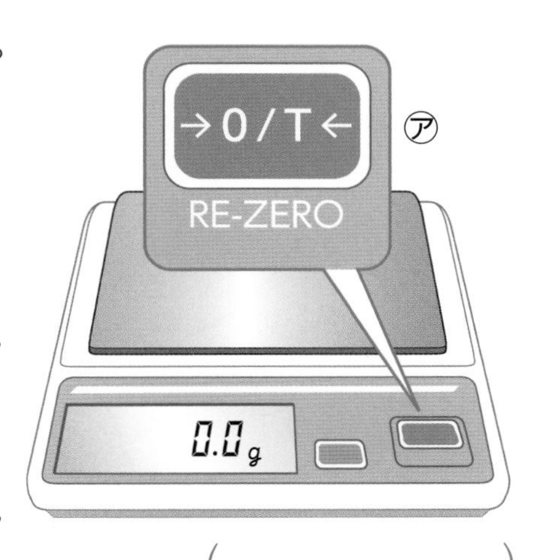

(1) 図の㋐のボタンを何といいますか。（　　　　）

(2) 図の㋐のボタンは、どのようなときにおしますか。正しいものに○をつけましょう。

ア（　　）電子てんびんの電源を入れるとき。

イ（　　）電子てんびんに表示した数字を、記録しておくとき。

ウ（　　）電子てんびんの表示を0にするとき。

(3) 電子てんびんでものの重さをはかるとき、図の㋐のボタンをおすのは、はかるものをのせる前、のせた後のどちらですか。

（　　　　）

ヒント ❶ (1)ものを水にとかす前後で、全体の重さは変わりません。

学習日　月　日

8. もののとけ方

②水にとける物の量①

めあて
決まった量の水にとける食塩やミョウバンの量に限りがあるかをかくにんしよう。

教科書 149〜151ページ　答え 34ページ

下の(　)にあてはまる言葉を書くか、あてはまるものを○で囲もう。

1 決まった量の水にとけるものの量には、限り(かぎ)があるのだろうか。 教科書 149〜151ページ

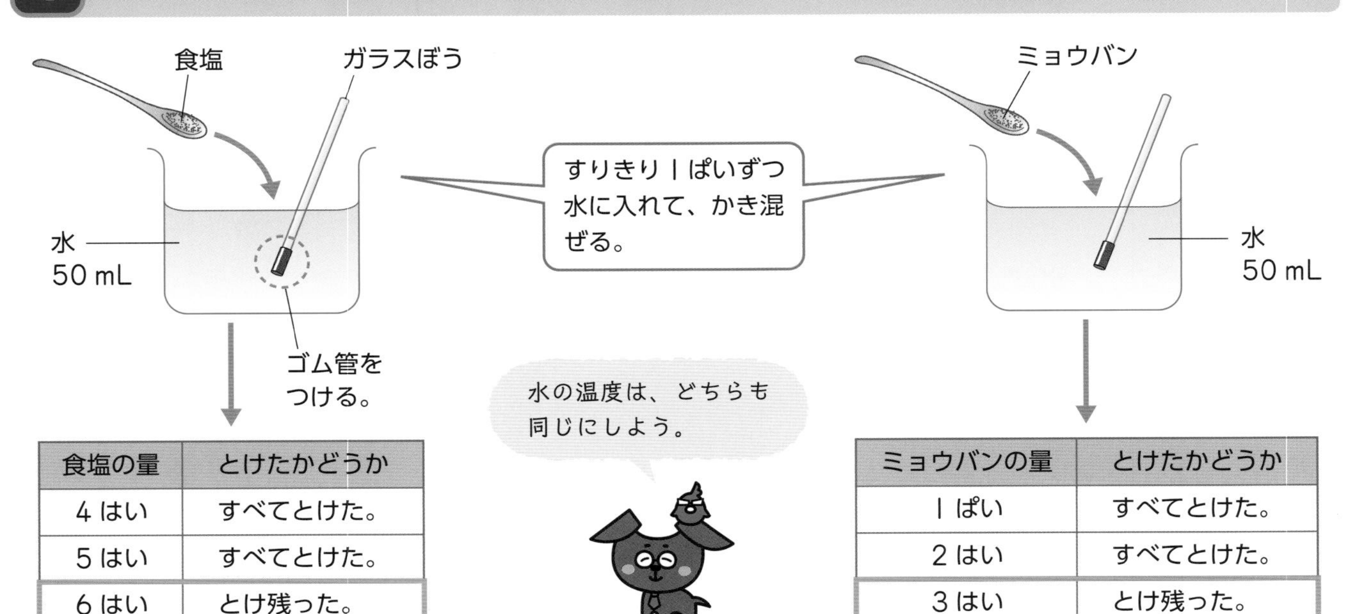

食塩の量	とけたかどうか
4 はい	すべてとけた。
5 はい	すべてとけた。
6 はい	とけ残った。

ミョウバンの量	とけたかどうか
1 ぱい	すべてとけた。
2 はい	すべてとけた。
3 はい	とけ残った。

▶食塩もミョウバンも、水にとける量には限りが(① ある ・ ない)。
▶食塩とミョウバンは、決まった量の水にとける量が(② 同じ ・ ちがう)。

2 メスシリンダーは、どのように使うのだろうか。 教科書 149ページ

▶液面(えきめん)の(①　　　　　)部分を、はかり取る水の量(体積)の目もりに合わせる。

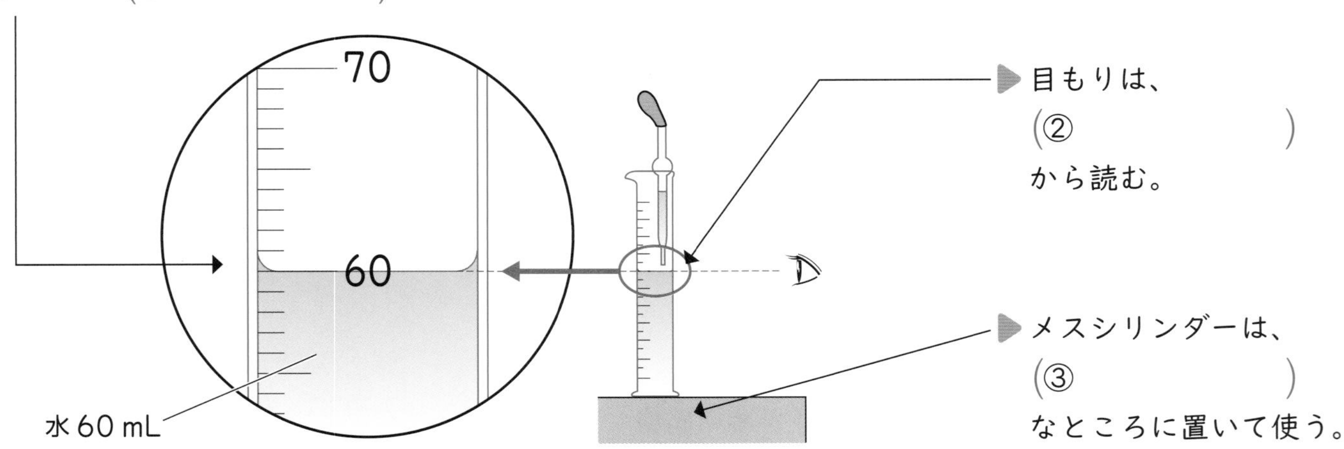

▶目もりは、(②　　　　　)から読む。

▶メスシリンダーは、(③　　　　　)なところに置いて使う。

ここが だいじ!
①食塩もミョウバンも、水にとける量には限りがある。
②食塩とミョウバンでは、決まった量の水にとける量がちがう。
③メスシリンダーの目もりは液面のへこんだ部分を真横から読む。

ぴたトリビア　水の量が半分になると、水にとけるものの量も半分になります。

8. もののとけ方

②水にとけるものの量①

教科書 149〜151ページ 答え 34ページ

1 水 50 mL に食塩をさじですりきり１ぱいずつ入れて、ガラスぼうでかき混ぜることをくり返しました。

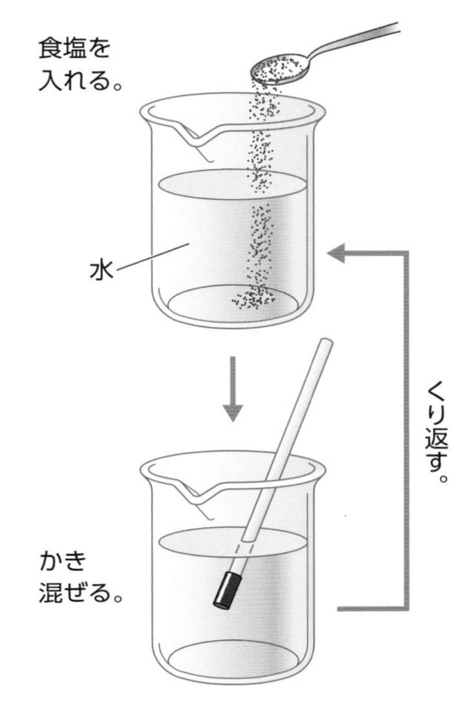

※水の量（50 mL）や温度（15 ℃）は、食塩を入れるときもミョウバンを入れるときも同じ。

(1) ビーカーがわれるのを防（ふせ）ぐため、かき混ぜるときに使うガラスぼうの先には何をつけますか。正しいものに○をつけましょう。

ア（　　）鉄の管
イ（　　）ガラス管
ウ（　　）ゴム管

(2) 食塩を１ぱい、２はい、…と入れていくと、食塩はどうなりますか。正しいものに○をつけましょう。

ア（　　）食塩は、何ばい入れてもすべてとける。
イ（　　）あるところで、食塩はとけ残る。

(3) 次に、食塩をミョウバンに変えて、同じ実験をしました。ミョウバンはどうなりますか。正しいものに○をつけましょう。

ア（　　）ミョウバンは、何ばい入れてもすべてとける。
イ（　　）あるところでミョウバンはとけ残るが、その量は食塩とちがう。
ウ（　　）あるところでミョウバンはとけ残り、その量は食塩と同じ。

2 メスシリンダーを使って、水をはかり取ります。

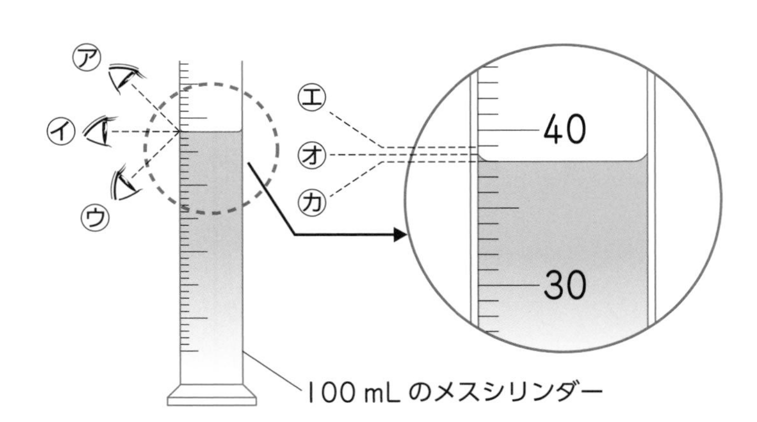

(1) 目もりを読む目の位置は、図のア〜ウのどこがよいですか。記号で答えましょう。

（　　）

(2) 図のエ〜カの、どの目もりを読めばよいですか。記号で答えましょう。

（　　）

(3) 図では、何 mL の水をはかり取っていますか。

（　　　　）

8. もののとけ方

②水にとけるものの量②

めあて
水の量を増やす、水の温度を上げるととける量はどうなるかをかくにんしよう。

教科書 151～154ページ　答え 35ページ

下の(　)にあてはまる言葉を書くか、あてはまるものを○で囲もう。

1 水の量を増やすと、とける量はどうなるだろうか。

教科書 151～154ページ

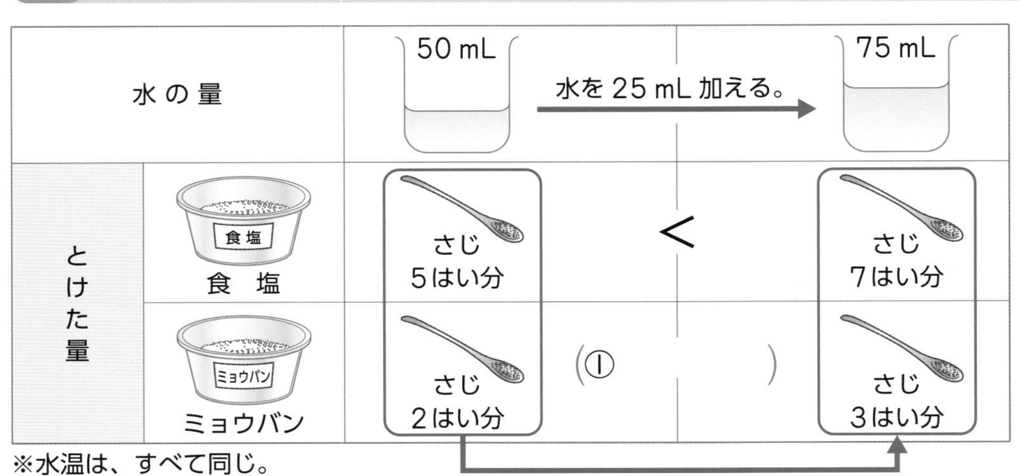

水の量
50 mL
水を 25 mL 加える。
75 mL
とけた量
食塩
食塩
さじ
5はい分
<
さじ
7はい分
ミョウバン
ミョウバン
さじ
2はい分
(①　　)
さじ
3はい分

※水温は、すべて同じ。

食塩は2はい分、ミョウバンは(②　　　　)分増える。

▶水の量が同じとき、食塩とミョウバンのとける量は(③ 同じ ・ ちがう)。

▶水の量を増やすと、とける食塩やミョウバンの量は(④ 増える ・ 減る)。

2 水温を上げると、とける量はどうなるだろうか。

教科書 151～154ページ

水温と食塩のとける量の関係
※水の量は、50 mL。

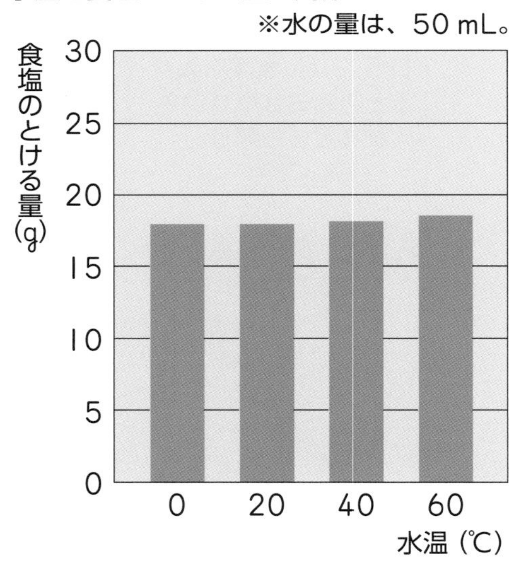

水温とミョウバンのとける量の関係
※水の量は、50 mL。

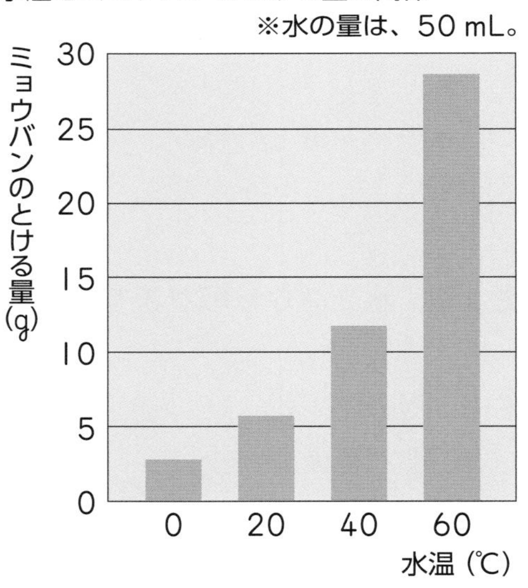

食塩とミョウバンでは、水温によってとける量の変わり方がちがうね。

▶食塩とミョウバンでは、水温を上げると、(①　　　　)のとける量はほとんど変わらないが、(②　　　　)のとける量は増える。

ここが だいじ!
①食塩やミョウバンが水にとける量は、水の量によって変わる。
②食塩が水にとける量は、水温を上げてもあまり増えない。
③ミョウバンが水にとける量は、水温を上げると増える。

水にとける量だけでなく、水以外の液体にとける量と温度の関係も、ものによってちがいます。

8. もののとけ方

②水にとけるものの量②

教科書 151～154ページ　答え 35ページ

1 水の量による、食塩やミョウバンがとける量の変わり方を調べる実験をしました。

水の量	とけた食塩の量	とけたミョウバンの量
50 mL	すりきり5はい	すりきり2はい
75 mL	すりきり（㋐）	すりきり（㋑）

(1) この実験を行うとき、かならず同じにする条件(じょうけん)は何ですか。正しいものに○をつけましょう。
ア（　）水の量
イ（　）水温
ウ（　）水に、食塩やミョウバンを入れる人

(2) 表の㋐にあてはまる言葉は何ですか。正しいものに○をつけましょう。また、表の㋑にあてはまる言葉は何ですか。正しいものに△をつけましょう。
ア（　）2はい　　イ（　）3はい
ウ（　）7はい　　エ（　）12はい

(3) 水の量ととけるものの量の間には、どのような関係がありますか。正しいものに○をつけましょう。
ア（　）水の量が増(ふ)えると、とけるものの量も増える。
イ（　）水の量が増えると、とけるものの量は減(へ)る。
ウ（　）水の量が増えても、とけるものの量は同じ。

2 水温による、食塩やミョウバンがとける量の変わり方を調べ、表にまとめました。

水温	とけた食塩の量	とけたミョウバンの量
20 ℃	すりきり5はい	すりきり2はい
60 ℃	すりきり（㋐）はい	すりきり 13 はい

※水の量は、すべて50 mL。

(1) 表の㋐にあてはまる数を答えましょう。
（　　　　）

(2) 20 ℃の水50 mLに、それぞれ食塩やミョウバンをすりきり3はい入れて、かき混ぜます。それぞれどうなりますか。
食塩（　　　　　　）
ミョウバン（　　　　　　）

(3) 水温が上がると、とける量が大きく増えるのは、食塩とミョウバンのどちらですか。
（　　　　　　）

8. もののとけ方

③水溶液にとけているものを取り出すには

めあて
水溶液にとけているものを取り出す方法や、ろ過についてかくにんしよう。

教科書 155〜157ページ　答え 36ページ

下の(　)にあてはまる言葉を書くか、あてはまるものを○で囲もう。

1 ろ過は、どのようにするのだろうか。

教科書 155ページ

▶水にとけていないもののつぶは、ろ紙でこして取り出すことができる。このようなそうさを(①　　　　　)という。

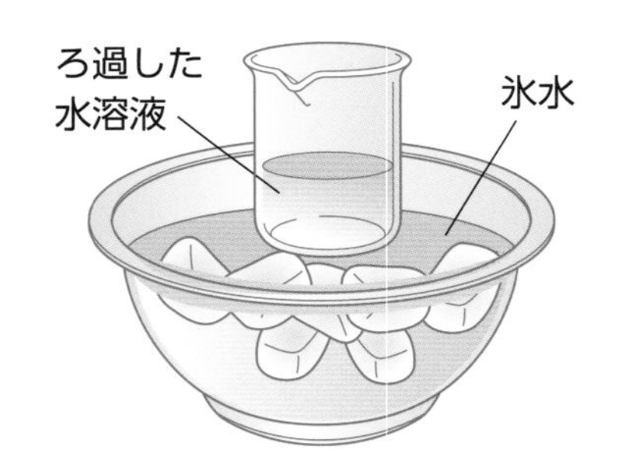
液は(②　　　　　)
に伝わらせて静かにそそぐ。
ろ過した液
ろうとの(③　　　　　)
を、ビーカーのかべにつける。

ろ紙を
(④　　　　　)
でしめらせて、
ろうとにつける。

2 とけているものを取り出すには、どうすればよいだろうか。

教科書 156〜157ページ

▶ミョウバンの水溶液の場合

ろ過したミョウバンの水溶液を
(①　あたためる　・　冷やす　)。

ろ過した水溶液
氷水

▶ミョウバンの水溶液から、
(②　　　　　)のつぶが取り出せる。

食塩の水溶液を冷やしても食塩のつぶはほとんど取り出せないよ。

▶食塩水の場合

ろ過した水溶液から、水を(③　　　　　)させる。

ろ過した水溶液
じょう発皿
実験用ガスコンロ

▶食塩水から、(④　　　　　)のつぶが取り出せる。

▶ミョウバンの水溶液も同じようにすると、ミョウバンのつぶが取り出せる。

水の量によって、とける量が変わる性質を利用しているよ。

ここが だいじ！

①水にとけたミョウバンは、水温を下げたり、水をじょう発させたりすることで取り出すことができる。

②水にとけた食塩は、水をじょう発させることで取り出すことができる。

ぴたトリビア

海水も水溶液ですが、食塩（塩化ナトリウム）以外にもいろいろなものがとけています。

8. もののとけ方

③水溶液（すいようえき）にとけているものを取り出すには

教科書 155～157ページ　答え 36ページ

1 とけ残りのある食塩水をろ過（か）します。

(1) ろ過のしかたとして正しいものに○をつけましょう。

ア（　　）

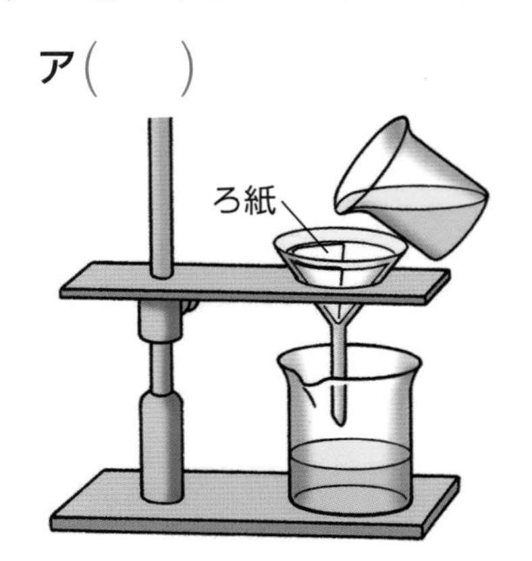

イ（　　）

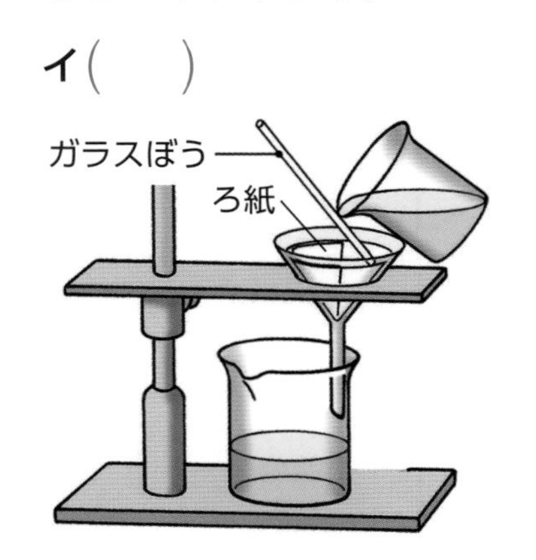

ウ（　　）

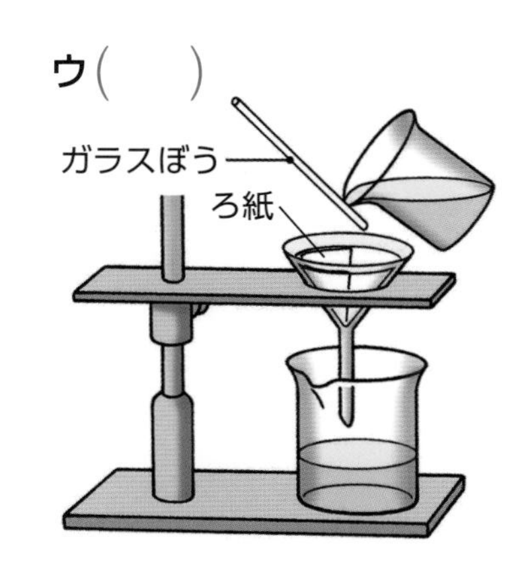

(2) ろ過した液には、食塩のつぶが見えますか、見えませんか。

（　　　　　）

(3) ろ過した液は、食塩の水溶液といえますか、いえませんか。

（　　　　　）

(4) ろ過した後のろ紙には、食塩のつぶが見えますか、見えませんか。

（　　　　　）

2 あたたかい食塩水やミョウバンの水溶液から、食塩やミョウバンのつぶを取り出します。

(1) 水溶液をしばらく置いておくと、水溶液の温度が下がって㋐の水溶液だけからつぶが出てきました。㋐の水溶液は、食塩水、ミョウバンの水溶液のどちらですか。

（　　　　　）

(2) 別の方法で、㋐の水溶液からつぶを取り出します。その方法として正しいものに○をつけましょう。

ア（　　）水溶液をかき混ぜる。
イ（　　）水溶液に、水を加える。
ウ（　　）水溶液から、水をじょう発させる。

(3) (2)の方法で、㋑の水溶液からつぶを取り出せますか。

（　　　　　）

㋐

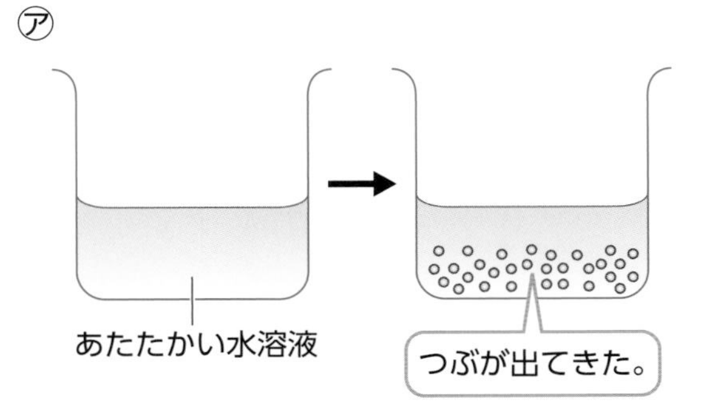

㋑

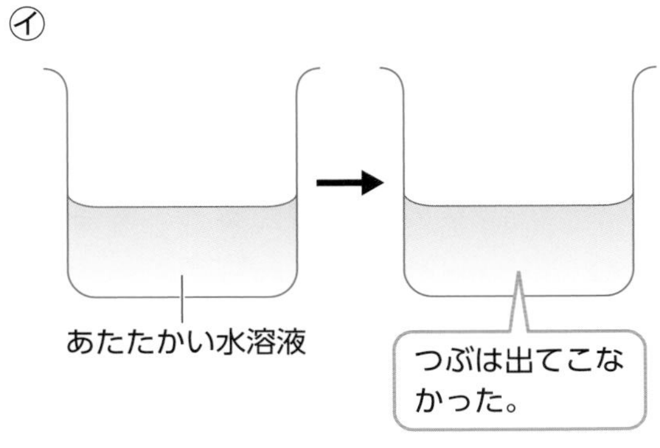

8. もののとけ方

教科書 144～160ページ　答え 37ページ

よく出る

1 水 50 mL に、重さを変えて食塩を入れ、かき混ぜます。 各10点(30点)

(1) ㋐～㋒のうち、1つだけ食塩がとけ残りました。それはどれですか。記号で答えましょう。

(　　)

(2) 水に食塩がとけた液(えき)は、食塩水という以外に何といいますか。

食塩の(　　　　)

(3) 水に食塩がとけた液のようすとして、正しいものに○をつけましょう。

ア(　　)液の底に食塩のつぶがたまっている。

イ(　　)液は色がついていて、とう明ではない。

ウ(　　)液は色がついておらず、とう明である。

よく出る

2 水 50 mL と 100 mL に、ミョウバンをそれぞれ10 g 入れ、かき混ぜます。 各10点(30点)

(1) ㋐、㋑のうち、一方だけミョウバンがとけ残りました。それはどちらですか。記号で答えましょう。

(　　)

(2) 水の量とミョウバンのとける量について、正しいものに○をつけましょう。

ア(　　)水の量が増(ふ)えると、ミョウバンのとける量も増える。

イ(　　)水の量が増えると、ミョウバンのとける量は減(へ)る。

ウ(　　)水の量が変わっても、ミョウバンのとける量は変わらない。

(3) 液の温度を変えてとけ残ったミョウバンをすべてとかすとき、液の温度はどうしたらよいですか。

(　　　　)

学習日　　月　　日

3 とけ残りのある食塩水をろ過しました。

各5点（15点）

(1) ろ紙をろうとに入れた後、ろうとにつけるために、どのようにしますか。正しいものに○をつけましょう。 技能

ア（　　）ろ紙をガラスぼうでおす。

イ（　　）ろ紙を入れたろうとをふる。

ウ（　　）ろ紙を水でしめらせる。

(2) ろ過した液㋐について、正しいものに○をつけましょう。

ア（　　）目に見える食塩のつぶが、底にしずんでいる。

イ（　　）目に見える食塩のつぶが、水の中で均一に広がっている。

ウ（　　）目に見えないが、食塩がふくまれている。

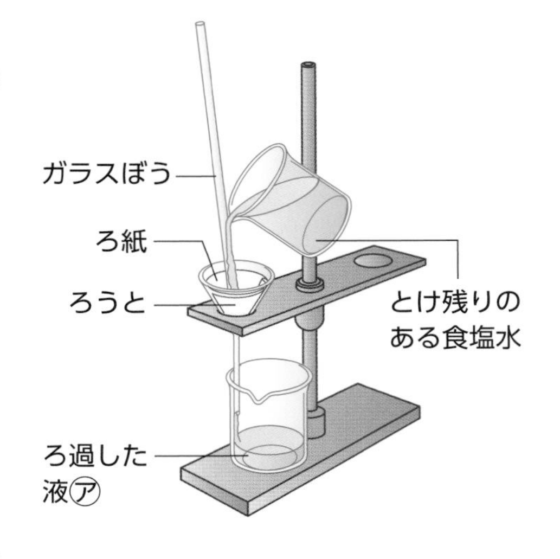

(3) ろ過した液㋐から食塩を取り出せるものに、○を１つつけましょう。

ア（　　）液をかき混ぜる。　イ（　　）液を氷水で冷やす。

ウ（　　）液を加熱器具で熱する。　エ（　　）液に水を入れる。

できたらスゴイ！

4 コーヒーシュガーの水溶液、食塩水、ミョウバンの水溶液があります。

(1)は5点、(2)は各10点（25点）

㋐

㋑

㋒

(1) コーヒーシュガーの水溶液は、㋐～㋒のどれですか。（　　）

(2) 記述 氷水を使ってあるそうさをすると、食塩水とミョウバンの水溶液を区別できます。そのそうさの方法と、結果をそれぞれ書きましょう。水温と、水50mLにとけるミョウバンや食塩の量の関係を表す右のグラフを参考に考えましょう。 思考・表現

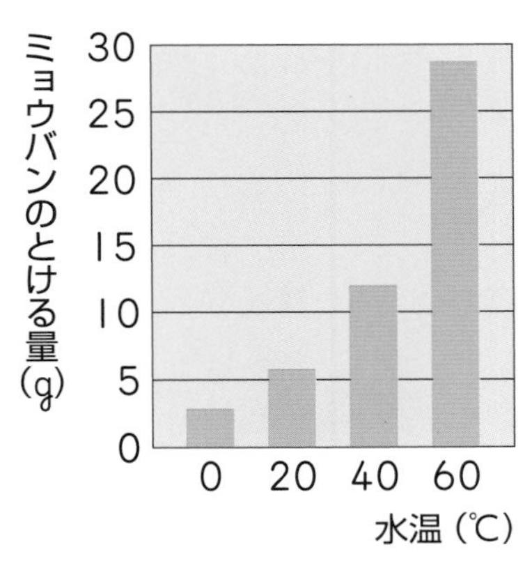

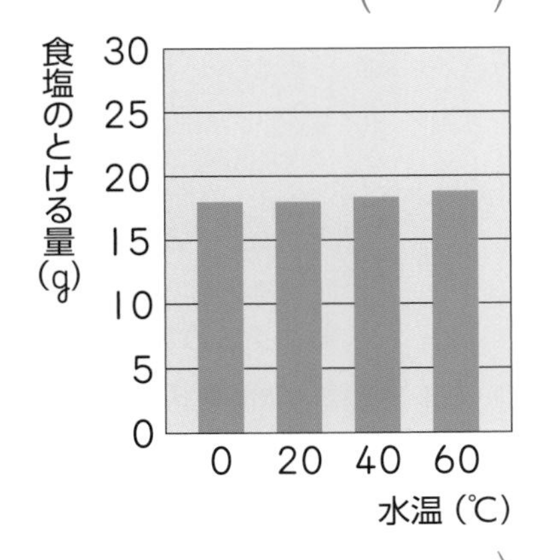

方法（　　　　）

結果（　　　　）

ふりかえり
2がわからないときは、68ページの1、2にもどってかくにんしましょう。
4がわからないときは、68ページの2、70ページの2にもどってかくにんしましょう。

9. 人のたんじょう

①人のたんじょう①

3分でまとめ

学習日　月　日

めあて
人の受精卵は母親の体内のどこで成長するかをかくにんしよう。

教科書 162〜167ページ　答え 38ページ

下の(　)にあてはまる言葉を書くか、あてはまるものを○で囲もう。

1 人の受精卵は、どのようにしてできるのだろうか。

教科書 164ページ

▶卵は(① 女性 ・ 男性)の体内でつくられ、(②　　　)は男性の体内でつくられる。

人の卵(卵子)
直径約 0.1(⑤ cm ・ mm)。
まわりを多くの精子が取り囲んでいる。

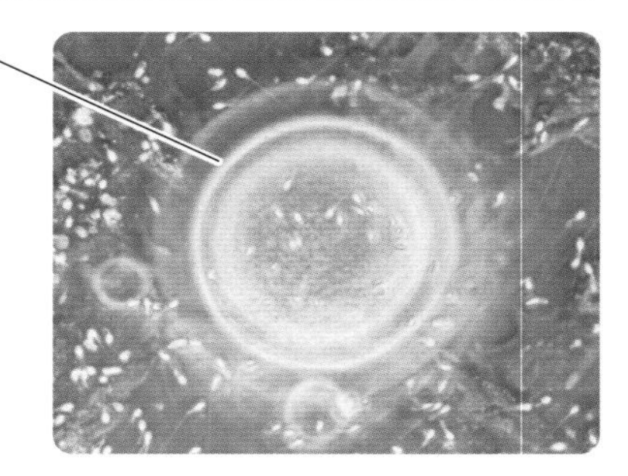

▶卵と精子が結びつくことを(③　　　)という。

▶卵が(③)をすると(④　　　)になり、人の命が始まる。

2 人の受精卵は、どこでどのように育っていくのだろうか。

教科書 164〜167ページ

▶受精卵は母親の体内にある(①　　　)の中で成長し、(② たい児 ・ よう児)になる。

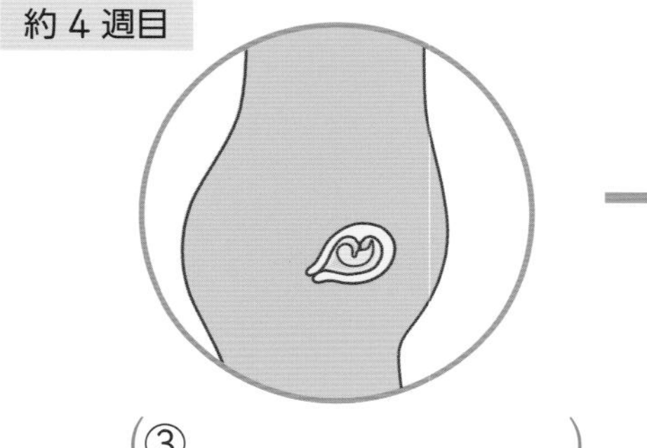

約4週目
(③　　　)が動き始める。

約14週目
身長 15〜16 cm
体重およそ 100 g

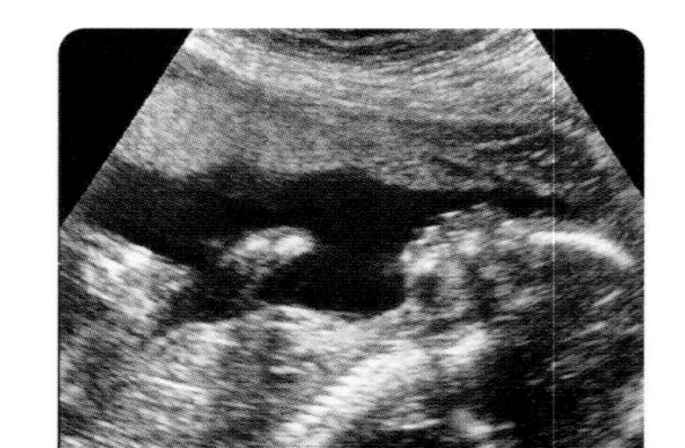

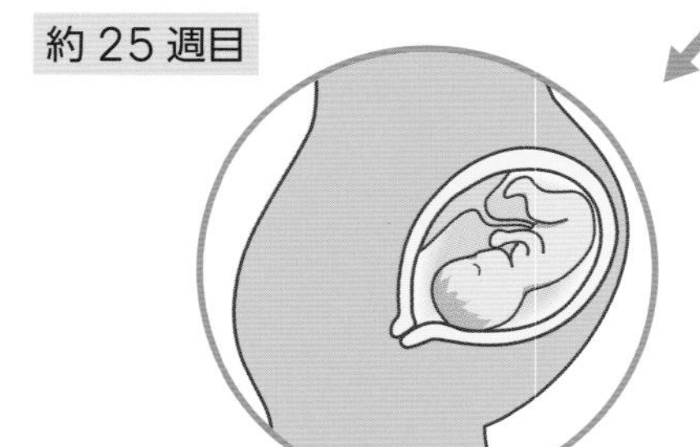

約25週目
頭の毛が生えてくる。体を動かすようになる。

約38週目
身長 50 cm、体重およそ 3000 g
生まれてくる直前。

ちょう音波を利用して、体内のたい児のようすを見ることができるよ。

▶たい児は、母親の体内で約(④ 100 ・ 270)日間育てられ、たんじょうする。

ここがだいじ!

①女性の体内では卵(卵子)が、男性の体内では精子がつくられる。

②卵と精子が結びつく(受精する)と受精卵になり、母親の子宮の中でたい児になって、約38週(約270日間)育てられてたんじょうする。

ぴたトリビア いま地球にすむ人類は、みなホモ・サピエンスという同じ種類の生物です。

9. 人のたんじょう

①人のたんじょう①

教科書 162～167ページ 答え 38ページ

1 右の写真は、人の卵(卵子)のようすです。

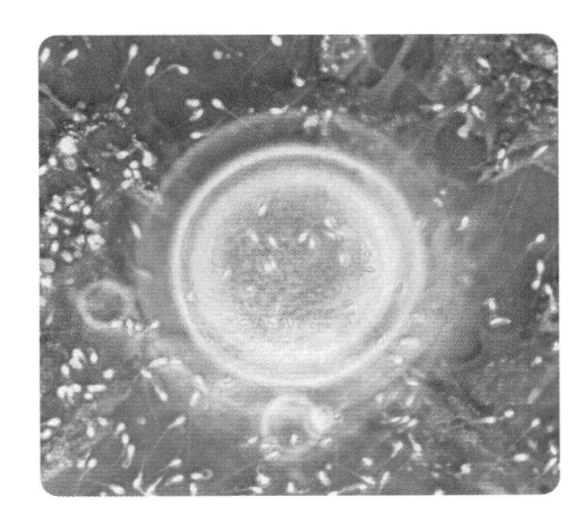

(1) 人の卵の実際の大きさはどれくらいですか。正しいものに○をつけましょう。

ア(　　)約 1 cm　　**イ**(　　)約 1 mm

ウ(　　)約 0.1 mm

(2) 写真で、卵のまわりにたくさん見られるものは、男性の体内でつくられるもので、卵と結びつこうとしています。卵のまわりにたくさん見られるものは何ですか。

(　　　　　)

(3) 卵が(2)のものと結びつくことを何といいますか。

(　　　　　)

(4) (2)のものと結びついた卵を何といいますか。

(　　　　　)

2 次の図は、人の受精卵が母親の体内で育っていくようすを表しています。

㋐(　　)　㋑(　　)　㋒(　　)　㋓(　　)

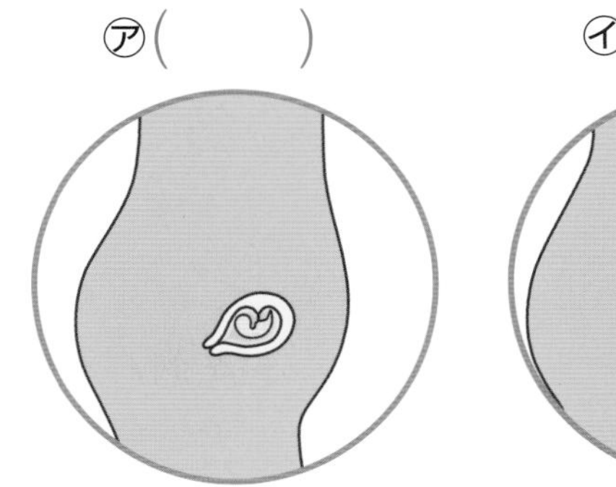
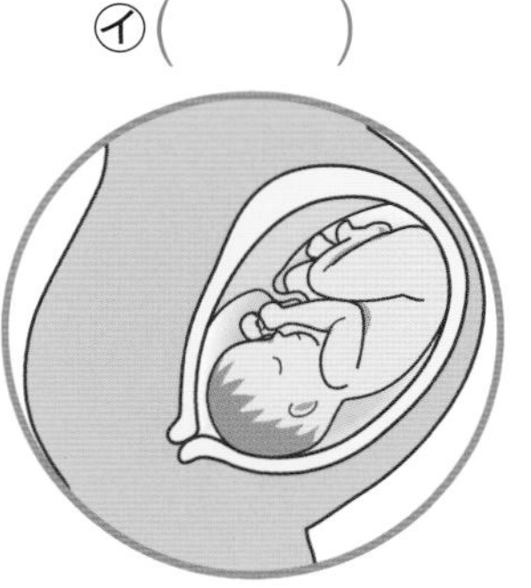
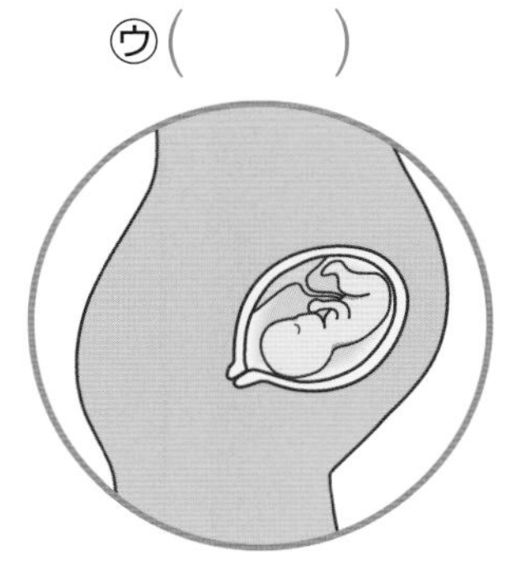
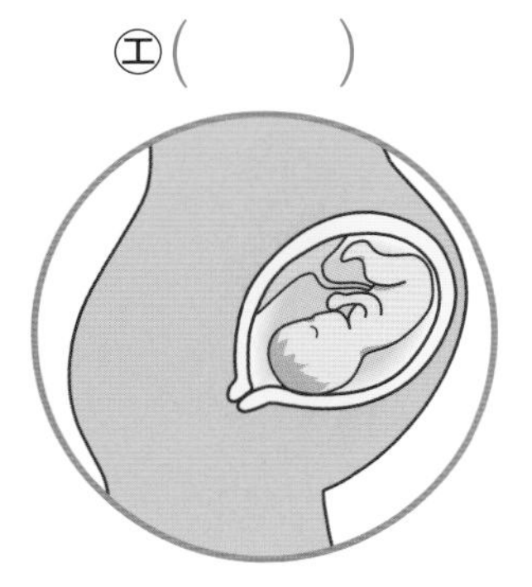

(1) 受精卵は、母親の体内のどこで育ちますか。

(　　　　　)

(2) 母親の体内にいる子どもを何といいますか。

(　　　　　)

(3) 受精卵が育っていく順に、図の(　　)に 1 ～ 4 の番号をつけましょう。

(4) 次の**ア**、**イ**は、上の図を説明しています。どの図を説明したものですか。㋐～㋓の記号を書きましょう。

ア(　　)生まれる直前のようす。　　**イ**(　　)心ぞうが動き始める。

(5) (2)が母親の体内で育つのは、どれくらいの期間ですか。正しいものに○をつけましょう。

ア(　　)約 70 日間　　**イ**(　　)約 170 日間

ウ(　　)約 270 日間　　**エ**(　　)約 370 日間

ぴったり1 準備

学習日　　月　　日

9. 人のたんじょう

①人のたんじょう②

めあて
人のたい児は育つための養分をどのように得ているのかをかくにんしよう。

教科書 168〜172ページ　答え 39ページ

下の(　　)にあてはまる言葉を書こう。

1 たい児は、育つための養分をどのように得ているのだろうか。　教科書 168〜170ページ

▶たい児は、たいばんとつながっている(①　　　　　)を通して、育つための養分を得ている。

▶同時に、(①)を通して、(②　　　　　)を母親の体にもどしている。

たいばん
母親の体から運ばれてきた(③　　　　　)などと、たい児がいらないものを交かんする場所。

子宮の中のようす

へそのお
たい児と(④　　　　　)をつなぎ、母親の体からの養分をたい児に送り、たい児がいらないものを母親の体にもどす。

← 養分など
→ いらないもの

羊水
子宮の中にある液体。外部からのしょうげきからたい児を守っている。

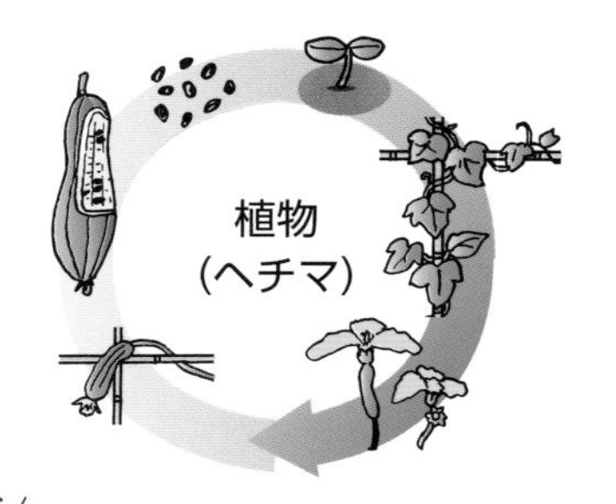

たい児は、羊水の中にうかんだようになっているよ。

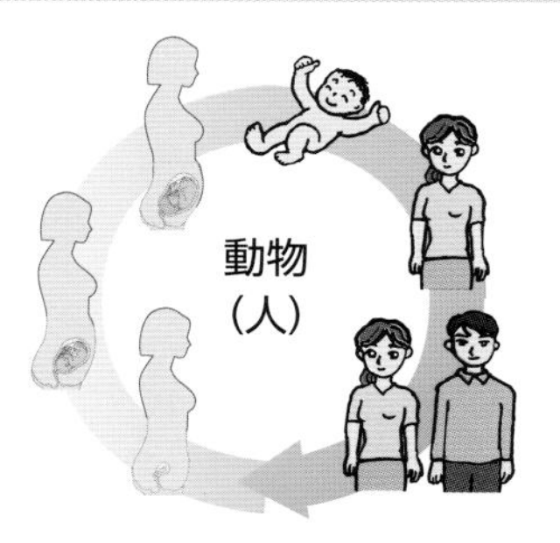

▶たんじょうした子は、しばらくの間(⑤　　　　　)を飲んで育つ。

2 植物や動物は、どのようにして生命をつないでいるのだろうか。　教科書 172ページ

植物(ヘチマ)

動物(メダカ)

動物(人)

▶受粉後、めしべのもとが実になり、その中に(①　　　　　)ができる。

▶メダカや人の命は、小さな(②　　　　　)から始まる。

ここが、だいじ!
①たい児は、育つための養分を、へそのおを通してたいばんから得ている。
②植物や動物は、種子や受精卵をつくって生命をつないでいる。

ウシやウマ、ヒツジなどはたんじょうしてから1〜2時間で歩けるようになりますが、人の子は歩けるようになるまで長い日数が必要です。

9. 人のたんじょう

①人のたんじょう②

教科書 168～172ページ 答え 39ページ

1 右の図は、母親の体内にいるたい児のようすを表しています。

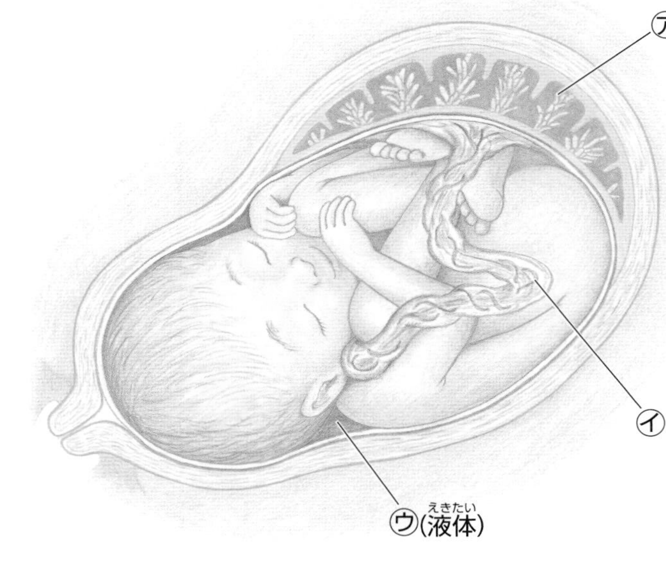

(1) たい児がいるのは、母親の体内の何というところですか。

(　　　　　)

(2) ㋐～㋒の部分を、それぞれ何といいますか。 から選んで書きましょう。

㋐(　　　　　)
㋑(　　　　　)
㋒(　　　　　)

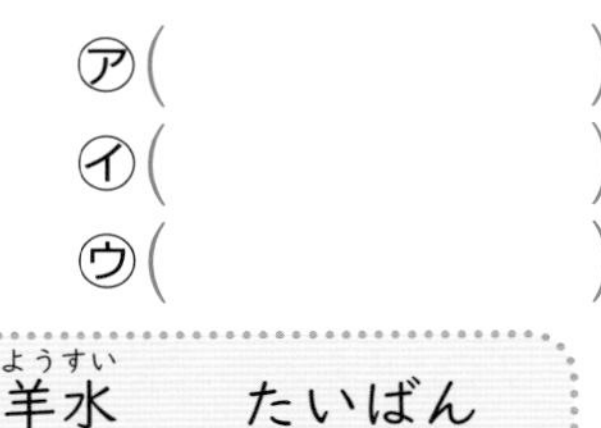

(3) ㋐と㋑はどんなはたらきをしていますか。正しいもの2つに○をつけましょう。

ア(　　)母親の体から運ばれてきた養分を、㋐から㋑を通してたい児にわたす。
イ(　　)母親の体から運ばれてきたいらないものを、㋐から㋑を通してたい児にわたす。
ウ(　　)たい児からの養分を、㋑を通して㋐で母親の体にもどす。
エ(　　)たい児からのいらないものを、㋑を通して㋐で母親の体にもどす。

(4) たい児は㋒の液体の中にうかんだような状態になっています。このことは、たい児にとって何がよいですか。正しいものに○をつけましょう。

ア(　　)たい児がこきゅうしやすい。
イ(　　)外部からのしょうげきから守られる。
ウ(　　)母親からの養分を受け取りやすい。

2 次の文で、メダカと人のたんじょうのどちらにもあてはまることすべてに○をつけましょう。

ア(　　)子は、母親の体内で育つ。
イ(　　)受精すると受精卵が育ち始める。
ウ(　　)子は親と似たすがたで、たまごからかえる。
エ(　　)子が生まれるまでに約270日かかる。
オ(　　)子が生まれることによって、生命をつないでいる。

9. 人のたんじょう

時間 30分
／100
合格 70点

教科書 162〜173ページ　答え 40〜41ページ

よく出る

1 右の写真は、人の卵（卵子）と精子のようすです。　各2点(10点)

(1) 卵は、㋐、㋑のどちらですか。（　　）

(2) 精子はどこでつくられますか。正しいものに○をつけましょう。

ア（　　）女性の体内
イ（　　）男性の体内

(3) ㋑の実際の大きさはどれくらいですか。正しいものに○をつけましょう。

ア（　　）約 0.1 mm
イ（　　）約 0.1 cm
ウ（　　）約 0.1 m

㋐　㋑

(4) 次の文の（ ① ）、（ ② ）にあてはまる言葉を書きましょう。

卵と精子が結びつくことを（ ① ）といい、精子と結びついた卵を（ ② ）という。

①（　　　　）　②（　　　　）

よく出る

2 右の図は、母親の体内にいる子どものようすを表しています。　各2点(10点)

(1) ㋐〜㋓をそれぞれ何といいますか。

㋐（　　　　）
㋑（　　　　）
㋒（　　　　）
㋓（　　　　）

(2) 子どもを外部からのしょうげきから守るはたらきをしている液体は、㋐〜㋓のどれですか。

（　　）

㋐　㋑　㋓　㋒

3 次の図は、母親の体内で子どもが育つようすを表しています。

各6点(30点)

㋐
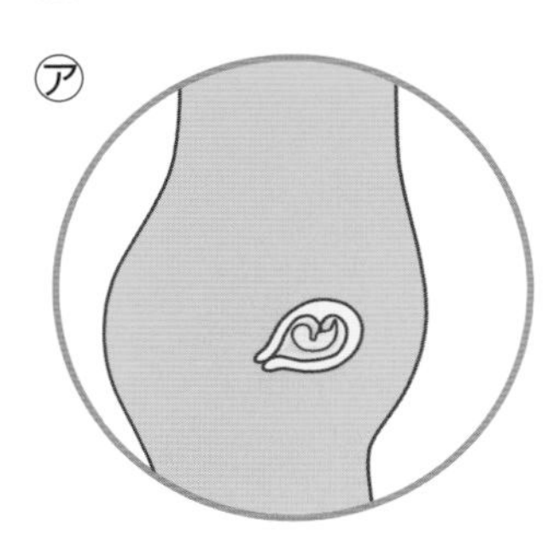
育ち始めてから
4週目

㋑
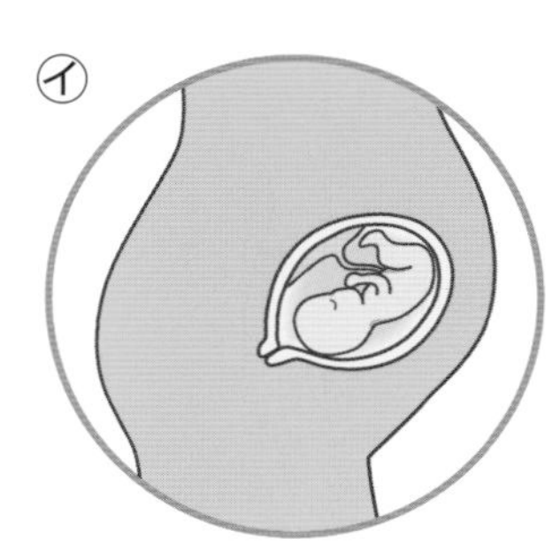
育ち始めてから
14週目

㋒
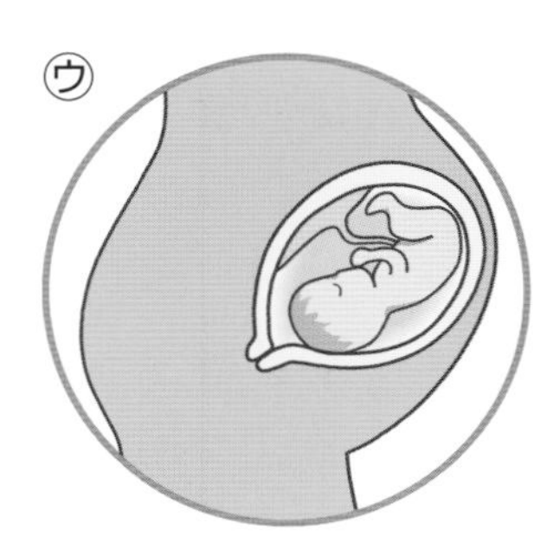
育ち始めてから
25週目

㋓
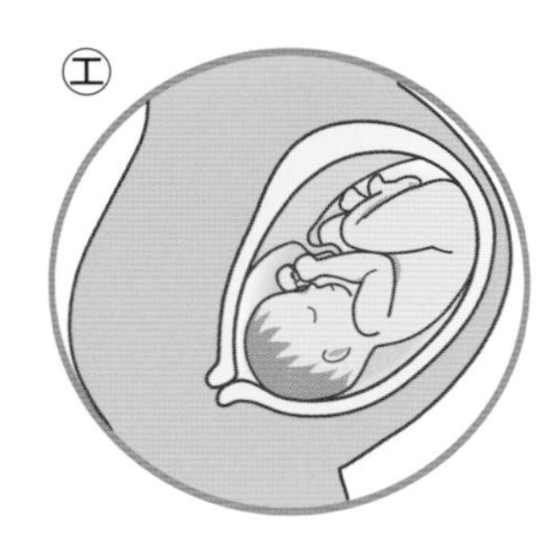
育ち始めてから
38週目

(1) 母親の体内にいる子どものことを何といいますか。（　　　　）

(2) 心ぞうが動き始めるのは、㋐～㋓のどのころですか。（　　）

(3) 子どもがたんじょうするのはいつごろですか。正しいものに○をつけましょう。

ア（　）㋓の直後　　**イ**（　）㋓の30日後　　**ウ**（　）㋓の80日後

(4) たんじょうするとき、子どもの身長と体重はどれくらいになっていますか。正しいものにそれぞれ○をつけましょう。

身長　**ア**（　）30 cm　**イ**（　）50 cm　**ウ**（　）70 cm

体重　**ア**（　）3000 g　**イ**（　）6000 g　**ウ**（　）10000 g

できたらスゴイ！

4 人のたんじょうについて、次の問いに答えましょう。

各6点(30点)

(1) 記述 母親の体内にいる子どものようすを、次の〔　〕の言葉をすべて使って説明しましょう。

〔 たいばん　へそのお　養分　いらなくなったもの　母親 〕　思考・表現

（　　　　　　　　　　　　　　　　）

(2) 次の**ア**～**オ**は、人のたんじょうについて説明しています。メダカのたんじょうの場合とちがうもの2つに○をつけましょう。

ア（　）受精卵(じゅせいらん)をつくるためには精子と卵(卵子)が必要である。

イ（　）受精卵が育って子どもになる。

ウ（　）受精卵は母親の体内で母親から養分をもらいながら育つ。

エ（　）受精して約270日で子どもがたんじょうする。

オ（　）子どもが親になり、また子どもをつくって生命がつながっていく。

(3) 記述 (2)で○をつけたものは、メダカのたんじょうの場合はどのようになっていますか。それぞれ書きましょう。　思考・表現

（　　　　　　　　　　　　　　　　）

（　　　　　　　　　　　　　　　　）

ふりかえり

3がわからないときは、74ページの1にもどってかくにんしましょう。
4がわからないときは、76ページの1、2にもどってかくにんしましょう。

できたらスゴイ！

5 生命のつながりについてまとめました。

各1点、(2)は両方できて1点(20点)

(1) 図の①～⑪にあてはまる言葉を書きましょう。

(2) 次の（　）にあてはまる言葉を書きましょう。（完答）

動物は生まれた（　　　　）が育って生命をつなぎ、植物は実の中にできた（　　　　）が発芽(はつが)・成長して生命をつなぐ。

(3) 次の文のうち、メダカと人のどちらにもあてはまることに○、メダカだけにあてはまることに△、人だけにあてはまることに□をつけましょう。

ア（　）子は、たまごの中で育つ。

イ（　）子は、母親の体内で育つ。

ウ（　）受精すると育ち始める。

エ（　）子は親と似(に)たすがたで、親の体内から生まれる。

オ（　）子は親と似たすがたで、たまごからかえる。

カ（　）子は、生まれて2～3日の間は、食べ物をとらない。

キ（　）子は、生まれるとすぐに食べ物をとるようになる。

ク（　）子が生まれることによって、次の世代に生命をつなげている。

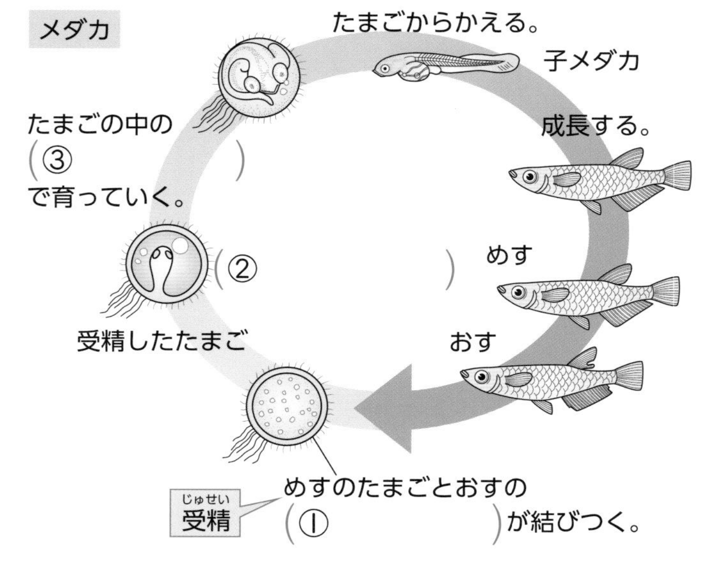

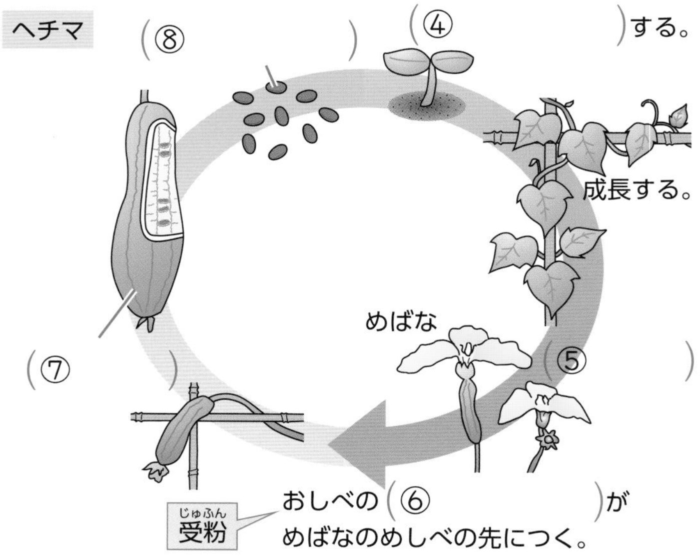

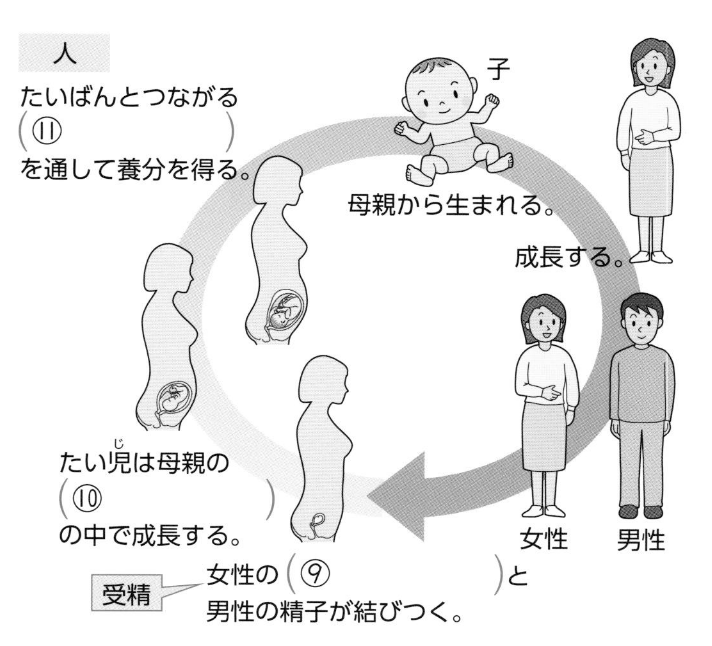

（切り取り線）

夏のチャレンジテスト

教科書 6〜63ページ

月　日

名前

時間 40分

知識・技能	思考・判断・表現	合格80点
／68	／32	／100

答え 42〜43ページ

知識・技能

1 ふりこが１往復する時間について調べました。

1つ4点(12点)

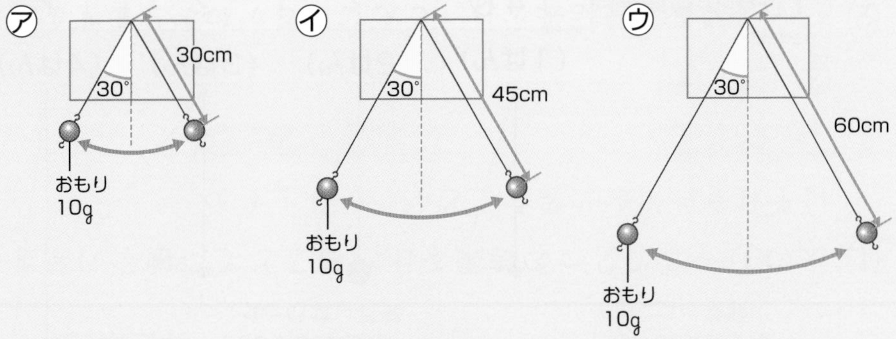

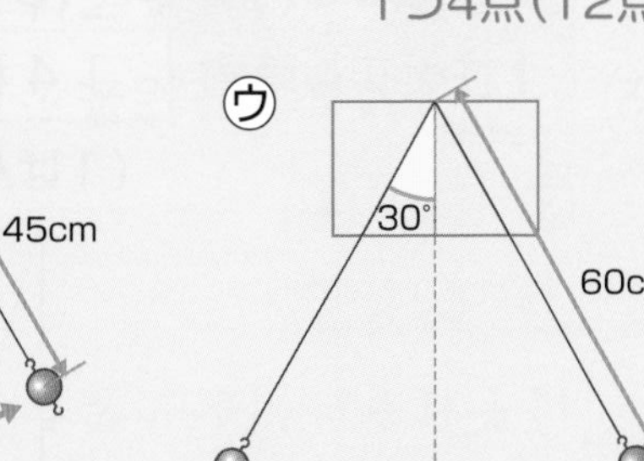

(1) ㋑のふりこが１往復する時間は、1.3秒でした。ふりこを15°の角度からふり始めると、１往復する時間はどのようになりますか。下から選びましょう。

①長くなる　②短くなる　③変わらない

(　　　)

(2) ふりこが１往復する時間がいちばん長いのは、㋐〜㋒のうちどれですか。

(　　　)

(3) ふりこが１往復する時間は、ふりこの何によって変わりま

3 メダカの受精卵が育ち、子メダカがたんじょうしました。

1つ3点(15点)

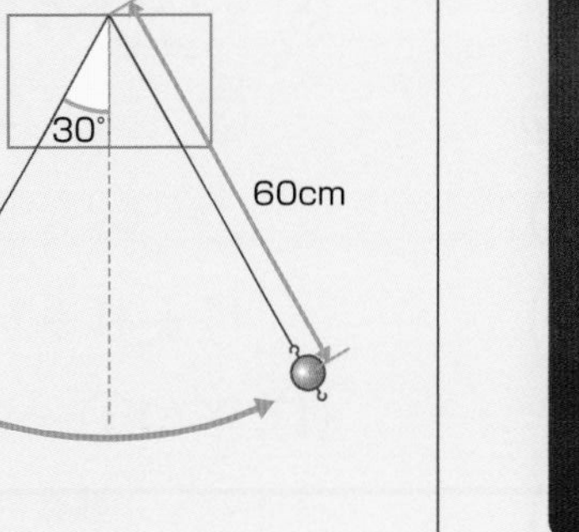

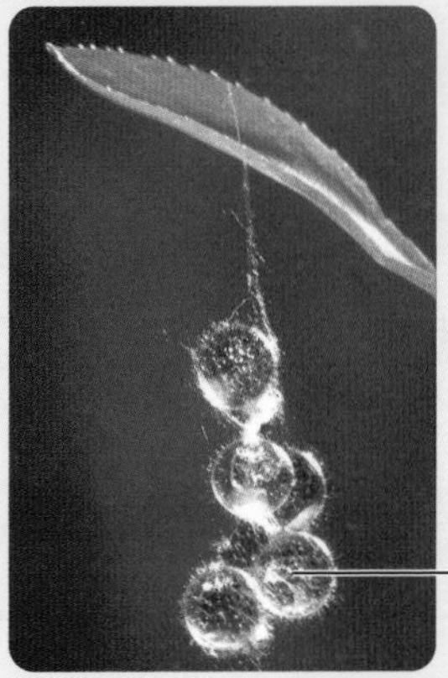

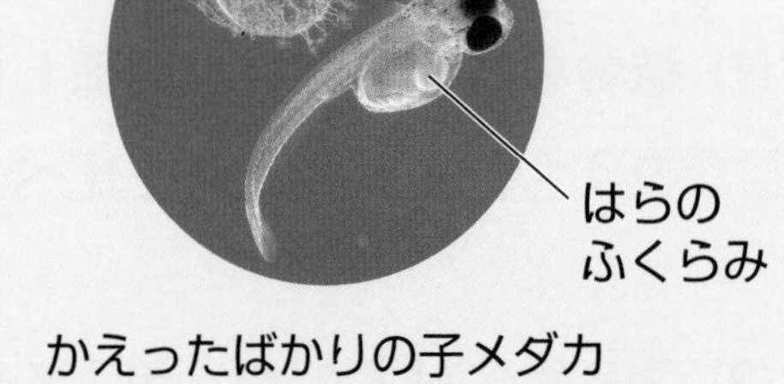

かえったばかりの子メダカ

(1) 受精卵は、めすが産んだたまごと、おすが出した何が結びついてできたものですか。

(　　　)

(2) 次の図のメダカは、めすとおすのどちらですか。

(　　　)

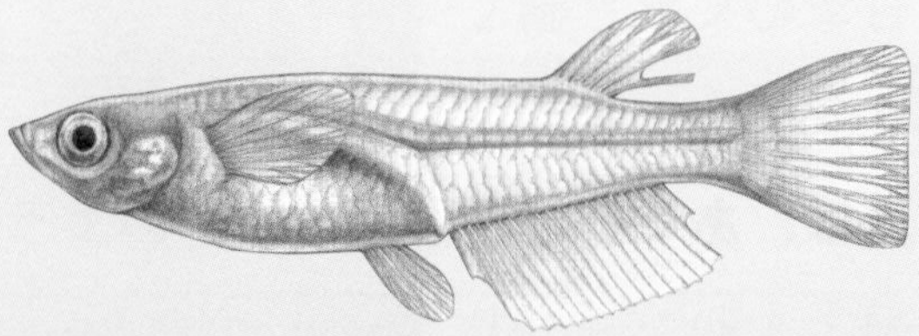

2 インゲンマメの発芽前の種子と、発芽後の子葉を調べました。

1つ3点(9点)

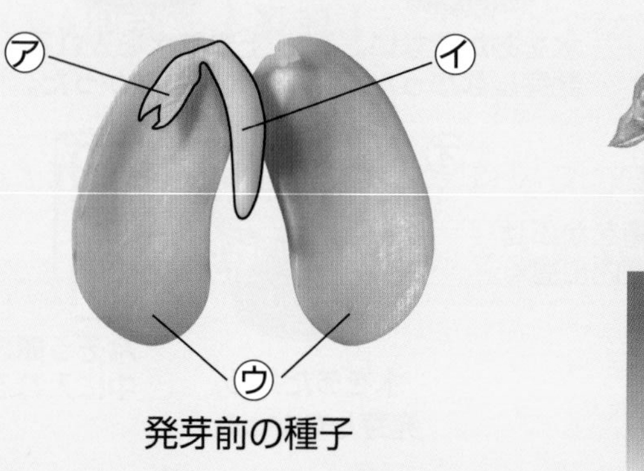

発芽前の種子

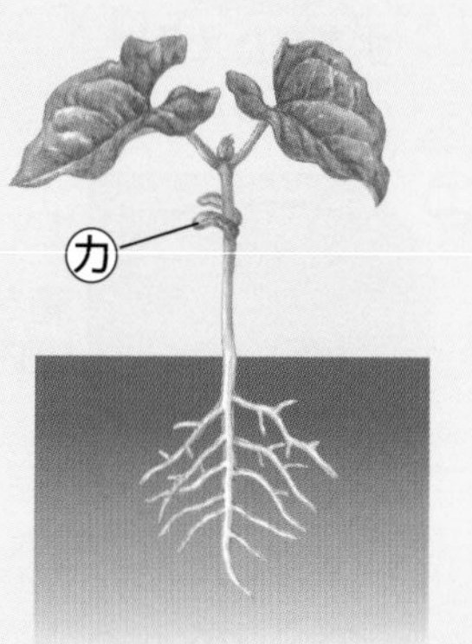

(1) 発芽後にカになるのは、ア～ウのどの部分ですか。

(　　)

(2) 発芽前の種子と発芽後のカの部分を半分に切って、ある液につけたところ、発芽前の種子はこい青むらさき色になりましたが、カは色がほとんど変化しませんでした。

①養分があるかどうかを調べるために使ったこの液の名前を書きましょう。(　　)

②発芽前の種子には何がふくまれていることがわかりますか。(　　)

この器具の名前を書きましょう。

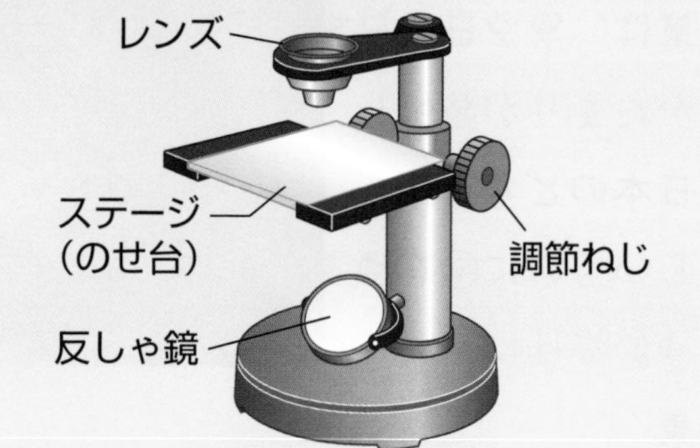

(　　)

(4) 子メダカがたんじょうするのは、受精してどれくらいたってからですか。正しいものに○をつけましょう。

ア(　)約3日間
イ(　)約11日間
ウ(　)約3週間
エ(　)約1か月間

(5) たまごからかえったばかりの子メダカのはらには、ふくらみがあります。この中には何が入っていますか。

(　　)

うらにも問題があります。

冬のチャレンジテスト

教科書 66〜121ページ

月　日

名前

時間 40分

知識・技能	思考・判断・表現	合格80点
／70	／30	／100

答え44〜45ページ

知識・技能

1 ヘチマの花のつくりを調べました。

(1)は1つ2点、(2)、(3)は4点(14点)

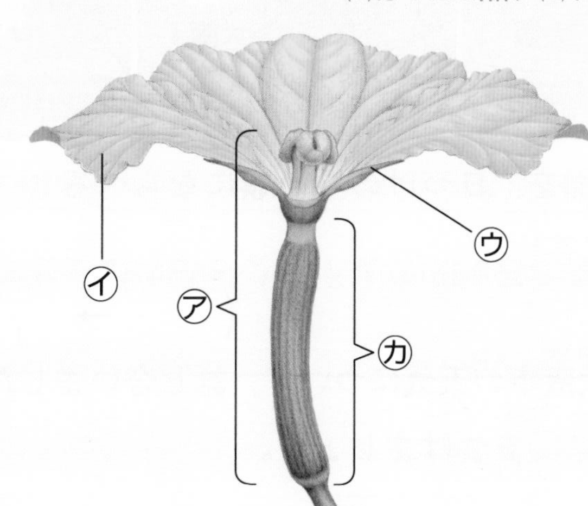

(1) ㋐〜㋒の部分を何といいますか。

㋐(　　　　)

㋑(　　　　)

㋒(　　　　)

(2) ㋕は、何になる部分ですか。

(　　　　)

(3) この花は、めばな、おばなのどちらですか。

(　　　　)

3 ヘチマの花は、どのようにすれば実になるのかを調べました。

(1)、(2)、(4)は1つ4点、(3)は5点(21点)

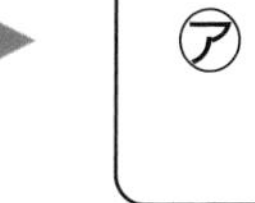

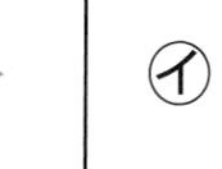

(1) ふくろをかぶせるのは、おばな、めばなのどちらですか。

(　　　　)

(2) 花粉がめしべの先につくことを何といいますか。

(　　　　)

(3) 記述 花がさく前にふくろをかぶせるのは、なぜですか。

(　　　　)

(4) 記述 ㋐、㋑はどうなるか、それぞれ書きましょう。

㋐(　　　　)

2 アサガオの花のつくりを調べました。

1つ2点(8点)

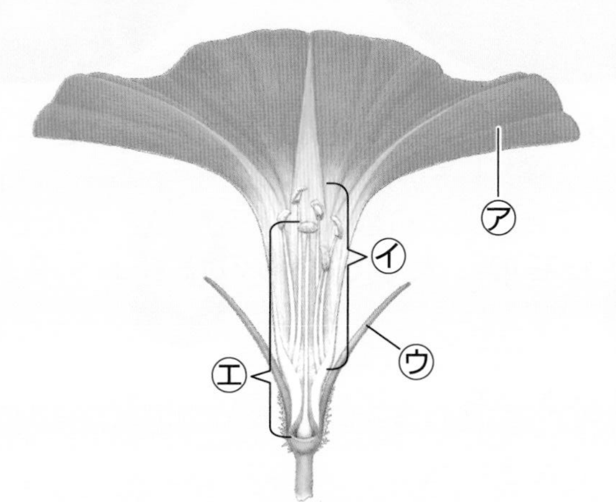

(1) おしべは、㋐～㋓のどれですか。

(　　)

(2) やがて実になるのは、㋐～㋓のどの部分ですか。

(　　)

(3) 実の中には、何がありますか。

(　　　　　)

(4) アサガオの花について、まちがっているものに○をつけましょう。

①(　　)めばなとおばながある。

②(　　)１つの花にめしべとおしべがある。

③(　　)めしべのもとがふくらんで実になる。

㋑(　　　　　　　　　　)

4 とくしゅなカメラで、空全体をさつえいしました。

1つ3点(6点)

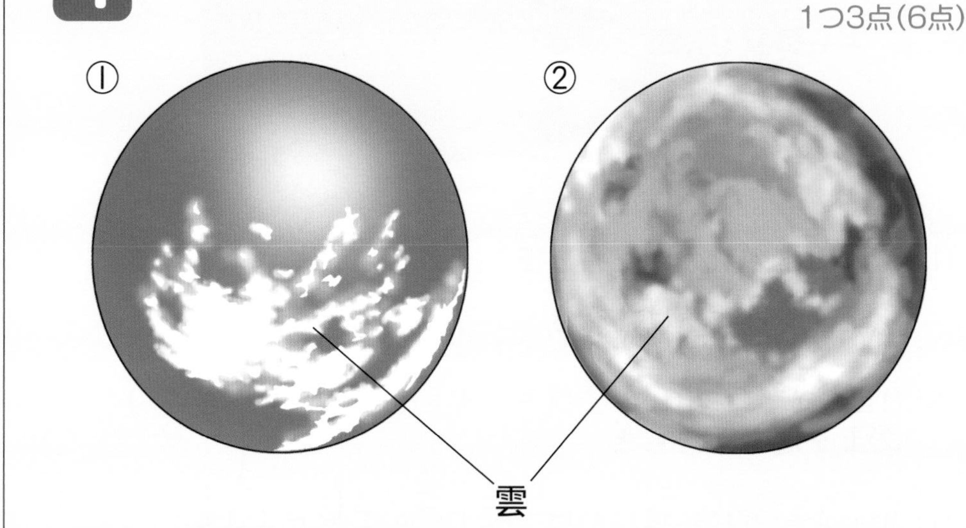

(1) ①、②は、一方は「晴れ」、もう一方は「くもり」のときの雲のようすを表しています。「晴れ」を表しているのはどちらですか。

(　　)

(2)「晴れ」か「くもり」のちがいは、何によって決められていますか。正しいものに○をつけましょう。

ア(　　)雲の動き

イ(　　)雲の色

ウ(　　)雲の形

エ(　　)雲の量

うらにも問題があります。

(切り取り線)

春のチャレンジテスト

教科書 122～175ページ

名前　　　　月　　日

時間 40分

知識・技能	思考・判断・表現	合格80点
／65	／35	／100

答え46～47ページ

知識・技能

1 ㋐～㋓のような回路をつくり、電磁石(でんじしゃく)が鉄を引きつける強さを調べました。　1つ3点(21点)

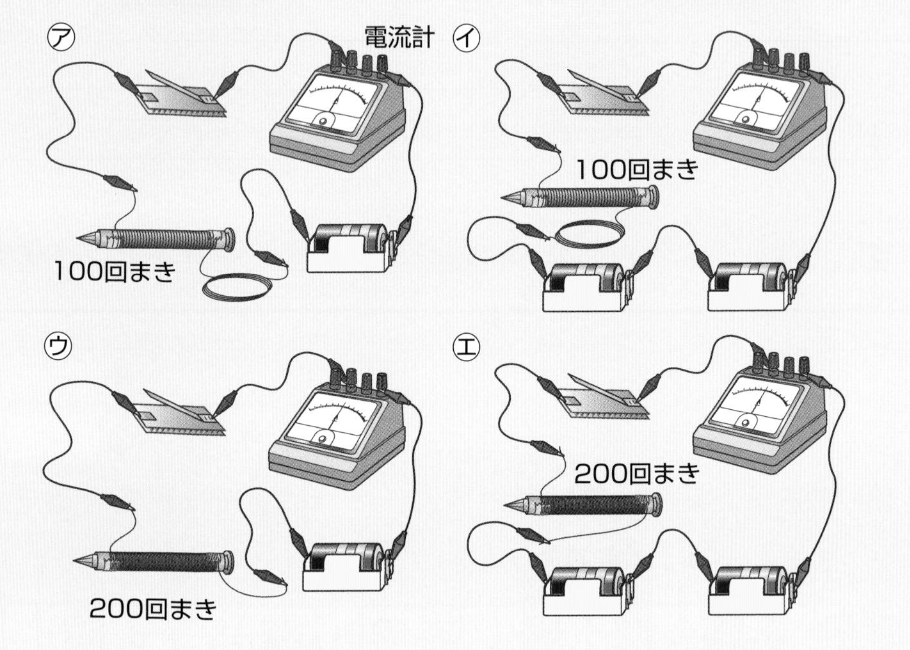

(1) 次の(　　)にあてはまる言葉を書きましょう。

導線(どうせん)を同じ向きに何回もまいた(　　　　　)に鉄のしんを入れ、電流を流すと、鉄のしんが鉄を引きつけるようになります。これを電磁石といいます。

2 人のたんじょうについてまとめましょう。

(1)は2つできて3点、(2)は2点(5点)

(1) 次の(　　)にあてはまる言葉を書きましょう。(完答)

男性(だんせい)の体内でつくられる精子(せいし)と、女性(じょせい)の体内でつくられる(①　　　　　)がいっしょになったものを、(②　　　　　)といいます。

(2) (1)の②が成長するのは、母親の体内の何というところですか。

(　　　　　)

3 次の図は、母親の体内にいる子どものようすです。

1つ3点(18点)

(2) 回路には電流計をつないでいます。

①電流計を使うと、何を調べることができますか。

(　　　　　)

②①は、Aという単位を使って表します。この読み方を書きましょう。

(　　　　　)

③50 mA の一たん子につないでいるとして、図の電流計の目もりを読みましょう。

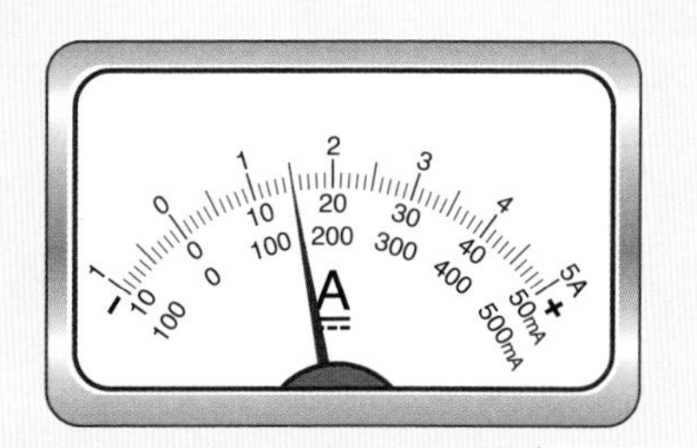

(　　　　　)

(3) コイルのまき数と電磁石の強さの関係を調べるには、㋐～㋓のどれとどれの結果を比(くら)べればよいですか。2つ書きましょう。(それぞれ完答)

(　　と　　) (　　と　　)

(4) ㋐～㋓の回路に電流を流して、電磁石が引きつける鉄のクリップの数を調べました。引きつける鉄のクリップがいちばん多いのは、㋐～㋓のどれですか。

(　　　　　)

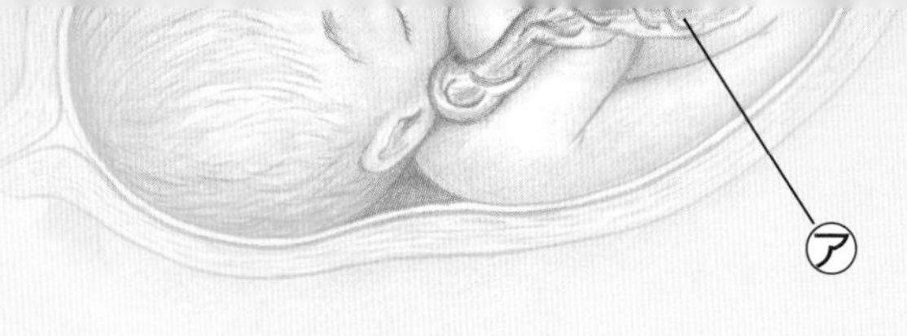

(1) 母親の体内にいる子どものことを、何といいますか。

(　　　　　)

(2) ㋐の部分を何といいますか。

(　　　　　)

(3) ㋐の中を矢印の向きに移動(いどう)するものは何ですか。正しいものに○をつけましょう。

ア(　　)養分

イ(　　)いらなくなったもの

(4) ㋑の部分を何といいますか。

(　　　　　)

(5) (1)のまわりにある液体(えきたい)を、何といいますか。

(　　　　　)

(6) 子どもがたんじょうするのは、母親の体内で育ち始めてからおよそ何週間後ですか。正しいものに○をつけましょう。

①(　　)約 20 週間後

②(　　)約 38 週間後

③(　　)約 56 週間後

④(　　)約 70 週間後

うらにも問題があります。

(切り取り線)

5年 理科のまとめ 学力診断テスト

月　日

名前

時間 40分

合格80点　／100

答え 48～49ページ

1 条件を変えてインゲンマメを育てて、植物の成長の条件を調べました。

(1)、(2)は2つできて3点、(3)は3点(9点)

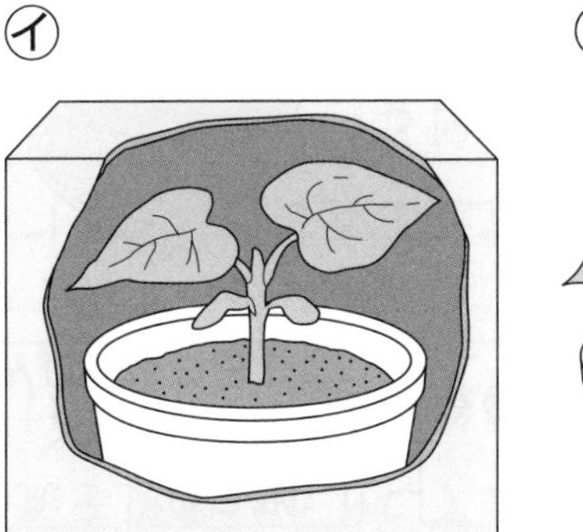

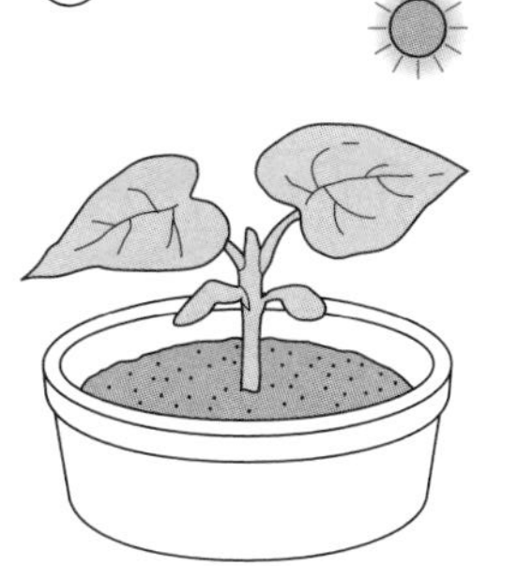

㋐ ・日光＋肥料＋水　㋑ ・肥料＋水　㋒ ・日光＋水

(1) 日光と植物の成長の関係を調べるためには、㋐～㋒のどれとどれを比べるとよいですか。（　　）と（　　）

(2) 肥料と植物の成長の関係を調べるためには、㋐～㋒のどれとどれを比べるとよいですか。（　　）と（　　）

(3) 最もよく成長するのは、㋐～㋒のどれですか。（　　）

2 メダカを観察しました。

1つ3点(9点)

㋐　㋑　㋒

4 アサガオの花のつくりを観察しました。

1つ2点(14点)

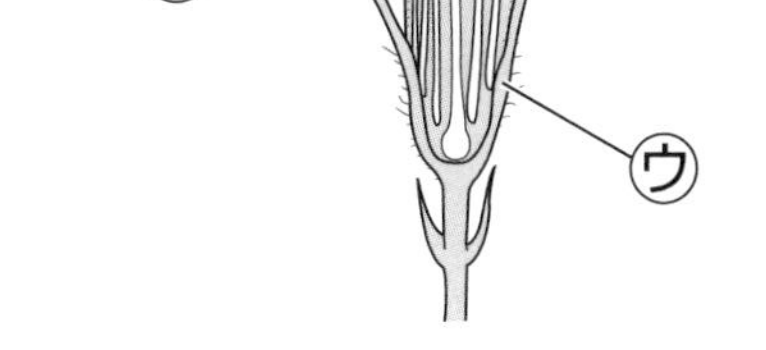

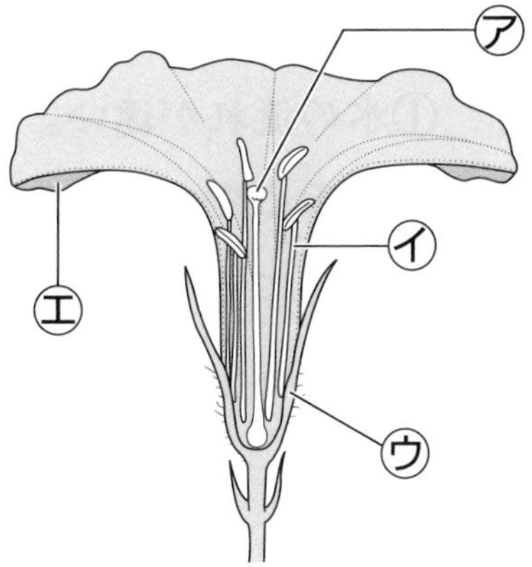

(1) ㋐～㋓の部分を、それぞれ何といいますか。

㋐（　　　　）

㋑（　　　　）

㋒（　　　　）

㋓（　　　　）

(2) おしべの先から出る粉のようなものを、何といいますか。

（　　　　）

(3) めしべの先に(2)がつくことを、何といいますか。

（　　　　）

(4) 実ができると、その中には何ができていますか。

（　　　　）

5 天気の変化を観察しました。

1つ2点(10点)

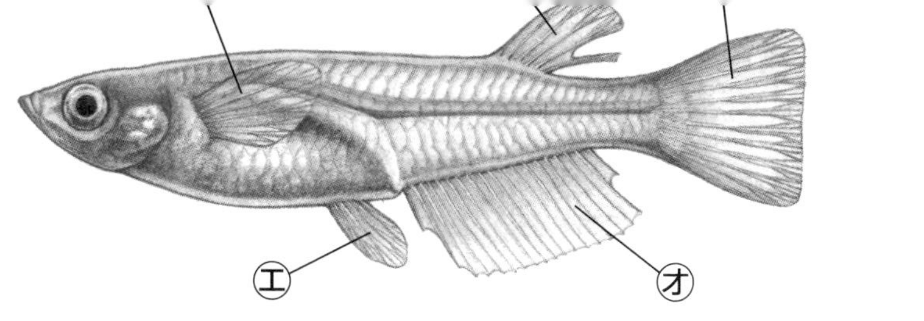

(1) 図のメダカは、めすですか、おすですか。

(　　　　)

(2) めすとおすを見分けるには、㋐～㋔のどのひれに注目するとよいですか。2つ選び、記号で答えましょう。

(　　)と(　　)

3 図は、母親の体内で成長する人のたい児です。

1つ3点(9点)

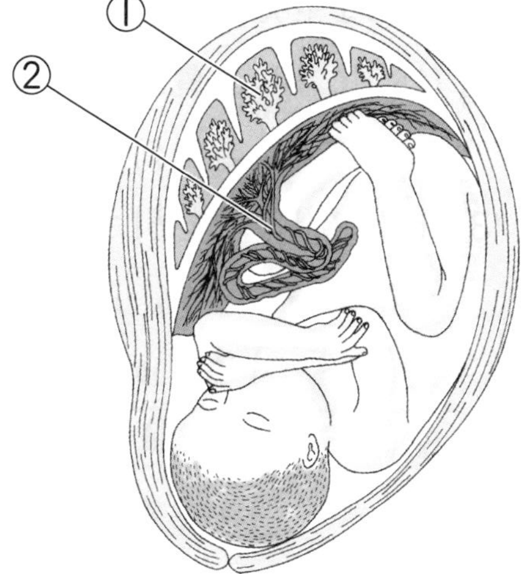
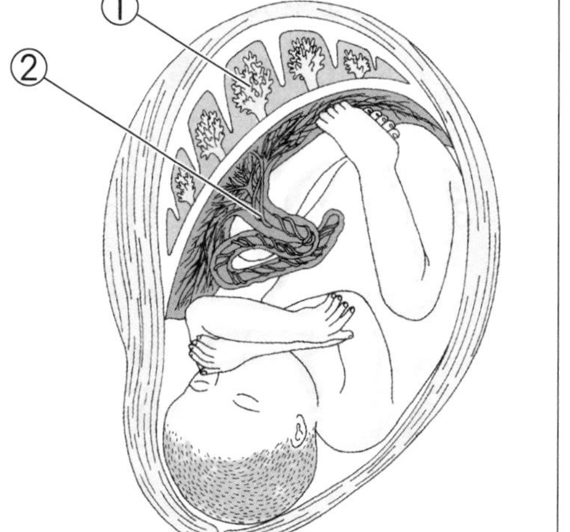

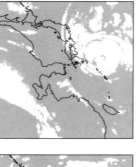

(1) ①、②の部分を、それぞれ何といいますか。

①(　　　　　　)
②(　　　　　　)

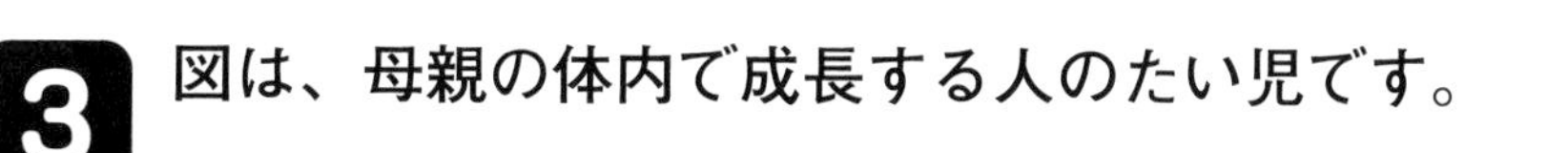

(2) たい児が、母親の体内で育つ期間は約何週間ですか。

約(　　)週間

ですか。

雲の量：3

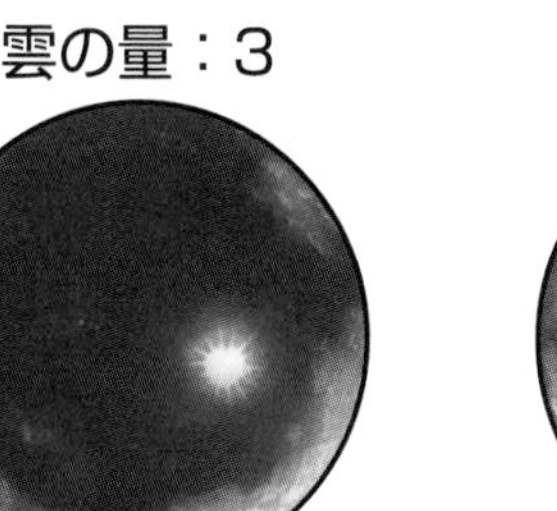

雲の量：6

雲の量：9

㋐(　　　　)　㋑(　　　　)　㋒(　　　　)

(2) 下の図は、台風(たいふう)の動きを表しています。①～③を、日づけの早い順にならべましょう。(完答)

①

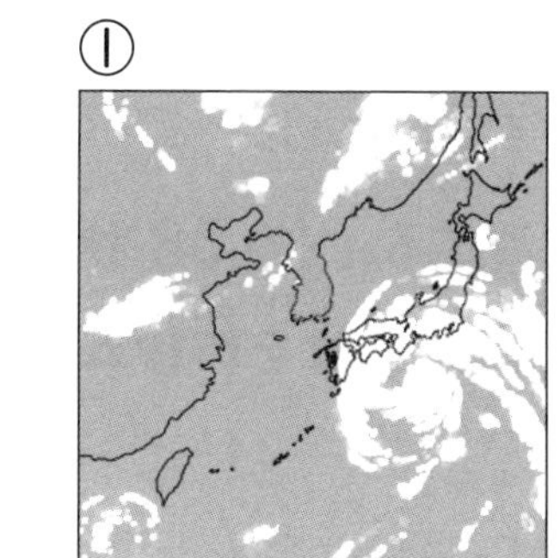

②

③

(　　→　　→　　)

(3) 台風はどこで発生しますか。㋐～㋓から選んで、記号で答えましょう。

(　　)

㋐日本の北のほうの陸上　㋑日本の北のほうの海上
㋒日本の南のほうの陸上　㋓日本の南のほうの海上

教科書ぴったりトレーニング

丸つけラクラク解答

学校図書版
理科5年

この「丸つけラクラク解答」は
とりはずしてお使いください。

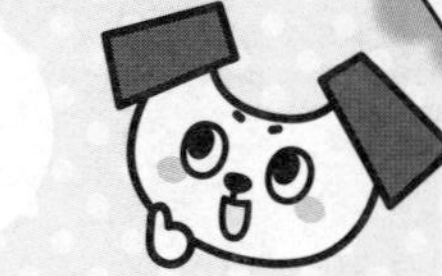
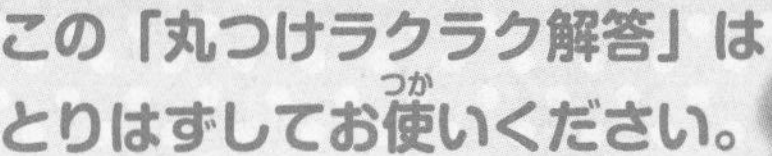

「丸つけラクラク解答」では問題と同じ紙面に、赤字で答えを書いています。

①問題がとけたら、まずは答え合わせをしましょう。

②まちがえた問題やわからなかった問題は、てびきを読んだり、教科書を読み返したりしてもう一度見直しましょう。

おうちのかたへ では、次のようなものを示しています。

- 学習のねらいやポイント
- 他の学年や他の単元の学習内容とのつながり
- まちがいやすいことやつまずきやすいところ

お子様への説明や、学習内容の把握などにご活用ください。

見やすい答え

おうちのかたへ

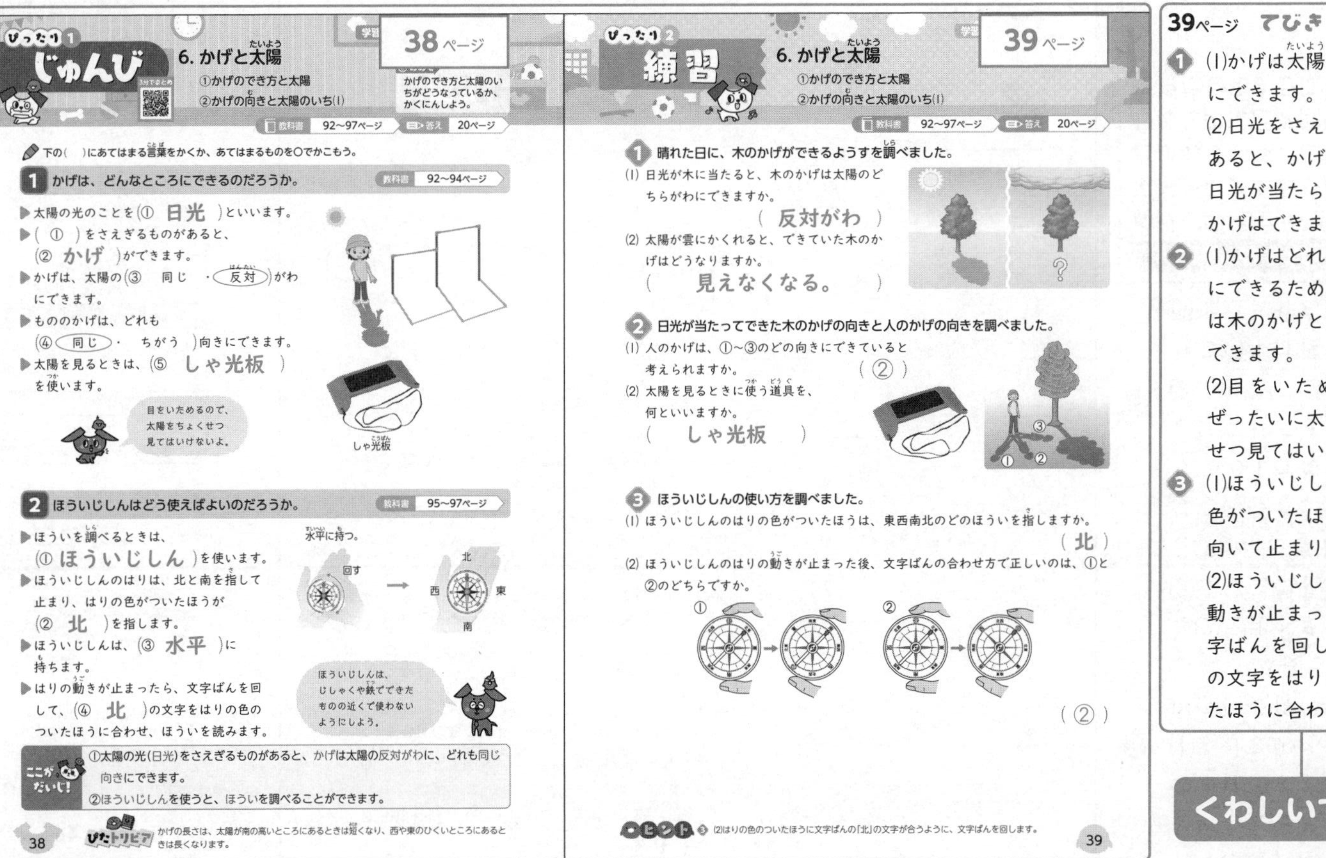

ぴったり1 じゅんび
6. かげと太陽
①かげのでき方と太陽
②かげの向きと太陽のいち(1)
38ページ
かげのでき方と太陽のいちがどうなっているか、かくにんしよう。
教科書 92~97ページ　答え 20ページ

下の(　)にあてはまる言葉をかくか、あてはまるものを○でかこもう。

1 かげは、どんなところにできるのだろうか。　教科書 92~94ページ

- 太陽の光のことを(① 日光)といいます。
- (①)をさえぎるものがあると、(② かげ)ができます。
- かげは、太陽の(③ 同じ ・ 反対)がわにできます。
- もののかげは、どれも(④ 同じ ・ ちがう)向きにできます。
- 太陽を見るときは、(⑤ しゃ光板)を使います。

2 ほういじしんはどう使えばよいのだろうか。　教科書 95~97ページ

- ほういを調べるときは、(① ほういじしん)を使います。
- ほういじしんのはりは、北と南を指して止まり、はりの色がついたほうが(② 北)を指します。
- ほういじしんは、(③ 水平)に持ちます。
- はりの動きが止まったら、文字ばんを回して、(④ 北)の文字をはりの色のついたほうに合わせ、ほういを読みます。

ここがだいじ!
①太陽の光(日光)をさえぎるものがあると、かげは太陽の反対がわに、どれも同じ向きにできます。
②ほういじしんを使うと、ほういを調べることができます。

ぴたトリビア　かげの長さは、太陽が南の高いところにあるときは短くなり、西や東のひくいところにあるときは長くなります。

38

ぴったり2 練習
6. かげと太陽
①かげのでき方と太陽
②かげの向きと太陽のいち(1)
39ページ
教科書 92~97ページ　答え 20ページ

1 晴れた日に、木のかげができるようすを調べました。
(1) 日光が木に当たると、木のかげは太陽のどちらがわにできますか。
(反対がわ)
(2) 太陽が雲にかくれると、できていた木のかげはどうなりますか。
(見えなくなる。)

2 日光が当たってできた木のかげの向きと人のかげの向きを調べました。
(1) 人のかげは、①~③のどの向きにできていると考えられますか。
(②)
(2) 太陽を見るときに使う道具を、何といいますか。
(しゃ光板)

3 ほういじしんの使い方を調べました。
(1) ほういじしんのはりの色がついたほうは、東西南北のどのほういを指しますか。
(北)
(2) ほういじしんのはりの動きが止まった後、文字ばんの合わせ方で正しいのは、①と②のどちらですか。
(②)

ヒント 3 (2)はりの色のついたほうに文字ばんの「北」の文字が合うように、文字ばんを回します。

39

おうちのかたへ　6. かげと太陽
日光により影ができること、太陽が動くと影も動くこと、日なたと日かげではようすが違うことを学習します。太陽と影(日かげ)との関係が考えられるか、日なたと日かげの違いについて考えることができるか、などがポイントです。

39ページ　てびき

1 (1)かげは太陽の反対がわにできます。
(2)日光をさえぎるものがあると、かげができます。日光が当たらなければ、かげはできません。

2 (1)かげはどれも同じ向きにできるため、人のかげは木のかげと同じ向きにできます。
(2)目をいためるので、ぜったいに太陽をちょくせつ見てはいけません。

3 (1)ほういじしんのはりの色がついたほうは、北を向いて止まります。
(2)ほういじしんのはりの動きが止まってから、文字ばんを回して、「北」の文字をはりの色のついたほうに合わせます。

くわしいてびき

※紙面はイメージです。

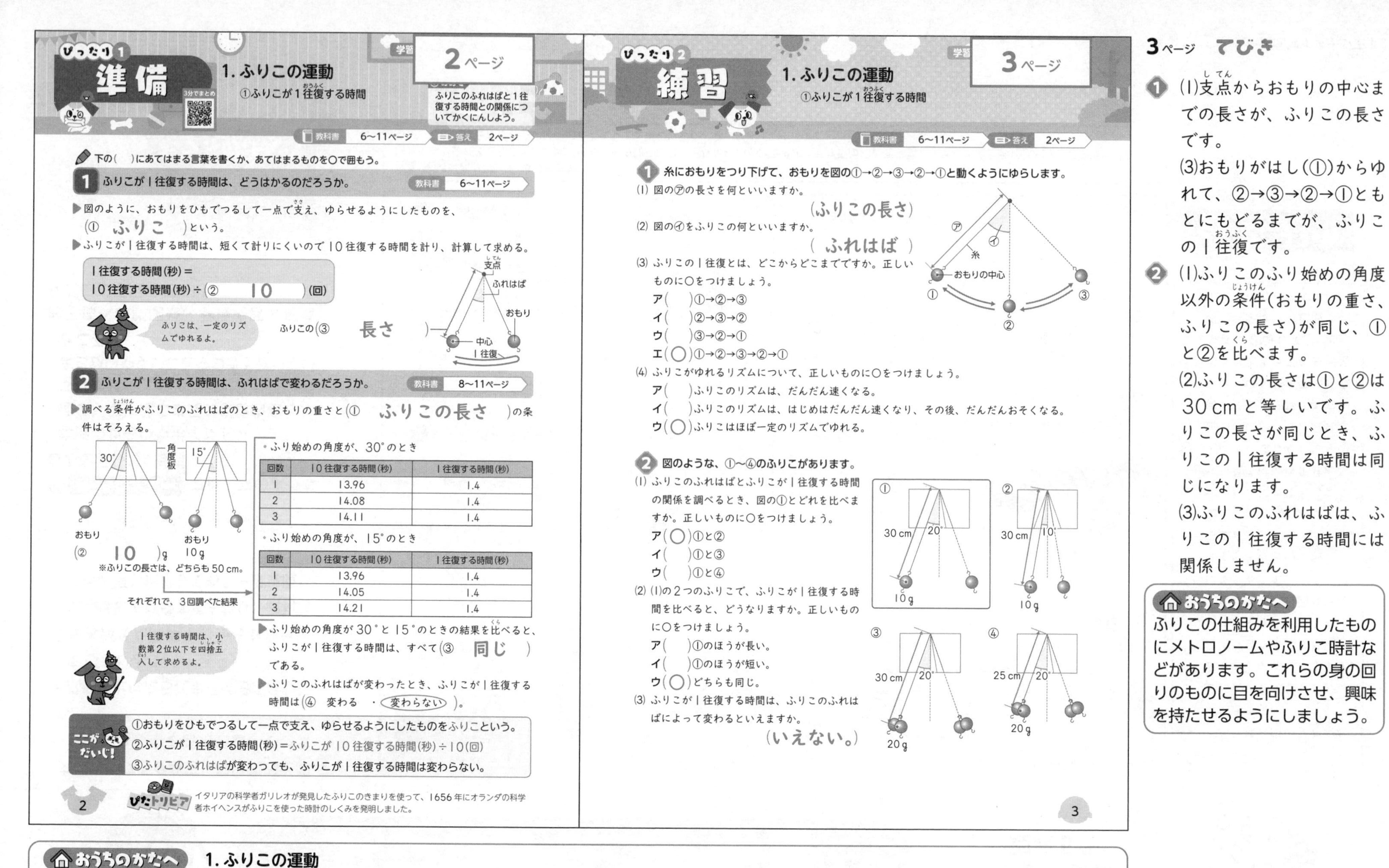

ぴったり1 準備

1. ふりこの運動
①ふりこが1往復する時間

学習 2ページ

ふりこのふれはばと1往復する時間との関係についてかくにんしよう。

教科書 6~11ページ　答え 2ページ

下の(　)にあてはまる言葉を書くか、あてはまるものを○で囲もう。

1 ふりこが１往復する時間は、どうはかるのだろうか。　教科書 6~11ページ

▶図のように、おもりをひもでつるして一点で支え、ゆらせるようにしたものを、(① ふりこ)という。

▶ふりこが１往復する時間は、短くて計りにくいので１０往復する時間を計り、計算して求める。

１往復する時間(秒)＝
１０往復する時間(秒)÷(② １０)(回)

ふりこは、一定のリズムでゆれるよ。

ふりこの(③ 長さ)

支点　ふれはば　おもり　中心　１往復

2 ふりこが１往復する時間は、ふれはばで変わるだろうか。　教科書 8~11ページ

▶調べる条件がふりこのふれはばのとき、おもりの重さと(① ふりこの長さ)の条件はそろえる。

30°　角度板　15°

おもり (② １０)g　おもり １０g

※ふりこの長さは、どちらも50 cm。

それぞれで、３回調べた結果

・ふり始めの角度が、30°のとき

回数	１０往復する時間(秒)	１往復する時間(秒)
１	13.96	1.4
２	14.08	1.4
３	14.11	1.4

・ふり始めの角度が、15°のとき

回数	１０往復する時間(秒)	１往復する時間(秒)
１	13.96	1.4
２	14.05	1.4
３	14.21	1.4

１往復する時間は、小数第２位以下を四捨五入して求めるよ。

▶ふり始めの角度が30°と15°のときの結果を比べると、ふりこが１往復する時間は、すべて(③ 同じ)である。

▶ふりこのふれはばが変わったとき、ふりこが１往復する時間は(④ 変わる ・ 変わらない)。

ここがだいじ！
①おもりをひもでつるして一点で支え、ゆらせるようにしたものをふりこという。
②ふりこが１往復する時間(秒)＝ふりこが１０往復する時間(秒)÷１０(回)
③ふりこのふれはばが変わっても、ふりこが１往復する時間は変わらない。

ぴたトリビア　イタリアの科学者ガリレオが発見したふりこのきまりを使って、1656年にオランダの科学者ホイヘンスがふりこを使った時計のしくみを発明しました。

ぴったり2 練習

1. ふりこの運動
①ふりこが1往復する時間

学習 3ページ

教科書 6~11ページ　答え 2ページ

1 糸におもりをつり下げて、おもりを図の①→②→③→②→①と動くようにゆらします。

(1) 図の㋐の長さを何といいますか。
(ふりこの長さ)

(2) 図の㋑をふりこの何といいますか。
(ふれはば)

(3) ふりこの１往復とは、どこからどこまでですか。正しいものに○をつけましょう。
ア(　)①→②→③
イ(　)②→③→②
ウ(　)③→②→①
エ(○)①→②→③→②→①

(4) ふりこがゆれるリズムについて、正しいものに○をつけましょう。
ア(　)ふりこのリズムは、だんだん速くなる。
イ(　)ふりこのリズムは、はじめはだんだん速くなり、その後、だんだんおそくなる。
ウ(○)ふりこはほぼ一定のリズムでゆれる。

㋐　㋑　糸　おもりの中心　①　②　③

2 図のような、①～④のふりこがあります。

(1) ふりこのふれはばとふりこが１往復する時間の関係を調べるとき、図の①とどれを比べますか。正しいものに○をつけましょう。
ア(○)①と②
イ(　)①と③
ウ(　)①と④

(2) (1)の２つのふりこで、ふりこが１往復する時間を比べると、どうなりますか。正しいものに○をつけましょう。
ア(　)①のほうが長い。
イ(　)①のほうが短い。
ウ(○)どちらも同じ。

(3) ふりこが１往復する時間は、ふりこのふれはばによって変わるといえますか。
(いえない。)

① 30 cm 20° 10 g　② 30 cm 10° 10 g　③ 30 cm 20° 20 g　④ 25 cm 20° 20 g

3ページ　てびき

1 (1)支点からおもりの中心までの長さが、ふりこの長さです。

(3)おもりがはし(①)からゆれて、②→③→②→①ともとにもどるまでが、ふりこの１往復です。

2 (1)ふりこのふり始めの角度以外の条件(おもりの重さ、ふりこの長さ)が同じ、①と②を比べます。

(2)ふりこの長さは①と②は30 cmと等しいです。ふりこの長さが同じとき、ふりこの１往復する時間は同じになります。

(3)ふりこのふれはばは、ふりこの１往復する時間には関係しません。

おうちのかたへ
ふりこの仕組みを利用したものにメトロノームやふりこ時計などがあります。これらの身の回りのものに目を向けさせ、興味を持たせるようにしましょう。

おうちのかたへ　1. ふりこの運動
ふりこが１往復する時間の規則性について学習します。ふりこが１往復する時間が何によって変わるのか・変わらないのかを実験方法とともに理解しているか、がポイントです。

ぴったり1 準備

1. ふりこの運動
②ふりこの法則①

ふりこの長さとふりこの1往復する時間との関係についてかくにんしよう。

教科書 12〜16ページ　答え 3ページ

下の(　)にあてはまる言葉を書くか、あてはまるものを○で囲もう。

1 ふりこが1往復する時間は、ふりこの長さで変わるだろうか。　教科書 12〜16ページ

▶調べる条件がふりこの長さのとき、おもりの重さと(① ふれはば)の条件はそろえる。

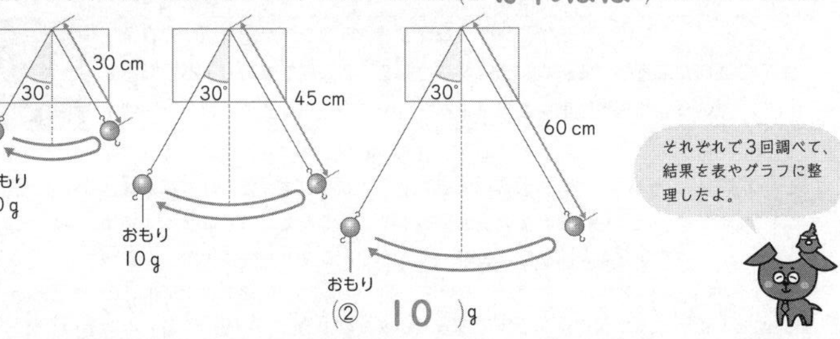

(② 10)g

・結果(時間の単位は「秒」)

		1回目	2回目	3回目
30 cm	10往復する時間	11.43	11.23	11.74
	1往復する時間	1.1	1.1	1.2
45 cm	10往復する時間	13.21	13.24	14.02
	1往復する時間	1.3	1.3	1.4
60 cm	10往復する時間	16.29	15.89	16.97
	1往復する時間	1.6	1.6	1.7

(秒) 2.0 1.5 1.0 0.5 0　ふりこが1往復する時間
30 45 60(cm)　ふりこの長さ

1往復する時間は、ふりこの長さが長いほど、どうなっているかな。

▶ふりこの長さが30 cm、45 cm、60 cmのときの結果を比べると、ふりこが1往復する時間は、ふりこの長さが長いほど(③ 長く)なっている。

▶ふりこのふれはばが変わっても、ふりこが1往復する時間は変わらないが、ふりこの長さが変わると、ふりこが1往復する時間は(④ (変わる) ・ 変わらない)。

ここがだいじ！
①ふりこが1往復する時間は、ふりこの長さによって変わる。
②ふりこの長さが長いほど、ふりこが1往復する時間は長くなる。

ぴたトリビア　ふりこのひも(糸)の長さを4倍にすると1往復する時間は2倍になり、ひもの長さを9倍にすると1往復する時間は3倍になります。比例の関係ではありません。

ぴったり2 練習

1. ふりこの運動
②ふりこの法則①

教科書 12〜16ページ　答え 3ページ

1 図の3つのふりこで、ふりこが1往復する時間を比べる実験をしました。

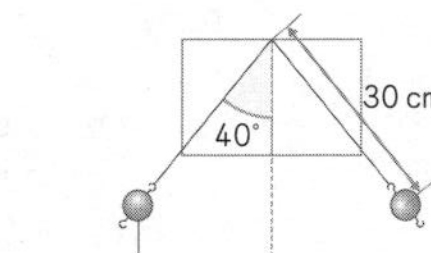

(1) この実験で、そろえている条件は何ですか。正しいものすべてに○をつけましょう。
ア(○)ふりこのふれはば
イ(　)ふりこの長さ
ウ(○)おもりの重さ

(2) この実験は、ふりこが1往復する時間と、何の関係を調べる実験ですか。正しいものに○をつけましょう。
ア(　)ふりこのふれはば
イ(○)ふりこの長さ
ウ(　)おもりの重さ

(3) ㋐〜㋒のうち、ふりこが1往復する時間がいちばん長いのはどれですか。また、いちばん短いのはどれですか。それぞれ記号で答えましょう。

長い(㋑)
短い(㋐)

(4) この実験の結果からいえることとして正しいものに、○をつけましょう。
ア(　)ふりこのふれはばが大きいほど、ふりこが1往復する時間は長い。
イ(　)ふりこのふれはばが小さいほど、ふりこが1往復する時間は長い。
ウ(○)ふりこの長さが長いほど、ふりこが1往復する時間は長い。
エ(　)ふりこの長さが短いほど、ふりこが1往復する時間は長い。
オ(　)おもりの重さが重いほど、ふりこが1往復する時間は長い。
カ(　)おもりの重さが軽いほど、ふりこが1往復する時間は長い。

5ページ　てびき

1 (1)、(2) 図の3つのふりこでは、ふり始めの角度(40°)とおもりの重さ(10 g)はすべて同じで、ふりこの長さが㋐は20 cm、㋑は40 cm、㋒は30 cmとちがいます。
(3)、(4) ふりこが1往復する時間は、ふりこの長さが長いほど長くなります。ふりこが1往復する時間が長い順に並べると、㋑、㋒、㋐となります。

そろえている条件：ふり始めの角度、おもりの重さ
変えている条件：ふりこの長さ　→ ふりこが1往復する時間は変わる。

おうちのかたへ
この単元では、ふりこの1往復する時間を求めるのに、算数で学習した「平均」の求め方を用います。平均の値を求める方法を復習させてください。

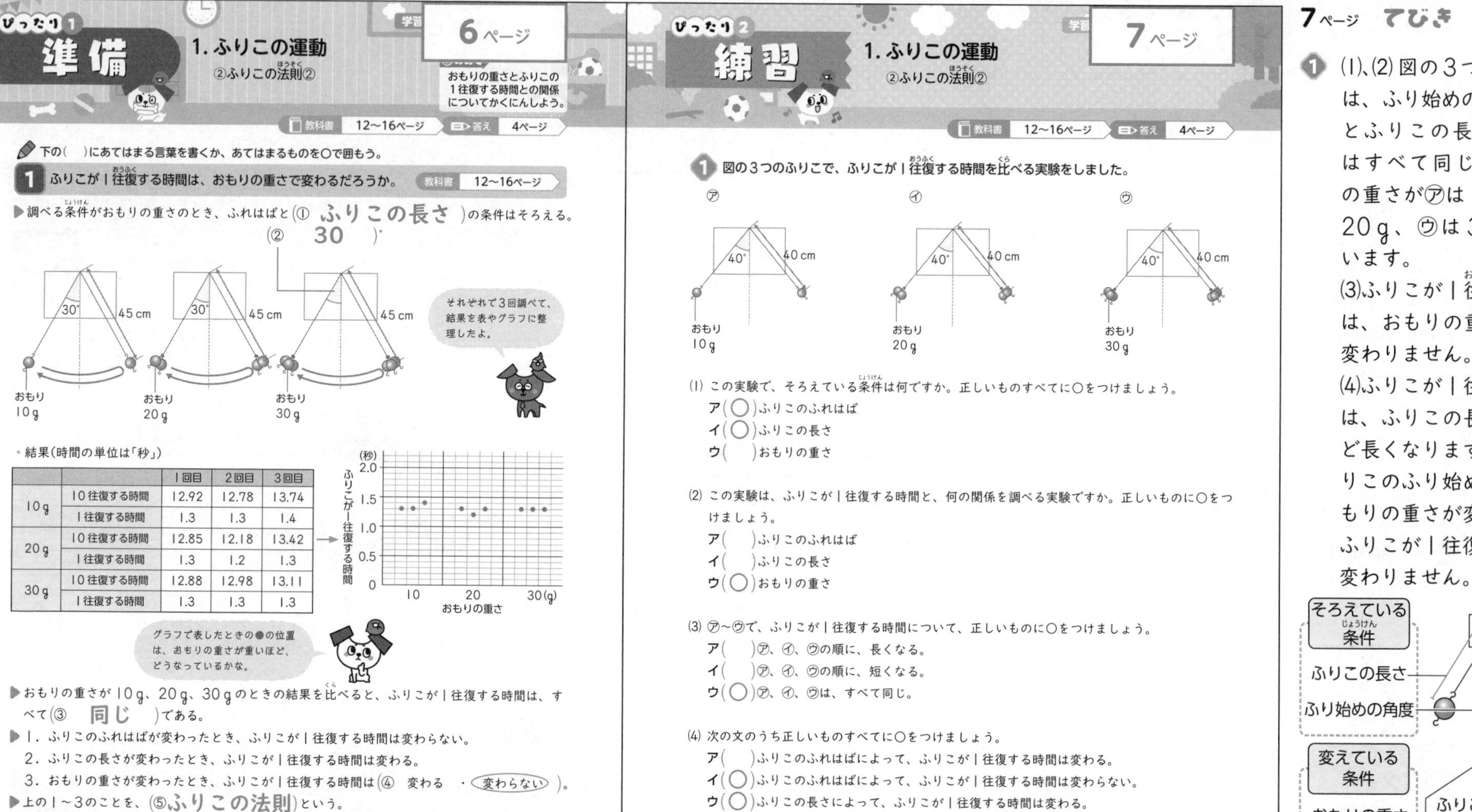

ぴったり1 準備

1. ふりこの運動
②ふりこの法則②

6ページ

おもりの重さとふりこの1往復する時間との関係についてかくにんしよう。

教科書 12〜16ページ　答え 4ページ

下の(　)にあてはまる言葉を書くか、あてはまるものを○で囲もう。

1 ふりこが1往復する時間は、おもりの重さで変わるだろうか。　教科書 12〜16ページ

▶調べる条件がおもりの重さのとき、ふれはばと(① ふりこの長さ)の条件はそろえる。
(② 30)

・結果(時間の単位は「秒」)

		1回目	2回目	3回目
10g	10往復する時間	12.92	12.78	13.74
	1往復する時間	1.3	1.3	1.4
20g	10往復する時間	12.85	12.18	13.42
	1往復する時間	1.3	1.2	1.3
30g	10往復する時間	12.88	12.98	13.11
	1往復する時間	1.3	1.3	1.3

▶おもりの重さが10g、20g、30gのときの結果を比べると、ふりこが1往復する時間は、すべて(③ 同じ)である。

▶1. ふりこのふれはばが変わったとき、ふりこが1往復する時間は変わらない。
2. ふりこの長さが変わったとき、ふりこが1往復する時間は変わる。
3. おもりの重さが変わったとき、ふりこが1往復する時間は(④ 変わる ・ (変わらない))。

▶上の1〜3のことを、(⑤ふりこの法則)という。

ここがだいじ！
①おもりの重さが変わっても、ふりこが1往復する時間は変わらない。
②ふりこが1往復する時間は、ふりこのふれはばやおもりの重さでは変わらず、ふりこの長さによって変わる。これを、ふりこの法則という。

ぴたトリビア　同じ長さのふりこが1往復する時間が、おもりの重さやふれはばを変えても変わらないことを「ふりこの等時性」といいます。

6

ぴったり2 練習

1. ふりこの運動
②ふりこの法則②

7ページ

教科書 12〜16ページ　答え 4ページ

1 図の3つのふりこで、ふりこが1往復する時間を比べる実験をしました。

(1) この実験で、そろえている条件は何ですか。正しいものすべてに○をつけましょう。
ア(○)ふりこのふれはば
イ(○)ふりこの長さ
ウ(　)おもりの重さ

(2) この実験は、ふりこが1往復する時間と、何の関係を調べる実験ですか。正しいものに○をつけましょう。
ア(　)ふりこのふれはば
イ(　)ふりこの長さ
ウ(○)おもりの重さ

(3) ㋐〜㋒で、ふりこが1往復する時間について、正しいものに○をつけましょう。
ア(　)㋐、㋑、㋒の順に、長くなる。
イ(　)㋐、㋑、㋒の順に、短くなる。
ウ(○)㋐、㋑、㋒は、すべて同じ。

(4) 次の文のうち正しいものすべてに○をつけましょう。
ア(　)ふりこのふれはばによって、ふりこが1往復する時間は変わる。
イ(○)ふりこのふれはばによって、ふりこが1往復する時間は変わらない。
ウ(○)ふりこの長さによって、ふりこが1往復する時間は変わる。
エ(　)ふりこの長さによって、ふりこが1往復する時間は変わらない。
オ(　)おもりの重さによって、ふりこが1往復する時間は変わる。
カ(○)おもりの重さによって、ふりこが1往復する時間は変わらない。

7

7ページ　てびき

1 (1)、(2) 図の3つのふりこでは、ふり始めの角度(40°)とふりこの長さ(40 cm)はすべて同じで、おもりの重さが㋐は10g、㋑は20g、㋒は30gとちがいます。
(3)ふりこが1往復する時間は、おもりの重さによって変わりません。
(4)ふりこが1往復する時間は、ふりこの長さが長いほど長くなります。また、ふりこのふり始めの角度、おもりの重さが変わっても、ふりこが1往復する時間は変わりません。

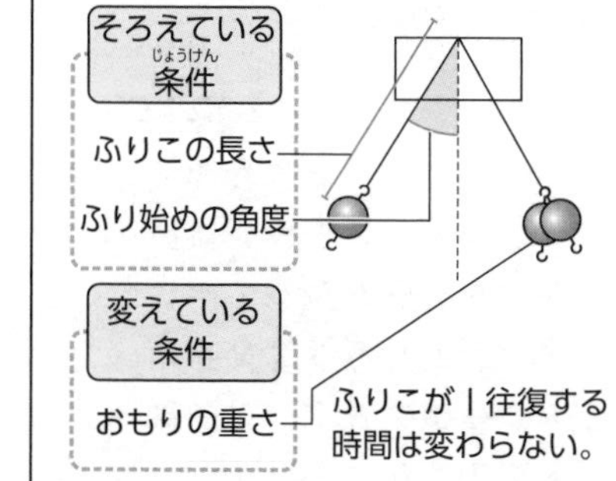

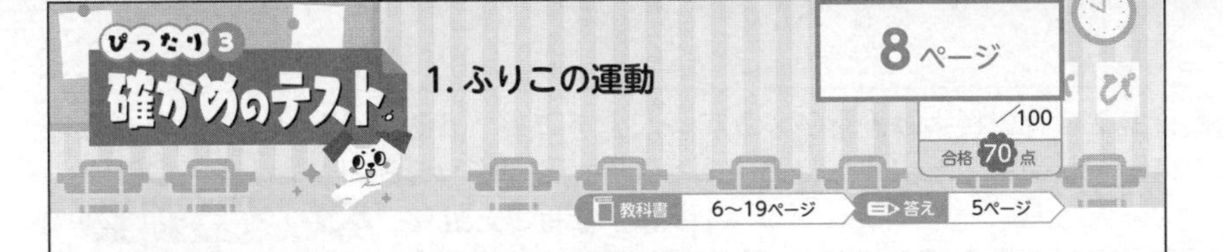

1. ふりこの運動

/100 合格70点

教科書 6~19ページ　答え 5ページ

よく出る

1 ひもにおもりをつり下げて、おもりを左右にゆらします。 各5点(30点)

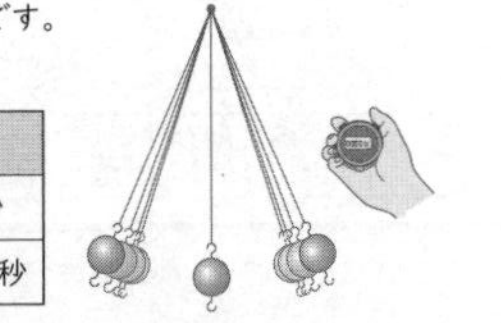

(1) 図のように、おもりをひもでつり下げて㋐の一点で支え、ゆらせるようにしたものを何といいますか。
(ふりこ)

(2) (1)の長さとは、図の㋐の点からどこまでの長さですか。㋕~㋗の記号で答えましょう。 (㋖)

(3) (1)が1往復する時間について書かれた次の文のうち、正しいものには○、正しくないものには×を書きましょう。

ア(○)1往復する時間は、(1)の長さによって変わる。
イ(×)1往復する時間は、(1)のふれはばによって変わる。
ウ(×)1往復する時間は、おもりの重さによって変わる。

(4) おもりをゆらして10往復させるとき、1往復するたびに「いち」、「に」、「さん」、…と声に出してリズムを調べます。「いち」から「に」までの時間を①、「きゅう」から「じゅう」までの時間を②とします。①、②の長さを比べると、どうなりますか。正しいものに○をつけましょう。

ア( )①のほうがかなり長い。
イ( )②のほうがかなり長い。
ウ(○)どちらも、ほぼ同じ長さ。

2 ふりこが1往復する時間を調べます。 各5点、(3)は両方できて5点(15点)

(1) 表は、ふりこが10往復する時間を3回計ってまとめたものです。3回目の( )にあてはまる数を書きましょう。

	1回目	2回目	3回目
ふりこが10往復する時間	10.05秒	11.34秒	11.56秒
ふりこが1往復する時間	1.0秒	1.1秒	(1.2)秒

(2) 作図 (1)の表を、右のようなグラフに表します。3回目を同じようにかきましょう。 技能

ふりこが1往復する時間 (秒) 1.5 1.0 0.5 0 ／ 1 2 3 (回目)

(3) おもりの重さとふりこが1往復する時間の関係を調べる実験をするとき、そろえる条件はどれとどれですか。正しいもの2つに○をつけましょう。 (完答)

ア(○)ふりこの長さ　イ( )おもりの重さ
ウ( )おもりの数　エ(○)ふれはば

3 ひも、おもり、厚紙などを使って、ふりこ実験器を作ります。 各5点(15点)

ふりこ実験器　支点　厚紙(角度がわかるように、線が引いてある)　30°　0°　15°　ひも　おもり　スタンド

(1) 支点からおもりまでのひもの長さを短くすると、ふりこが1往復する時間の長さはどうなりますか。
(短くなる。)

(2) 同じおもりを同じ位置に1個増やしてつなぐと、ふりこが1往復する時間の長さはどうなりますか。
(変わらない。)

(3) ふりこが1往復する時間を長くするには、何をどのように変えればよいですか。正しいものに○をつけましょう。

ア(○)ふりこの長さを長くする。
イ( )同じ位置につるすおもりの数を増やす。
ウ( )ふりこのふれはばを大きくする。

できたらスゴイ!

4 次の問いに答えましょう。 各10点(40点)

(1) ふりこの長さを変えて、ふりこが1往復する時間を調べて、表にまとめます。

ふりこの長さ(cm)	20	50	80	110	140	170	200
1往復する時間(秒)	㋐	1.4	㋑	2.1	㋒	2.6	㋓

①㋐~㋓に入る数字は、次の4つのどれかです。㋐に入る数字に○、㋒に入る数字に△をつけましょう。

ア(○)0.9　イ( )1.8
ウ(△)2.4　エ( )2.8

② 記述 ㋐~㋓に正しく数字を入れて表を完成させると、ふりこの長さと1往復する時間の関係について、どのようなことがわかりますか。次の文を完成させましょう。 思考・表現

ふりこの長さが4倍になると、(1往復する時間は2倍になる)。

(2) 記述 メトロノームのおもりを、写真の矢印の向きに動かすと、メトロノームの動き方はどのように変わりますか。 思考・表現

(1往復する時間が短くなる。(リズムが速くなる。))

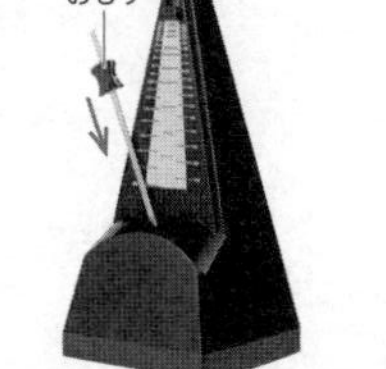

ふりかえり 1がわからないときは、2ページの1、4ページの1にもどってかくにんしましょう。
4がわからないときは、4ページの1にもどってかくにんしましょう。

8~9ページ てびき

1 (2)ふりこの長さは、支点(㋐)からおもりの中心(㋖)までの長さです。
(3)ふりこが1往復する時間は、ふりこの長さによって変わります。

2 (1)「10往復する時間(秒)÷10(回)=ふりこが1往復する時間(秒)」なので、11.56秒÷10回=1.156→1.2秒です。
(2)横じくが3回目の位置で、たてじくが1.2秒の位置に・をかきます。たてじくは、1目もり0.1秒です。
(3)おもりの重さ以外の条件をそろえます。おもりの重さを変えるときにおもりの数を変えることがあるので、おもりの数は、そろえる条件には入れません。

3 (1)支点からおもりまでのひもの長さを短くすると、ふりこの長さは短くなり、1往復する時間は短くなります。
(2)おもりの数が増えても、1往復する時間は変わりません。

4 (1)㋐には0.9、㋑には1.8、㋒には2.4、㋓には2.8が入ります。ふりこの長さが20cmから4倍の80cmになると、1往復する時間は0.9秒から1.8秒と、2倍になっています。
(2)メトロノームは右の図のようなつくりをしていて、おもりを矢印の向きに動かすと、ふりこの長さが短くなります。

おもり　動かす向き　支点　おもり

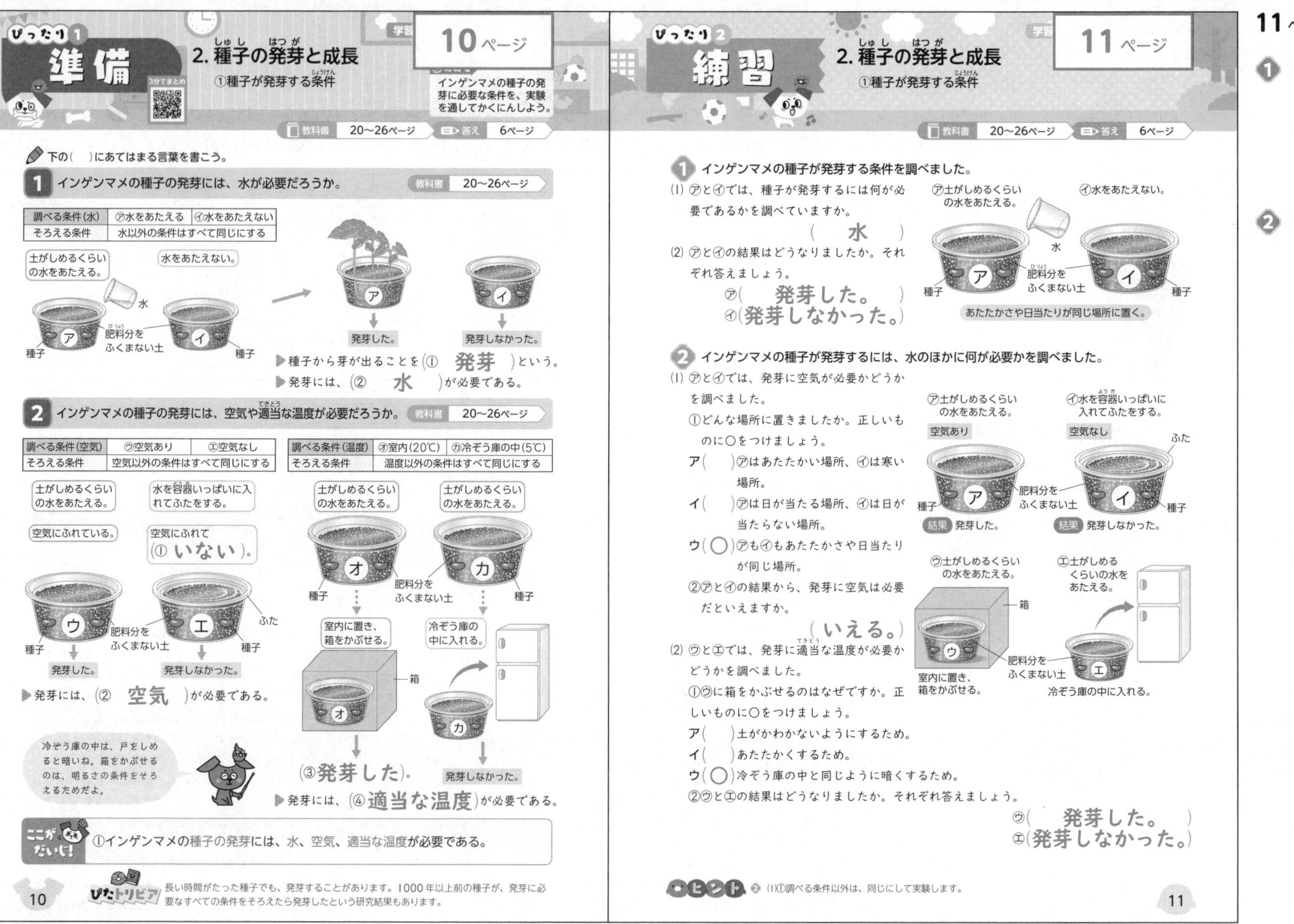

ぴったり1 準備

2. 種子の発芽と成長

①種子が発芽する条件

インゲンマメの種子の発芽に必要な条件を、実験を通してかくにんしよう。

教科書 20~26ページ　答え 6ページ

下の(　)にあてはまる言葉を書こう。

1 インゲンマメの種子の発芽には、水が必要だろうか。　教科書 20~26ページ

調べる条件(水)	㋐水をあたえる	㋑水をあたえない
そろえる条件	水以外の条件はすべて同じにする	

土がしめるくらいの水をあたえる。　水をあたえない。　水　肥料分をふくまない土　種子　発芽した。　発芽しなかった。

▶種子から芽が出ることを(① 発芽)という。

▶発芽には、(② 水)が必要である。

2 インゲンマメの種子の発芽には、空気や適当な温度が必要だろうか。　教科書 20~26ページ

調べる条件(空気)	㋒空気あり	㋓空気なし
そろえる条件	空気以外の条件はすべて同じにする	

調べる条件(温度)	㋔室内(20℃)	㋕冷ぞう庫の中(5℃)
そろえる条件	温度以外の条件はすべて同じにする	

土がしめるくらいの水をあたえる。　水を容器いっぱいに入れてふたをする。　空気にふれている。　空気にふれて(① いない)。　肥料分をふくまない土　ふた　種子　発芽した。　発芽しなかった。

▶発芽には、(② 空気)が必要である。

室内に置き、箱をかぶせる。　冷ぞう庫の中に入れる。　箱　(③発芽した)。　発芽しなかった。

冷ぞう庫の中は、戸をしめると暗いね。箱をかぶせるのは、明るさの条件をそろえるためだよ。

▶発芽には、(④適当な温度)が必要である。

ここがだいじ！ ①インゲンマメの種子の発芽には、水、空気、適当な温度が必要である。

ぴたトリビア 長い時間がたった種子でも、発芽することがあります。1000年以上前の種子が、発芽に必要なすべての条件をそろえたら発芽したという研究結果もあります。

ぴったり2 練習

2. 種子の発芽と成長

①種子が発芽する条件

教科書 20~26ページ　答え 6ページ

1 インゲンマメの種子が発芽する条件を調べました。

(1) ㋐と㋑では、種子が発芽するには何が必要であるかを調べていますか。

(水)

(2) ㋐と㋑の結果はどうなりましたか。それぞれ答えましょう。

㋐(発芽した。)

㋑(発芽しなかった。)

㋐土がしめるくらいの水をあたえる。　㋑水をあたえない。　水　肥料分をふくまない土　種子　あたたかさや日当たりが同じ場所に置く。

2 インゲンマメの種子が発芽するには、水のほかに何が必要かを調べました。

(1) ㋐と㋑では、発芽に空気が必要かどうかを調べました。

①どんな場所に置きましたか。正しいものに○をつけましょう。

ア(　)㋐はあたたかい場所、㋑は寒い場所。

イ(　)㋐は日が当たる場所、㋑は日が当たらない場所。

ウ(○)㋐も㋑もあたたかさや日当たりが同じ場所。

②㋐と㋑の結果から、発芽に空気は必要だといえますか。

(いえる。)

㋐土がしめるくらいの水をあたえる。　㋑水を容器いっぱいに入れてふたをする。　空気あり　空気なし　ふた　肥料分をふくまない土　種子　結果 発芽した。　結果 発芽しなかった。

(2) ㋒と㋓では、発芽に適当な温度が必要かどうかを調べました。

①㋒に箱をかぶせるのはなぜですか。正しいものに○をつけましょう。

ア(　)土がかわかないようにするため。

イ(　)あたたかくするため。

ウ(○)冷ぞう庫の中と同じように暗くするため。

②㋒と㋓の結果はどうなりましたか。それぞれ答えましょう。

㋒(発芽した。)

㋓(発芽しなかった。)

㋒土がしめるくらいの水をあたえる。　㋓土がしめるくらいの水をあたえる。　箱　室内に置き、箱をかぶせる。　肥料分をふくまない土　冷ぞう庫の中に入れる。

ヒント ❷ (1)①調べる条件以外は、同じにして実験します。

11ページ てびき

❶ (2)種子が発芽するには水が必要なので、水をあたえた㋐は発芽しますが、水をあたえなかった㋑は発芽しません。

❷ (1)①㋐と㋑では、発芽に空気が必要かどうかを調べるので、空気以外の条件は同じにしなければなりません。どちらも同じ温度で同じ日当たりの場所に置きます。

②空気がある㋐は発芽して、空気がない㋑は発芽しなかったことから、種子が発芽するには空気が必要なことがわかります。

(2)①冷ぞう庫の中は、戸をしめると暗くなります。㋒と㋓では、発芽に適当な温度が必要かどうかを調べるので、温度以外の条件は同じにしなければなりません。冷ぞう庫の中と同じように暗くするために、㋒に箱をかぶせます。

②種子が発芽するには適当な温度が必要なので、室内に置いた㋒は発芽しますが、冷ぞう庫の中に置いた㋓は発芽しません。

おうちのかたへ　2. 種子の発芽と成長

植物の発芽や成長に必要な条件を学習します。ここでは、変える条件・同じにする条件を考えて実験できるか、発芽や成長に必要な条件を理解しているか、などがポイントです。また、インゲンマメの種子を半分に割って作りを観察します。

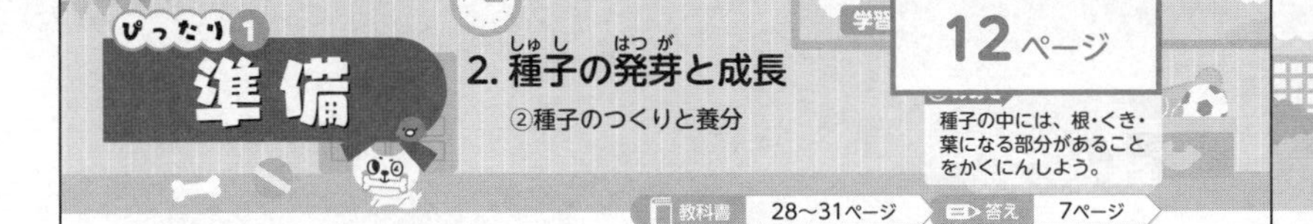

ぴったり1 準備

2. 種子の発芽と成長
②種子のつくりと養分

種子の中には、根・くき・葉になる部分があることをかくにんしよう。

教科書 28～31ページ　答え 7ページ

下の(　)にあてはまる言葉を書くか、あてはまるものを○で囲もう。

1 種子の中には、根・くき・葉になる部分があるのだろうか。
教科書 28～29ページ

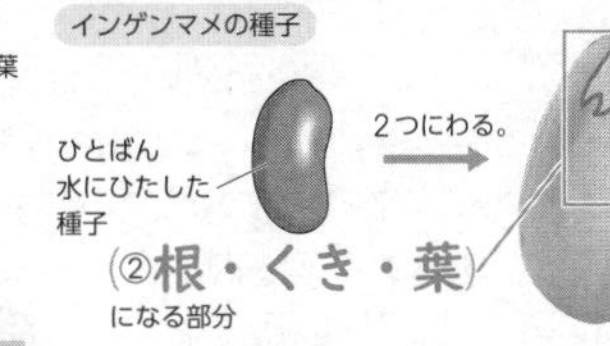

(① 子葉)

インゲンマメの種子

ひとばん水にひたした種子　2つにわる。

(②根・くき・葉)になる部分

子葉

▶インゲンマメの種子には、根・くき・葉になる部分と(③ 子葉)がある。

▶種子が発芽すると、根・くき・葉になる部分は成長し、子葉は(④ ふくらんで ・ (しなびて))しまう。

2 子葉には、発芽に必要な養分がふくまれているのだろうか。
教科書 28～31ページ

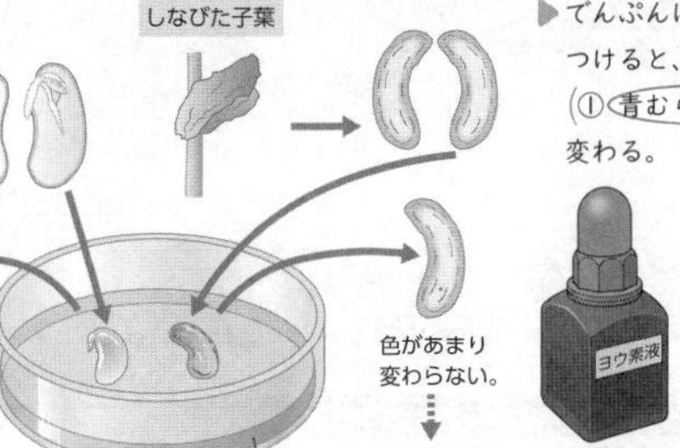

▶でんぷんにうすめたヨウ素液をつけると、でんぷんはこい(①(青むらさき色)・ 赤色)に変わる。

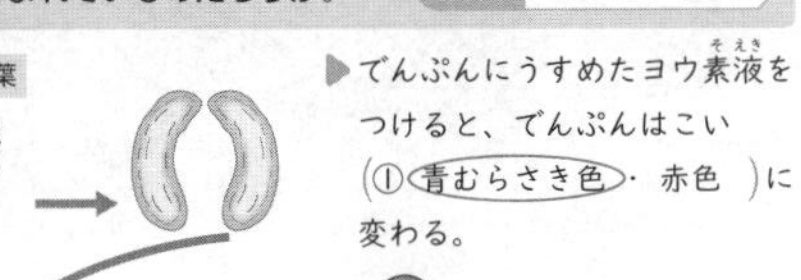

▶発芽前のインゲンマメの子葉には(③ でんぷん(養分))がふくまれている。

▶種子が発芽、成長すると、子葉の中の(③)は(④ 多く ・ (少なく))なる。

▶インゲンマメは、(⑤ 根 ・ (子葉))にたくわえた養分を使って発芽、成長する。

ここがだいじ!
①インゲンマメの種子には、根・くき・葉になる部分と子葉がある。
②発芽前に子葉にふくまれていたでんぷんは、発芽、成長後は少なくなる。
③インゲンマメの子葉は、発芽や成長に使われる養分をたくわえている。

ぴたトリビア　種子にでんぷんを多くふくむイネ、ムギ、トウモロコシなどは地球上の多くの地いきで主食として食べられるほか、家ちくのえさとしても利用されます。

ぴったり2 練習

2. 種子の発芽と成長
②種子のつくりと養分

教科書 28～31ページ　答え 7ページ

1 インゲンマメの種子を調べました。

インゲンマメの種子　ア　イ

発芽、成長したインゲンマメ　ウ

(1) インゲンマメの種子の根・くき・葉になる部分は、ア、イのどちらですか。
(ア)

(2) 発芽、成長したインゲンマメのウの部分を何といいますか。
(子葉)

(3) インゲンマメが成長していくにつれて、イの部分はどうなりますか。正しいものに○をつけましょう。
ア(　)だんだん大きくなっていく。　イ(○)だんだんしなびていく。
ウ(　)ずっと変わらない。

2 インゲンマメの発芽前の種子と発芽後のしなびた子葉を調べました。

発芽前の種子　しなびた子葉　こい青むらさき色になる。　うすめたあ　色があまり変わらない。

(1) あの液体を何といいますか。
(ヨウ素液)

(2) 発芽前の種子を、うすめたあの液体にひたすと、こい青むらさき色になったことから、発芽前の種子には何がふくまれていたことがわかりますか。
(でんぷん)

(3) (2)で答えたものは、発芽後にはどうなりましたか。正しいものに○をつけましょう。
ア(　)発芽前よりも多くなった。
イ(　)発芽前と変わらなかった。
ウ(○)発芽前よりも少なくなった。

(4) 種子が発芽するための養分について、正しいものに○をつけましょう。
ア(○)種子の中にふくまれている。　イ(　)肥料の中にふくまれている。

13ページ てびき

1 種子のアの部分は、発芽後、根・くき・葉になります。ウはインゲンマメが芽を出したときに出た子葉がしなびたもので、種子のときの子葉は、イの部分にあたります。

2 (1)、(2) 発芽前の種子をうすめたヨウ素液にひたすと、こい青むらさき色になっています。ヨウ素液は、でんぷんをこい青むらさき色に変えるので、発芽前の種子にはでんぷんがふくまれていることがわかります。
(3)発芽後の子葉は、うすめたヨウ素液にひたしても色があまり変わっていません。種子のときにふくまれていたでんぷんは少なくなっています。
(4)種子は子葉にふくまれている養分(でんぷん)を使って発芽します。

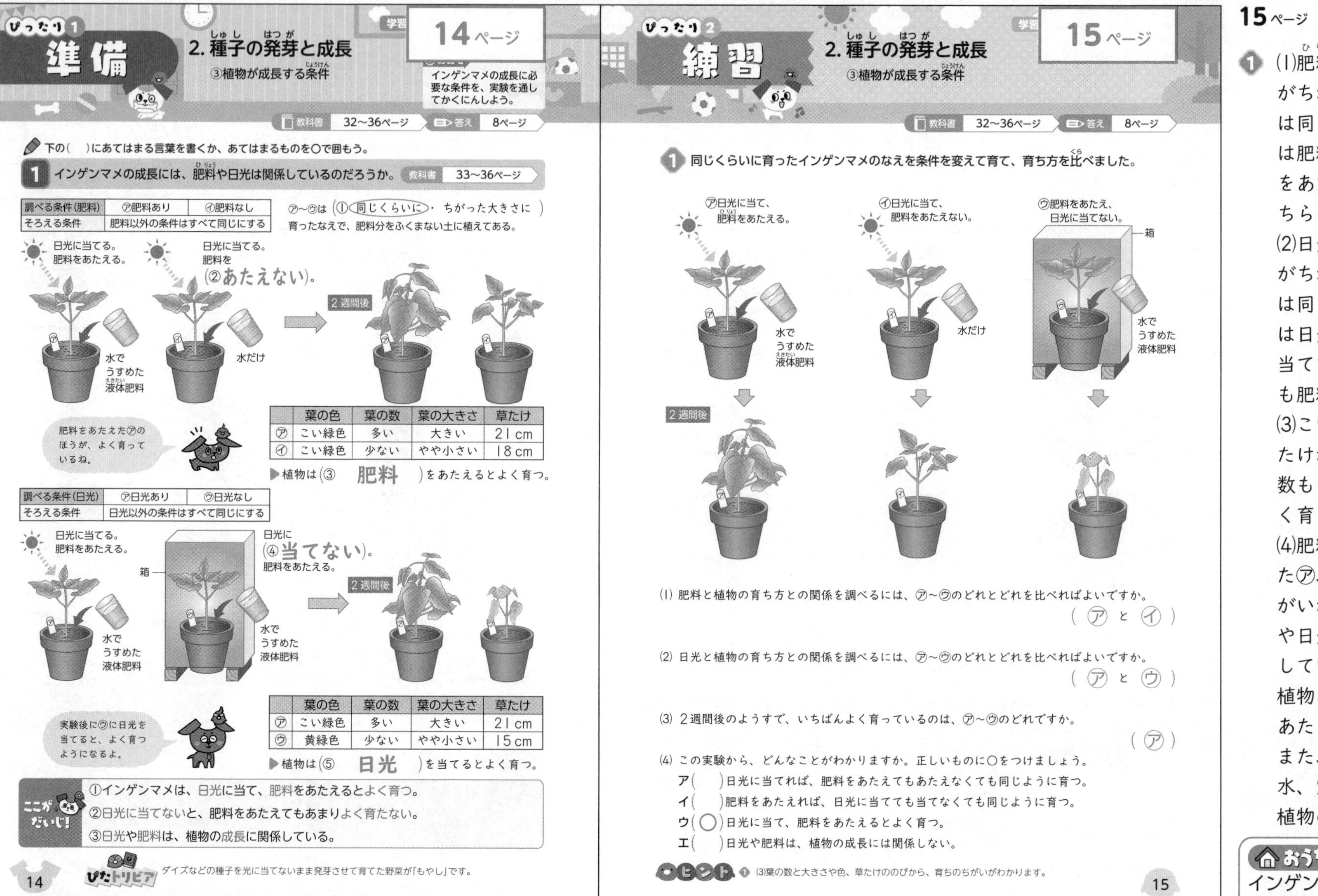

ぴったり1 準備
2. 種子の発芽と成長
③植物が成長する条件

14ページ

インゲンマメの成長に必要な条件を、実験を通してかくにんしよう。

教科書 32〜36ページ　答え 8ページ

下の(　)にあてはまる言葉を書くか、あてはまるものを○で囲もう。

1 インゲンマメの成長には、肥料や日光は関係しているのだろうか。　教科書 33〜36ページ

調べる条件(肥料)	㋐肥料あり	㋑肥料なし
そろえる条件	肥料以外の条件はすべて同じにする	

㋐〜㋒は(①(同じくらいに)・ちがった大きさに)育ったなえで、肥料分をふくまない土に植えてある。

	葉の色	葉の数	葉の大きさ	草たけ
㋐	こい緑色	多い	大きい	21cm
㋑	こい緑色	少ない	やや小さい	18cm

▶植物は(③　肥料　)をあたえるとよく育つ。

調べる条件(日光)	㋐日光あり	㋒日光なし
そろえる条件	日光以外の条件はすべて同じにする	

	葉の色	葉の数	葉の大きさ	草たけ
㋐	こい緑色	多い	大きい	21cm
㋒	黄緑色	少ない	やや小さい	15cm

▶植物は(⑤　日光　)を当てるとよく育つ。

ここがだいじ!
①インゲンマメは、日光に当て、肥料をあたえるとよく育つ。
②日光に当てないと、肥料をあたえてもあまりよく育たない。
③日光や肥料は、植物の成長に関係している。

ぴたトリビア　ダイズなどの種子を光に当てないまま発芽させて育てた野菜が「もやし」です。

ぴったり2 練習
2. 種子の発芽と成長
③植物が成長する条件

15ページ

教科書 32〜36ページ　答え 8ページ

1 同じくらいに育ったインゲンマメのなえを条件を変えて育て、育ち方を比べました。

(1) 肥料と植物の育ち方との関係を調べるには、㋐〜㋒のどれとどれを比べればよいですか。
(　㋐　と　㋑　)

(2) 日光と植物の育ち方との関係を調べるには、㋐〜㋒のどれとどれを比べればよいですか。
(　㋐　と　㋒　)

(3) 2週間後のようすで、いちばんよく育っているのは、㋐〜㋒のどれですか。
(　㋐　)

(4) この実験から、どんなことがわかりますか。正しいものに○をつけましょう。
ア(　)日光に当てれば、肥料をあたえてもあたえなくても同じように育つ。
イ(　)肥料をあたえれば、日光に当てても当てなくても同じように育つ。
ウ(○)日光に当て、肥料をあたえるとよく育つ。
エ(　)日光や肥料は、植物の成長には関係しない。

ヒント 1 (3)葉の数と大きさや色、草たけののびから、育ちのちがいがわかります。

15ページ　てびき

1 (1)肥料についての条件だけがちがい、肥料以外の条件は同じものを比べます。㋐は肥料をあたえ、㋑は肥料をあたえていませんが、どちらも日光に当てています。
(2)日光についての条件だけがちがい、日光以外の条件は同じものを比べます。㋐は日光に当て、㋒は日光に当てていませんが、どちらも肥料をあたえています。
(3)こい緑色をしていて、草たけが高く、葉が大きくて数も多い㋐が、いちばんよく育っているといえます。
(4)肥料や日光の条件を変えた㋐、㋑、㋒で育ち方にちがいがあることから、肥料や日光は植物の成長に関係していることがわかります。植物は日光に当て、肥料をあたえるとよく育ちます。
また、発芽に必要な条件の水、空気、適当な温度は、植物の成長にも必要です。

おうちのかたへ
インゲンマメの成長の条件は発芽の条件に「肥料」や「日光」が加わります。家庭で植物を育てるとき太陽に当て、ときどき肥料を与えることを思い出してください。

2. 種子(しゅし)の発芽(はつが)と成長

16ページ

/100　合格 70 点

教科書 20〜39ページ　答え 9ページ

1 インゲンマメの種子を調べます。

各5点(10点)

(1) 根・くき・葉になる部分は、㋐、㋑のどちらですか。　(㋐)

(2) 養分がふくまれている部分は、㋐、㋑のどちらですか。　(㋑)

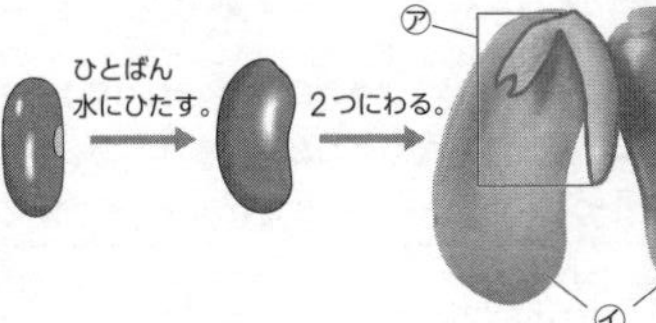

よく出る

2 植物がよく育つための条件(じょうけん)を調べます。

各5点(20点)

㋐日光に当てる。肥料(ひりょう)はあたえない。　㋑日光に当てる。肥料をあたえる。　㋒箱をかぶせる。肥料をあたえる。

㋐〜㋒は肥料分をふくまない土に植えてある。

(1) ㋐〜㋒で育ち方を比(くら)べるとき、㋐の水のあたえ方について、正しいものに○をつけましょう。

ア(○)水をあたえる。
イ(　)水をあたえない。

(2) いちばんよく育つものは、㋐〜㋒のどれですか。　(㋑)

(3) 記述 この実験から、植物をよく育てるにはどうすればよいことがわかりますか。2つ書きましょう。

(肥料をあたえる。)
(日光に当てる。)

17ページ

よく出る

3 インゲンマメの種子が発芽する条件を調べます。

各5点、(3)、(6)は全部できて5点(30点)

(1) 発芽に水が必要かどうかを調べるには、㋐〜㋒のどれとどれを比べればよいですか。　(㋐ と ㋒)

(2) 発芽に空気が必要かどうかを調べるには、㋐〜㋒のどれとどれを比べればよいですか。　(㋐ と ㋑)

(3) ㋐〜㋒は発芽しましたか。発芽したものには○、発芽しなかったものには×をつけましょう。(完答)

㋐(○)　㋑(×)　㋒(×)

㋐ 土がしめるくらいの水をあたえる。　㋑ 水を容器(ようき)いっぱいに入れてふたをする。　㋒ 水をあたえない。
㋓ 土がしめるくらいの水をあたえ、室内に置き、箱をかぶせる。　㋔ 土がしめるくらいの水をあたえ、冷ぞう庫に入れる。

㋐〜㋔の土は肥料分をふくんでいない。

(4) ㋓と㋔を比べると、発芽に何が必要なことがわかりますか。正しいものに○をつけましょう。

ア(　)明るさ　イ(○)適当(てきとう)な温度　ウ(　)肥料

(5) 記述 ㋓で箱をかぶせるのはなぜですか。　技能

(㋔と明るさの条件を同じにするため。)

(6) これらの実験から、発芽にはどんな条件が必要だとわかりますか。3つ書きましょう。(完答)

(水)、(空気)、(適当な温度)

できたらスゴイ!

4 インゲンマメの種子の養分を調べました。

各10点(40点)

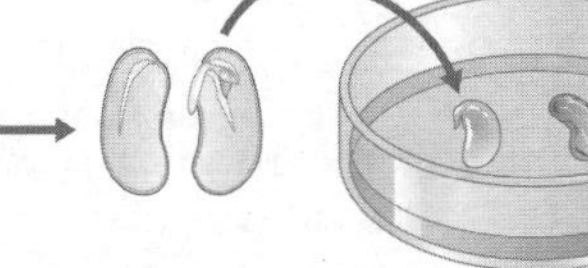
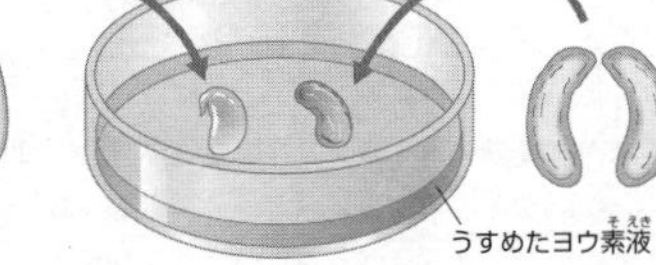

(1) インゲンマメの種子を2つにわり、うすめたヨウ素液にひたすと、種子の色が変わりました。何色になりましたか。

((こい)青むらさき色)

(2) 種子の色が変わったことから、インゲンマメの種子にある養分は何だとわかりますか。

(でんぷん)

(3) しなびた子葉をヨウ素液にひたすと、子葉の色はあまり変わりませんでした。このことから、種子にあった養分はどうなったことがわかりますか。○をつけましょう。

ア(　)増(ふ)えた。　イ(○)減った。　ウ(　)変わらなかった。

(4) 記述 種子にあった養分が(3)のようになったのはなぜですか。　思考・表現

(発芽(や成長)に使われたから。)

ふりかえり
3がわからないときは、10ページの1、2にもどってかくにんしましょう。
4がわからないときは、12ページの2にもどってかくにんしましょう。

4 (1)、(2)インゲンマメの種子(しゅし)はでんぷんをふくむので、ヨウ素液(そえき)にひたすとこい青むらさき色になります。
(3)発芽した後の子葉にはでんぷんがあまりふくまれていないので、種子にあったでんぷんは減っています。
(4)種子の中にある養分は、発芽やその後の成長に使われます。

16〜17ページ てびき

1 ㋐は発芽(はつが)すると根・くき・葉になる部分で、㋑は発芽やその後の成長に使われる養分がふくまれている子葉(しよう)です。

2 (1)この実験では肥料(ひりょう)と日光について調べているので、それ以外の条件(じょうけん)はそろえなければなりません。㋑と㋒では、水でうすめた液体(えきたい)肥料をあたえているので、㋐は水をあたえます。
(2)日光に当てて肥料をあたえた㋑が、いちばんよく育ちます。
(3)植物は日光を当て、肥料をあたえるとよく育ちます。

3 (1)水の条件だけを変え、水以外の条件はそろえている㋐と㋒を比(くら)べます。
(2)空気の条件だけを変え、空気以外の条件はそろえている㋐と㋑を比べます。
(3)水と空気がある㋐は発芽しますが、空気のない㋑、水のない㋒は発芽しません。
(4)㋓と㋔で変えている条件は温度です。
(5)温度以外の条件を同じにする必要があるので、冷ぞう庫の中と同じように暗くします。
(6)発芽に必要な条件は、水、空気、適当(てきとう)な温度の3つです。

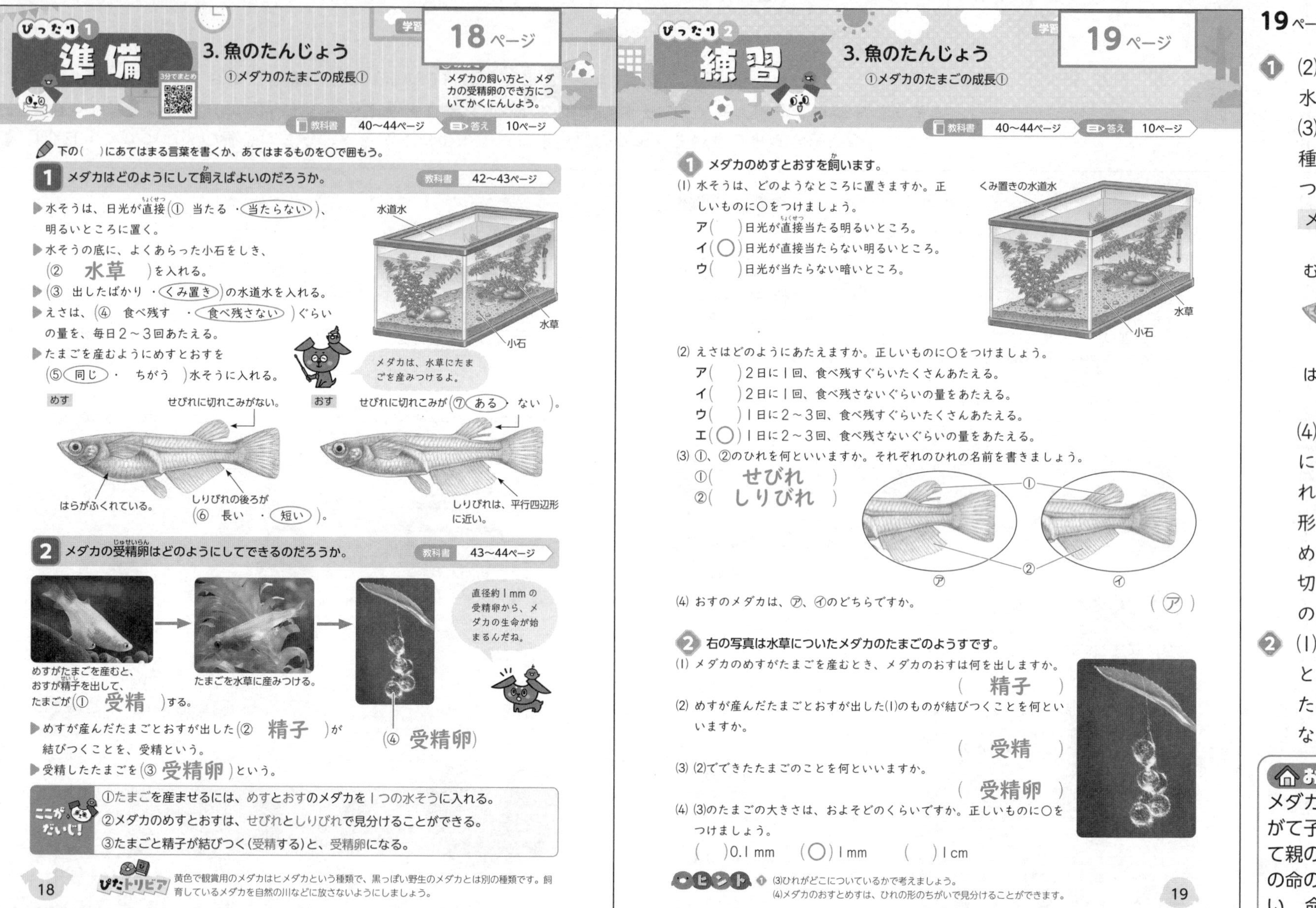

ぴったり1 準備　3.魚のたんじょう　①メダカのたまごの成長①

18ページ　メダカの飼い方と、メダカの受精卵のでき方についてかくにんしよう。

教科書 40〜44ページ　答え 10ページ

下の(　)にあてはまる言葉を書くか、あてはまるものを○で囲もう。

1 メダカはどのようにして飼えばよいのだろうか。　教科書 42〜43ページ

▶水そうは、日光が直接(① 当たる ・(当たらない))、明るいところに置く。

▶水そうの底に、よくあらった小石をしき、(② 水草)を入れる。

▶(③ 出したばかり ・(くみ置き))の水道水を入れる。

▶えさは、(④ 食べ残す ・(食べ残さない))ぐらいの量を、毎日2〜3回あたえる。

▶たまごを産むようにめすとおすを(⑤(同じ)・ ちがう)水そうに入れる。

2 メダカの受精卵はどのようにしてできるのだろうか。　教科書 43〜44ページ

▶めすが産んだたまごとおすが出した(② 精子)が結びつくことを、受精という。

▶受精したたまごを(③ 受精卵)という。

ここが だいじ!
①たまごを産ませるには、めすとおすのメダカを1つの水そうに入れる。
②メダカのめすとおすは、せびれとしりびれで見分けることができる。
③たまごと精子が結びつく(受精する)と、受精卵になる。

ぴたトリビア　黄色で観賞用のメダカはヒメダカという種類で、黒っぽい野生のメダカとは別の種類です。飼育しているメダカを自然の川などに放さないようにしましょう。

18

ぴったり2 練習　3.魚のたんじょう　①メダカのたまごの成長①

19ページ

教科書 40〜44ページ　答え 10ページ

1 メダカのめすとおすを飼います。

(1) 水そうは、どのようなところに置きますか。正しいものに○をつけましょう。
ア(　)日光が直接当たる明るいところ。
イ(○)日光が直接当たらない明るいところ。
ウ(　)日光が当たらない暗いところ。

(2) えさはどのようにあたえますか。正しいものに○をつけましょう。
ア(　)2日に1回、食べ残すぐらいたくさんあたえる。
イ(　)2日に1回、食べ残さないぐらいの量をあたえる。
ウ(　)1日に2〜3回、食べ残すぐらいたくさんあたえる。
エ(○)1日に2〜3回、食べ残さないぐらいの量をあたえる。

(3) ①、②のひれを何といいますか。それぞれのひれの名前を書きましょう。
①(せびれ)
②(しりびれ)

(4) おすのメダカは、㋐、㋑のどちらですか。　(㋐)

2 右の写真は水草についたメダカのたまごのようすです。

(1) メダカのめすがたまごを産むとき、メダカのおすは何を出しますか。　(精子)

(2) めすが産んだたまごとおすが出した(1)のものが結びつくことを何といいますか。　(受精)

(3) (2)でできたたまごのことを何といいますか。　(受精卵)

(4) (3)のたまごの大きさは、およそどのくらいですか。正しいものに○をつけましょう。
(　)0.1 mm　(○)1 mm　(　)1 cm

ヒント　1 (3)ひれがどこについているかで考えましょう。(4)メダカのおすとめすは、ひれの形のちがいで見分けることができます。

19

19ページ てびき

1 (2)えさの食べ残しがあると、水がよごれます。

(3)メダカなど魚の体には5種類のひれがあり、数はふつう全部で7まいです。

メダカのおす

せびれ(1まい)　むなびれ(2まい)　はらびれ(2まい)　しりびれ(1まい)　おびれ(1まい)

(4)おすのメダカは、せびれに切れこみがあり、しりびれは後ろが長く、平行四辺形に近い形をしています。めすのメダカは、せびれに切れこみがなく、しりびれの後ろが短くなっています。

2 (1)〜(3)めすがたまごを産むと、おすは精子を出します。たまごが受精して受精卵になると、育ち始めます。

おうちのかたへ
メダカの小さなたまごから、やがて子メダカがかえり、成長して親のメダカになっていく。この命のつながりについて話し合い、命の大切さを考えさせましょう。

おうちのかたへ　3.魚のたんじょう
動物の発生や成長について学習します。ここでは、魚(メダカ)を対象として扱います。めすとおすがいること、受精した卵が変化して子メダカが生まれることを理解しているか、などがポイントです。

ぴったり1 準備

3. 魚のたんじょう

①メダカのたまごの成長②

学習 20ページ

メダカの受精卵がどのように変化して子メダカが生まれるかかくにんしよう。

教科書 44～49ページ　答え 11ページ

下の(　)にあてはまる言葉を書くか、あてはまるものを○で囲もう。

1 メダカの受精卵（じゅせいらん）は、どのように育っていくのだろうか。　教科書 44～49ページ

メダカのたまごが育つようすを観察する

たまごがついた水草を切り取り、水を入れた容器（ようき）に入れる。

プラスチックの容器

(① 水草)

▶たまごの中のようすを観察するときは、(② 虫めがね ・ かいぼうけんび鏡（○）)やそう眼実体けんび鏡（がん）を使う。

受精から数時間後　ふくらんだ部分が見られる。

3日後　体の形がわかるようになる。

5日後　目ができて、体の形がはっきりしてくる。

7日後　目が大きく黒くなり、血管が見える。

10日後　さかんに体を動かす。

11日後　たまごから子メダカがかえる。

ふくらみ

▶メダカの受精卵は、中のようすがだんだん魚らしくなっていき、約(③ 11)日で子メダカがかえる。

▶たまごの中の子メダカは、(④ たまごの中（○） ・ 水中)の養分で育つ。

▶かえった子メダカのはらにはふくらみがあり、数日間はこの中の(⑤ 養分)で育つので、はらのふくらみはだんだん(⑥ 小さく（○） ・ 大きく)なっていく。

かえったばかりの子メダカはあまり動かず、えさをあたえても、ほとんど食べないよ。

▶かいぼうけんび鏡の使い方

(1)日光が直接（ちょくせつ）(⑦ 当たる ・ 当たらない（○）)明るいところに置く。

(2)レンズをのぞきながら(⑧ 反しゃ鏡)を動かして、明るく見えるようにする。

(3)観察するものをステージに置き、レンズをのぞきながら(⑨ 調節ねじ)を回し、はっきり見えるところで止める。

かいぼうけんび鏡　レンズ　ステージ（のせ台）　調節ねじ　反しゃ鏡

ここがだいじ！
①メダカの受精卵は、中のようすが変化して、約 11 日で子メダカがかえる。
②たまごの中や、かえったばかりの子メダカのはらのふくらみには、育つための養分がある。

ぴたトリビア　メダカ以外の魚も、めすが産んだたまごが、おすが出す精子と結びついて、たまごが育ち始めます。

ぴったり2 練習

3. 魚のたんじょう

①メダカのたまごの成長②

学習 21ページ

教科書 44～49ページ　答え 11ページ

1 メダカのたまごが育っていくようすを観察しました。

㋐(3)　㋑(1)　㋒(2)　たまごからかえった直後

あ　ふくらみ

(1) あの部分は何ですか。　(目)

(2) たまごが育っていく順に、上の㋐～㋒の(　)に1～3の番号を書きましょう。

(3) メダカのたまごが育っていくための養分について、正しいものに○をつけましょう。

ア(○)たまごの中にたくわえられている。
イ(　)水中から取り入れている。
ウ(　)親のメダカがときどきあたえている。

(4) たまごからかえった直後の子メダカのはらのふくらみの中には、何が入っていますか。　(養分)

2 かいぼうけんび鏡について、次の問いに答えましょう。

(1) かいぼうけんび鏡は、どんなところに置いて使いますか。正しいものに○をつけましょう。

ア(　)日光が直接（ちょくせつ）当たる明るいところ。
イ(○)日光が直接当たらない明るいところ。
ウ(　)日光が当たらないうす暗いところ。
エ(　)真っ暗なところ。

(2) ㋐～㋓の部分の名前をそれぞれ書きましょう。

㋐(レンズ)　㋑(ステージ(のせ台))
㋒(反しゃ鏡)　㋓(調節ねじ)

(3) 観察するものが明るく見えるようにするためには、どこをのぞきながら、どこを動かしますか。それぞれ㋐～㋓の記号を書きましょう。

のぞくところ(㋐)　動かすところ(㋒)

21ページ　てびき

1 (1)たまごの中に2つある黒いものは目です。
(3)メダカの受精卵（じゅせいらん）は、たまごの中にたくわえられた養分を使って育ちます。
(4)たまごからかえった直後の子メダカのはらには大きなふくらみがあり、中に養分をたくわえています。たまごからかえって2～3日の間はあまり動かず、その養分を使って育ちます。

2 (1)虫めがねでぜったいに太陽を見てはいけないことと同じで、レンズを使って見るものに日光を直接当てるときけんです。
(2)のぞいて見るところはレンズ、観察するものを置くところはステージ（のせ台）、光を取り入れるための鏡は反しゃ鏡です。調節ねじでレンズを上下させてピントを合わせます。
(3)レンズをのぞきながら、反しゃ鏡の向きを調節して明るく見えるようにします。

3. 魚のたんじょう

22ページ

/100 合格 70 点

教科書 40〜53ページ　答え 12ページ

1 メダカを飼って、たまごを産ませました。

技能 各5点(40点)

(1) メダカの飼い方で正しいもの2つに○をつけましょう。

ア(　)水そうは、日光の直接当たる明るいまどぎわに置く。
イ(○)くみ置きの水道水を水そうに入れる。
ウ(○)よくあらった小石を、水そうの底に入れる。
エ(　)えさは1週間に1回あたえる。
オ(　)水温は5℃くらいにする。

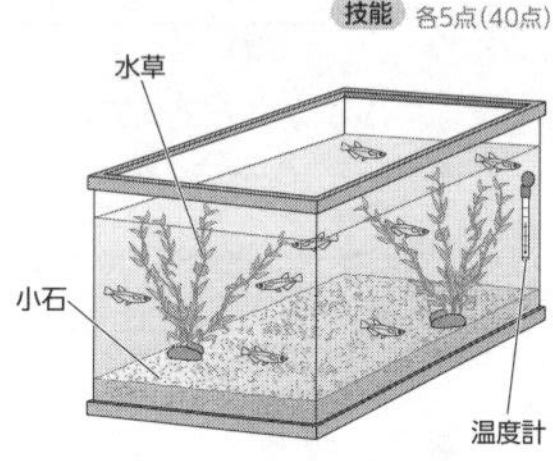

(2) メダカがたまごを産みつけやすいように、水そうに入れてあるものは何ですか。正しいものに○をつけましょう。

(　)小石　(○)水草　(　)温度計

(3) メダカにたまごを産ませるには、水そうで飼うメダカの数をどのようにしたらよいですか。正しいものに○をつけましょう。

ア(　)おすのメダカだけを1ぴき入れる。
イ(　)めすのメダカだけを数ひき入れる。
ウ(　)おすのメダカだけを数ひき入れる。
エ(○)おすのメダカとめすのメダカを数ひきずつ入れる。

(4) 図のメダカがめすかおすかを見分けようと思います。どのひれを手がかりにするとよいですか。図の㋐〜㋔から2つ選び、記号を書きましょう。

(㋑)(㋓)

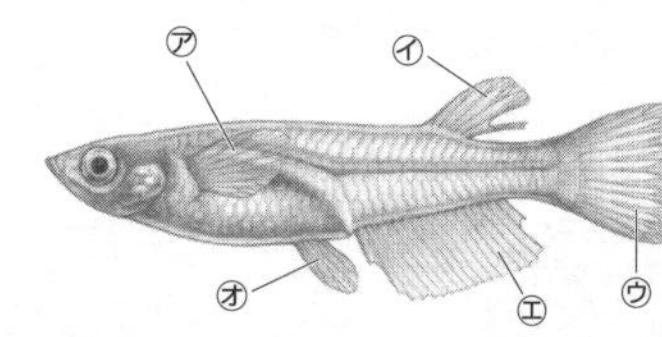

(5) 図のメダカは、めすとおすのどちらですか。

(おす)

(6) 記述 メダカのたまごをかいぼうけんび鏡で観察します。レンズをのぞくと暗いので、明るく見えるようにします。何をどのようにすればよいですか。

(反しゃ鏡の向きを変える。)

23ページ

よく出る

2 メダカの育ちについて調べました。

(1)は全部できて10点、他は各5点(30点)

(1) 次の写真は、メダカの受精卵が育っていくとちゅうのようすです。受精卵が変化していく順に、㋐〜㋔の(　)に1〜5の番号を書きましょう。(完答)

㋐(5)　㋑(2)　㋒(4)　㋓(1)　㋔(3)

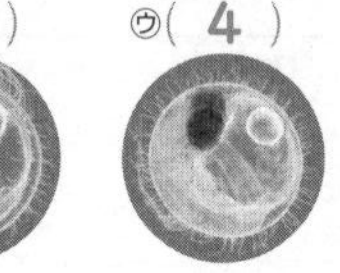
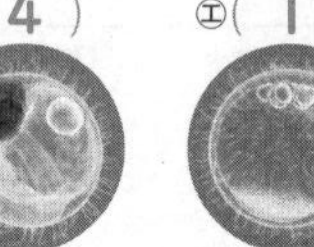

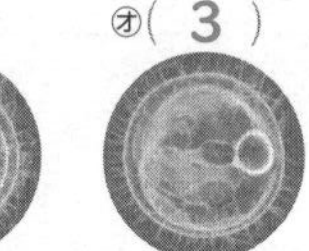

(2) 受精卵が(1)のように育ち、子メダカとしてたんじょうするのは、受精のおよそ何日後ですか。正しいものに○をつけましょう。

ア(　)1日後　イ(○)11日後　ウ(　)21日後

(3) たまごの中のメダカが育つための養分はどこにありますか。ア〜ウから選びましょう。

ア 水の中　イ たまごの中　ウ 親のメダカがあたえる

(イ)

(4) たまごからかえったばかりの子メダカには、はらにふくらみがあります。ふくらみには何がありますか。

(養分)

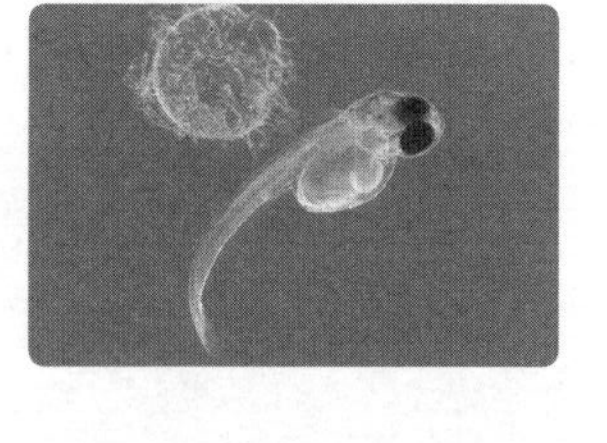

(5) 数日後には、このふくらみはどうなりますか。正しいものに○をつけましょう。

ア(　)大きくなる。　イ(○)小さくなる。
ウ(　)変わらない。

できたらスゴイ!

3 たまごを産む場所はちがいますが、サケのたまごもメダカと同じように育っていきます。

各10点(30点)

(1) 写真は、たまごを産むサケのようすです。

①めすがたまごを産むと、おすは何を出しますか。

(精子)

②めすが産んだたまごと、おすが出した①が結びつくことを何といいますか。

(受精)

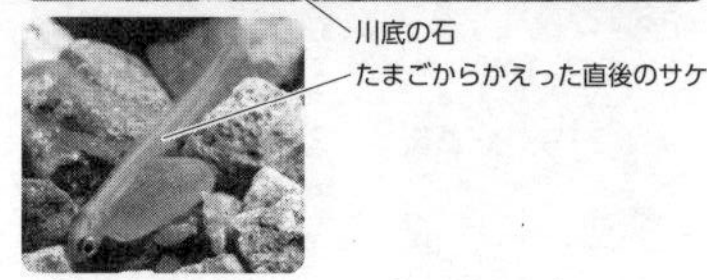
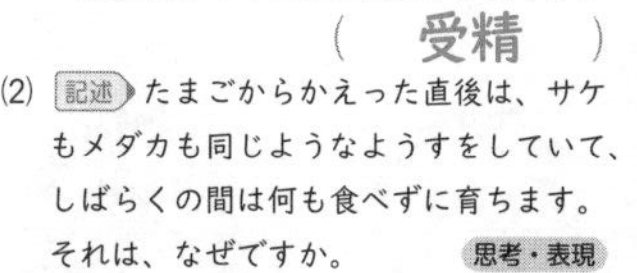

(2) 記述 たまごからかえった直後は、サケもメダカも同じようなようすをしていて、しばらくの間は何も食べずに育ちます。それは、なぜですか。　思考・表現

(はらのふくらみの中の養分を使って育つから。)

ふりかえり

2がわからないときは、20ページの1にもどってかくにんしましょう。
3がわからないときは、18ページの2、20ページの1にもどってかくにんしましょう。

22〜23ページ てびき

1 (1)ア…水そうは日光の直接当たらない、明るいまどぎわなどに置きます。
エ…えさは、食べ残しがないくらいの量を、毎日2〜3回あたえます。
オ…メダカは水温25℃くらいになると、たまごを産み始めます。
(2)メダカは水草にたまごを産みつけます。
(4)、(5)メダカのおすのせびれには切れこみがあり、しりびれは、平行四辺形に近い形をしています。
(6)レンズをのぞきながら、反しゃ鏡の向きを変えて、見えるはんいを明るくします。

2 (1)受精卵の中がしだいにメダカの体らしくなっていきます。㋓は受精直後〜数時間後のものです。
(2)およそ11日後に子メダカがたんじょうします。
(3)たまごの中の子メダカは、たまごの中の養分で育っていきます。親のメダカが養分をあたえることはありません。
(4)、(5)かえったばかりの子メダカは、はらにたくわえられた養分で育ちます。

3 (1)①、②めすがたまごを産むと、おすは精子を出して受精させます。
(2)たまごからかえった直後のサケも、かえった直後の子メダカと同じようにはらにふくらみがあります。この中の養分を使って育つので、しばらくの間は何も食べません。

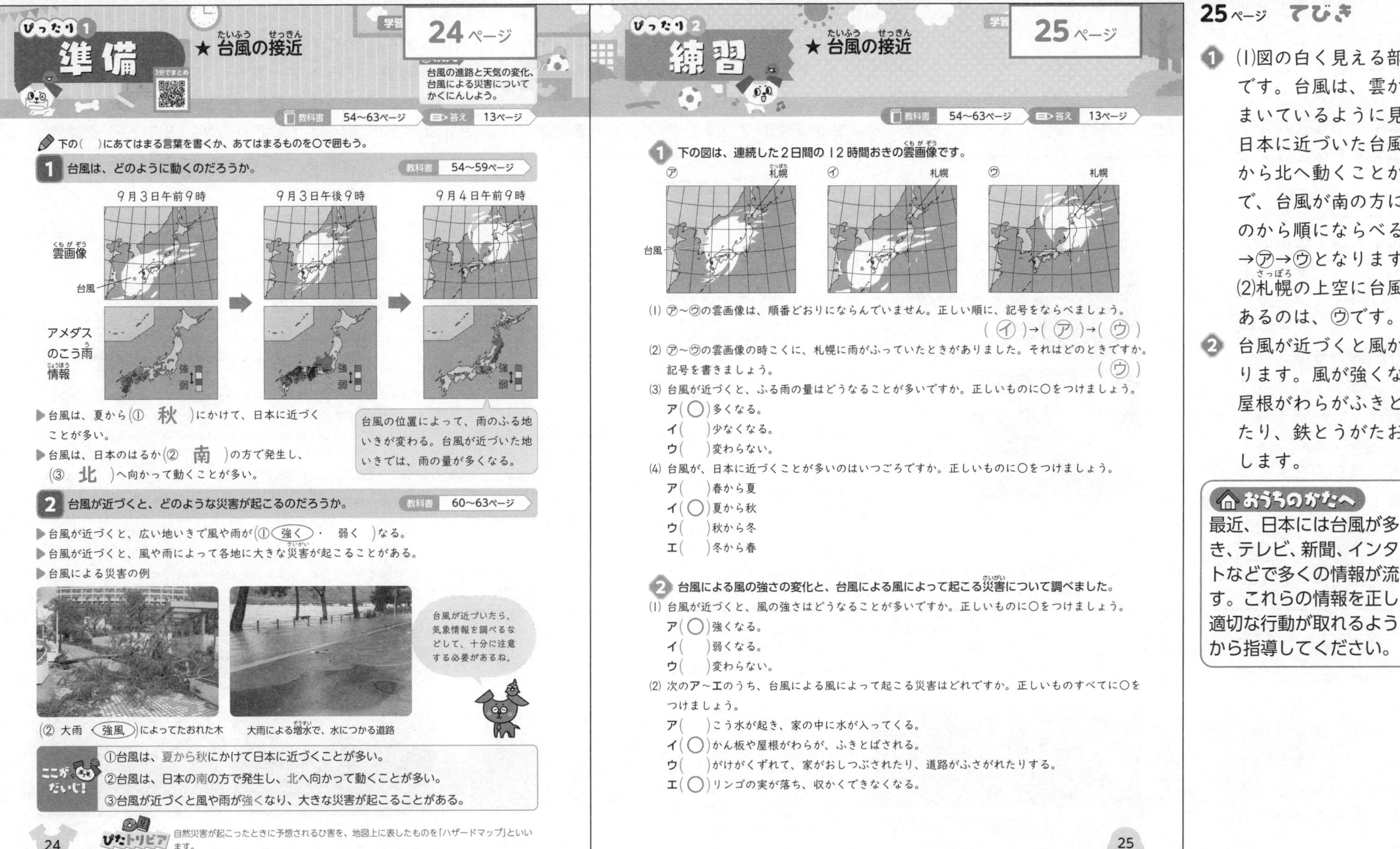

ぴったり1 準備 ★台風の接近

24ページ

台風の進路と天気の変化、台風による災害についてかくにんしよう。

教科書 54~63ページ　答え 13ページ

下の(　)にあてはまる言葉を書くか、あてはまるものを○で囲もう。

1 台風は、どのように動くのだろうか。　教科書 54~59ページ

9月3日午前9時　9月3日午後9時　9月4日午前9時

雲画像　台風

アメダスのこう雨情報　強　弱

▶台風は、夏から(① 秋)にかけて、日本に近づくことが多い。

▶台風は、日本のはるか(② 南)の方で発生し、(③ 北)へ向かって動くことが多い。

台風の位置によって、雨のふる地いきが変わる。台風が近づいた地いきでは、雨の量が多くなる。

2 台風が近づくと、どのような災害が起こるのだろうか。　教科書 60~63ページ

▶台風が近づくと、広い地いきで風や雨が(①(強く)・ 弱く)なる。

▶台風が近づくと、風や雨によって各地に大きな災害が起こることがある。

▶台風による災害の例

台風が近づいたら、気象情報を調べるなどして、十分に注意する必要があるね。

(② 大雨 (強風))によってたおれた木　大雨による増水で、水につかる道路

ここがだいじ!
①台風は、夏から秋にかけて日本に近づくことが多い。
②台風は、日本の南の方で発生し、北へ向かって動くことが多い。
③台風が近づくと風や雨が強くなり、大きな災害が起こることがある。

ぴたトリビア　自然災害が起こったときに予想されるひ害を、地図上に表したものを「ハザードマップ」といいます。

24

ぴったり2 練習 ★台風の接近

25ページ

教科書 54~63ページ　答え 13ページ

1 下の図は、連続した2日間の12時間おきの雲画像です。

㋐ 札幌　㋑ 札幌　㋒ 札幌　台風

(1) ㋐~㋒の雲画像は、順番どおりにならんでいません。正しい順に、記号をならべましょう。
(㋑)→(㋐)→(㋒)

(2) ㋐~㋒の雲画像の時こくに、札幌に雨がふっていたときがありました。それはどのときですか。記号を書きましょう。(㋒)

(3) 台風が近づくと、ふる雨の量はどうなることが多いですか。正しいものに○をつけましょう。
ア(○)多くなる。
イ(　)少なくなる。
ウ(　)変わらない。

(4) 台風が、日本に近づくことが多いのはいつごろですか。正しいものに○をつけましょう。
ア(　)春から夏
イ(○)夏から秋
ウ(　)秋から冬
エ(　)冬から春

2 台風による風の強さの変化と、台風による風によって起こる災害について調べました。

(1) 台風が近づくと、風の強さはどうなることが多いですか。正しいものに○をつけましょう。
ア(○)強くなる。
イ(　)弱くなる。
ウ(　)変わらない。

(2) 次のア~エのうち、台風による風によって起こる災害はどれですか。正しいものすべてに○をつけましょう。
ア(　)こう水が起き、家の中に水が入ってくる。
イ(○)かん板や屋根がわらが、ふきとばされる。
ウ(　)がけがくずれて、家がおしつぶされたり、道路がふさがれたりする。
エ(○)リンゴの実が落ち、収かくできなくなる。

25

25ページ てびき

❶ (1)図の白く見える部分は雲です。台風は、雲がうずをまいているように見えます。日本に近づいた台風は、南から北へ動くことが多いので、台風が南の方にあるものから順にならべると、㋑→㋐→㋒となります。
(2)札幌の上空に台風の雲があるのは、㋒です。

❷ 台風が近づくと風が強くなります。風が強くなると、屋根がわらがふきとばされたり、鉄とうがたおれたりします。

おうちのかたへ
最近、日本には台風が多く近づき、テレビ、新聞、インターネットなどで多くの情報が流されます。これらの情報を正しく得て、適切な行動が取れるように日常から指導してください。

おうちのかたへ ★台風の接近
台風の接近と天気の変化について学習します。台風の動き方や、台風が大量の降雨をもたらすことを理解しているか、などがポイントです。
また、雲画像や降雨情報などの情報を正しく読む力をつけます。

★ 台風の接近

26ページ

/100　合格 70 点

教科書 54～63ページ　答え 14ページ

よく出る

1 新聞の気象らんやテレビの画面などには、下のような画像や情報があります。　各6点(30点)

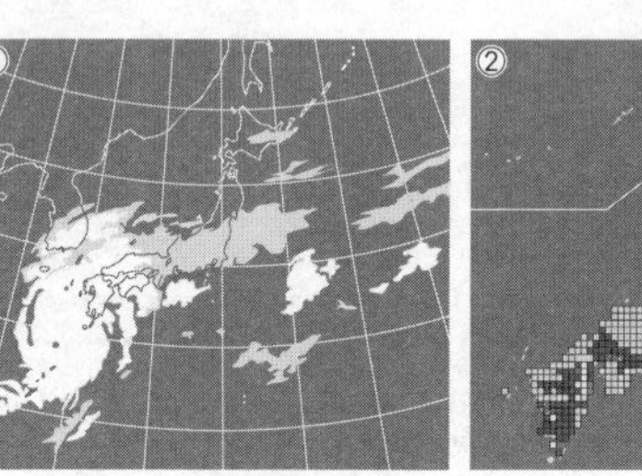

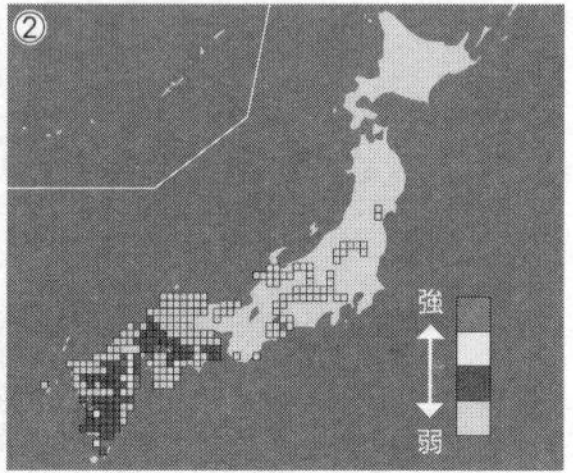

※①と②は、同じ日時の画像、情報です。

(1) ①の画像を、何といいますか。　（ 雲画像 ）
(2) ②の情報を、何といいますか。　（(アメダスの)こう雨情報）
(3) ②の情報から、どのようなことがわかりますか。正しいもの2つに○をつけましょう。
　ア(　)雨はふっていないが、くもっている地いき
　イ(○)雨のふっている地いき
　ウ(　)風の強さ
　エ(○)雨の量
(4) ①と②から、台風がある地いきと雨のふる地いきには、どのような関係がありますか。正しいものに○をつけましょう。
　ア(○)台風がある地いきでは、雨のふる地いきが多い。
　イ(　)台風がある地いきでは、雨のふる地いきが少ない。
　ウ(　)台風がある地いきと雨のふる地いきの間には、何の関係もない。

2 右の図は、ある月の台風の動き方を表しています。　各6点(12点) 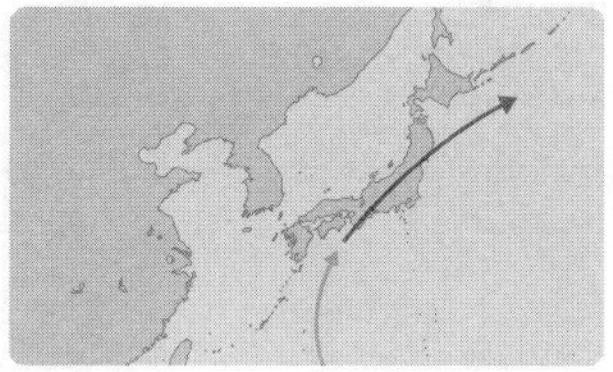
(1) 図は、日本に台風が近づくことが多い月の台風の動きを表しています。この月は、何月ごろですか。正しいものに○をつけましょう。
　ア(　)1月ごろ　イ(　)4月ごろ
　ウ(○)9月ごろ　エ(　)12月ごろ
(2) 作図 図の台風は、このあとどのように動きますか。図の矢印の続きをかきましょう。　技能

27ページ

3 次の日時の天気の情報を調べました。　各6点(18点)

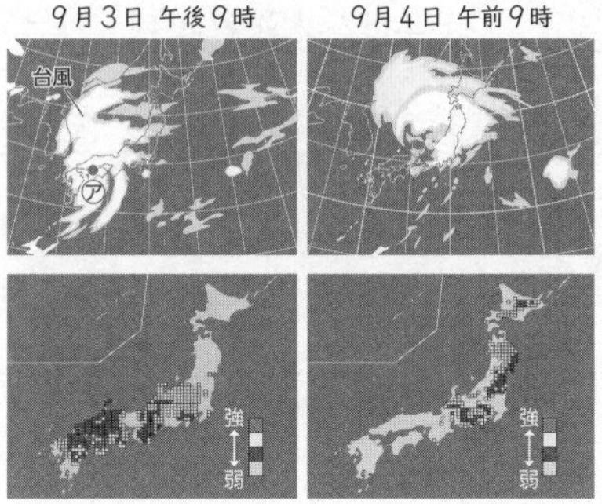

9月3日 午後9時　9月4日 午前9時

(1) 次の文は、天気の情報をインターネットで調べるときに注意することです。正しいもの2つに○をつけましょう。　技能
　ア(○)調べる前に、何を調べるか整理して話し合う。
　イ(　)調べる前に、先生には相談しない。
　ウ(○)調べているとき、いつもとちがうできごとがあったら、先生に知らせる。
　エ(　)調べたことは、ノートにまとめる必要はない。
(2) 上の情報から、図の㋐の地いきの天気は、どのように変化したことがわかりますか。正しいものに○をつけましょう。
　ア(　)3日午後9時は晴れていたが、4日午前9時は雨がふっていた。
　イ(○)3日午後9時は雨がふっていたが、4日午前9時は雨がやんでいた。
　ウ(　)3日午後9時はくもっていた(雨はふっていない)が、4日午前9時は晴れていた。
　エ(　)3日午後9時は雪がふっていたが、4日午前9時は雨がふっていた。

この本の終わりにある「夏のチャレンジテスト」をやってみよう！

できたらスゴイ！

4 右の図は、台風のときの日本付近の雲のようすを表しています。　各10点(40点) 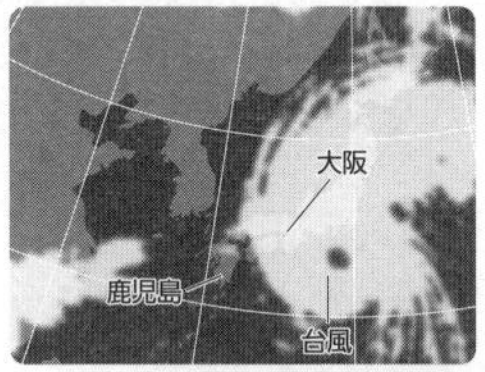
(1) このとき、大阪と鹿児島はちがう天気でした。天気が雨と考えられるのはどちらですか。　（ 大阪 ）
(2) しばらくすると、大阪の天気が変化しました。どのように変化しましたか。　（雨がやんで、晴れた。）
(3) 記述 (2)のように考えたわけを書きましょう。　思考・表現
（台風が北の方へ動いて、上空の雲がなくなった(少なくなった)から。） 
(4) 右の写真は台風による災害の写真です。この災害は、台風のどのような特ちょうによって起こりましたか。　（ 大雨がふる。 ）

ふりかえり　1がわからないときは、24ページの1にもどってかくにんしましょう。
4がわからないときは、24ページの1、2にもどってかくにんしましょう。

4 (1)雲画像を見ると、大阪の上空には台風の雲がありますが、鹿児島の上空にはほとんど雲がありません。このことから、雨がふっていると考えられるのは、大阪といえます。
(2)、(3) しばらくすると、台風が南から北へ移動するので、天気は晴れます。
(4)台風が近づくと、大雨がふることがあります。川のはんらんや土しゃくずれに注意する必要があります。

26～27ページ　てびき

1 (2)②は、雨の量を自動的に観測している、地いき気象観測システム(アメダス)のこう雨情報です。
(3)アメダスのこう雨情報では、雨のふっている地いきや、ふっている雨の量がわかります。

2 (2)月ごとの台風の主な動き方は下図のようになります。

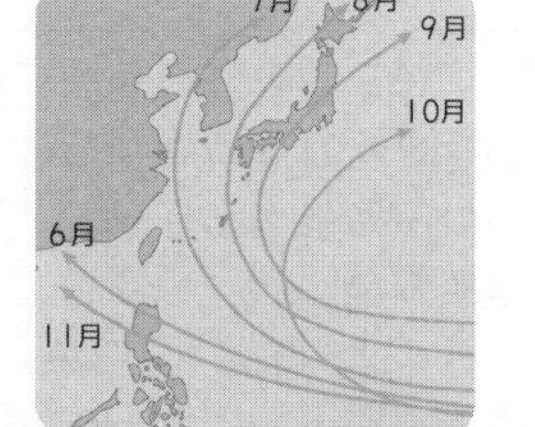

3 (1)インターネットで調べものをするときは、次のことなどに注意します。
・何を調べるか整理し、話し合ってから調べる。
・必ず先生に相談してから調べる。
・調べたことは、ノートにまとめる。
(2)問題の上の2つの画像は雲画像、下の2つの情報はアメダスのこう雨情報です。アメダスのこう雨情報を見ると、㋐の地いきでは、3日午後9時は雨がふっていますが、4日午前9時は雨がふっていないことがわかります。

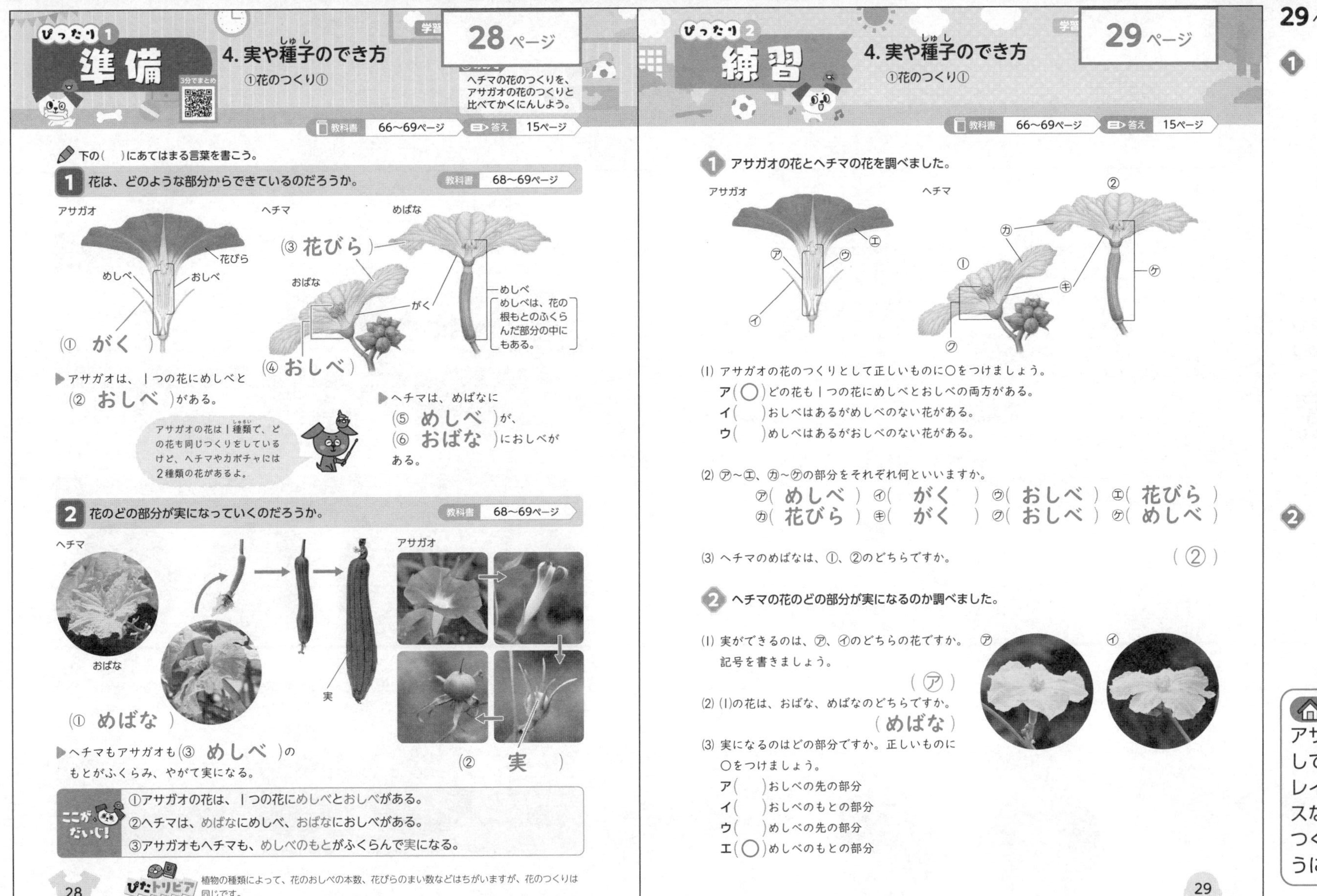
ぴったり1 準備
4. 実や種子（しゅし）のでき方
①花のつくり①
28ページ
ヘチマの花のつくりを、アサガオの花のつくりと比べてかくにんしよう。
教科書 66~69ページ　答え 15ページ

下の（　）にあてはまる言葉を書こう。

1 花は、どのような部分からできているのだろうか。　教科書 68~69ページ

アサガオ　ヘチマ　めばな　花びら　めしべ　おしべ　おばな　がく
めしべ　めしべは、花の根もとのふくらんだ部分の中にもある。

（① がく　）（③ 花びら　）（④ おしべ　）

▶アサガオは、1つの花にめしべと（② おしべ　）がある。

▶ヘチマは、めばなに（⑤ めしべ　）が、（⑥ おばな　）におしべがある。

アサガオの花は1種類（しゅるい）で、どの花も同じつくりをしているけど、ヘチマやカボチャには2種類の花があるよ。

2 花のどの部分が実になっていくのだろうか。　教科書 68~69ページ

ヘチマ　おばな　実　アサガオ

（① めばな　）（② 実　）

▶ヘチマもアサガオも（③ めしべ　）のもとがふくらみ、やがて実になる。

ここがだいじ！
①アサガオの花は、1つの花にめしべとおしべがある。
②ヘチマは、めばなにめしべ、おばなにおしべがある。
③アサガオもヘチマも、めしべのもとがふくらんで実になる。

ぴたトリビア　植物の種類によって、花のおしべの本数、花びらのまい数などはちがいますが、花のつくりは同じです。

28

ぴったり2 練習
4. 実や種子（しゅし）のでき方
①花のつくり①
29ページ
教科書 66~69ページ　答え 15ページ

1 アサガオの花とヘチマの花を調べました。

アサガオ　ヘチマ　㋐　㋑　㋒　㋓　①　②　㋕　㋖　㋗　㋘

(1) アサガオの花のつくりとして正しいものに○をつけましょう。
ア（○）どの花も1つの花にめしべとおしべの両方がある。
イ（　）おしべはあるがめしべのない花がある。
ウ（　）めしべはあるがおしべのない花がある。

(2) ㋐~㋓、㋕~㋘の部分をそれぞれ何といいますか。
㋐（ めしべ ）㋑（ がく ）㋒（ おしべ ）㋓（ 花びら ）
㋕（ 花びら ）㋖（ がく ）㋗（ おしべ ）㋘（ めしべ ）

(3) ヘチマのめばなは、①、②のどちらですか。　（ ② ）

2 ヘチマの花のどの部分が実になるのか調べました。

(1) 実ができるのは、㋐、㋑のどちらの花ですか。記号を書きましょう。　（ ㋐ ）
(2) (1)の花は、おばな、めばなのどちらですか。　（ めばな ）
(3) 実になるのはどの部分ですか。正しいものに○をつけましょう。
ア（　）おしべの先の部分
イ（　）おしべのもとの部分
ウ（　）めしべの先の部分
エ（○）めしべのもとの部分

29

おうちのかたへ　**4. 実や種子のでき方**
植物の結実について学習します。初めにアサガオとヘチマの花のつくりとその違いを確認します。次に顕微鏡を使って花粉を観察することができるか、受粉することで実ができることを理解しているか、などがポイントです。

29ページ　てびき

❶ (1)アサガオの花は1種類ですが、ヘチマにはめばなとおばなの2種類の花があります。
(2)花は、めしべ、おしべ、花びら、がくなどからできています。ヘチマのようにめばなとおばなの2種類の花がある植物では、めばなにめしべが、おばなにおしべがあります。
(3)めばなは、花の根もとにふくらんだ部分があり、この中にはめしべの下のほうの部分があります。

❷ めばなとおばなを見分けるときは、花の根もとの部分を見ます。㋐と㋑を比（くら）べると、㋐は花の根もとにふくらんだ部分があるので、めばなです。

おうちのかたへ
アサガオとヘチマの花を題材にしていますが、カボチャ、ツルレイシ、キュウリやオクラ、ナスなど、身の回りの野菜の花のつくりを調べて興味を広げるように指導してください。

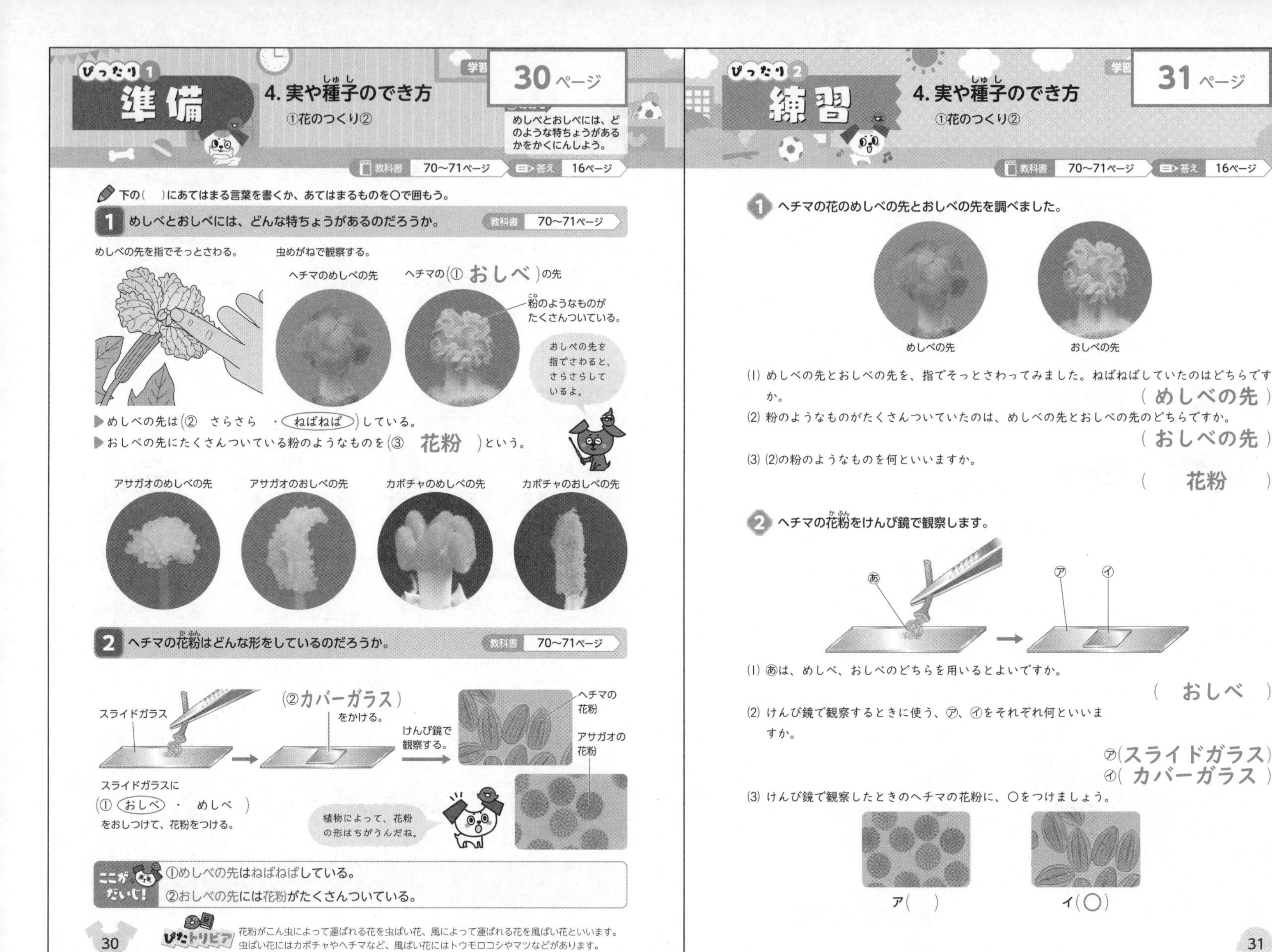

ぴったり1 準備

4. 実や種子のでき方

①花のつくり②

学習 30ページ

めしべとおしべには、どのような特ちょうがあるかをかくにんしよう。

教科書 70～71ページ　答え 16ページ

下の（　）にあてはまる言葉を書くか、あてはまるものを○で囲もう。

1 めしべとおしべには、どんな特ちょうがあるのだろうか。 教科書 70～71ページ

めしべの先を指でそっとさわる。　虫めがねで観察する。

ヘチマのめしべの先　ヘチマの（① おしべ ）の先

粉のようなものがたくさんついている。

おしべの先を指でさわると、さらさらしているよ。

▶めしべの先は（② さらさら ・ (ねばねば) ）している。

▶おしべの先にたくさんついている粉のようなものを（③ 花粉 ）という。

アサガオのめしべの先　アサガオのおしべの先　カボチャのめしべの先　カボチャのおしべの先

2 ヘチマの花粉はどんな形をしているのだろうか。 教科書 70～71ページ

スライドガラス　（②カバーガラス）をかける。　けんび鏡で観察する。　ヘチマの花粉　アサガオの花粉

スライドガラスに（① (おしべ) ・ めしべ ）をおしつけて、花粉をつける。

植物によって、花粉の形はちがうんだね。

ここがだいじ！
①めしべの先はねばねばしている。
②おしべの先には花粉がたくさんついている。

ぴたトリビア　花粉がこん虫によって運ばれる花を虫ばい花、風によって運ばれる花を風ばい花といいます。虫ばい花にはカボチャやヘチマなど、風ばい花にはトウモロコシやマツなどがあります。

30

ぴったり2 練習

4. 実や種子のでき方

①花のつくり②

学習 31ページ

教科書 70～71ページ　答え 16ページ

1 ヘチマの花のめしべの先とおしべの先を調べました。

めしべの先　おしべの先

(1) めしべの先とおしべの先を、指でそっとさわってみました。ねばねばしていたのはどちらですか。（ めしべの先 ）

(2) 粉のようなものがたくさんついていたのは、めしべの先とおしべの先のどちらですか。（ おしべの先 ）

(3) (2)の粉のようなものを何といいますか。（ 花粉 ）

2 ヘチマの花粉をけんび鏡で観察します。

あ　㋐　㋑

(1) あは、めしべ、おしべのどちらを用いるとよいですか。（ おしべ ）

(2) けんび鏡で観察するときに使う、㋐、㋑をそれぞれ何といいますか。

㋐（スライドガラス）
㋑（カバーガラス）

(3) けんび鏡で観察したときのヘチマの花粉に、○をつけましょう。

ア（　）　イ（○）

31

31ページ てびき

❶ (1)指でそっとさわってみると、めしべの先はねばねば、おしべの先はさらさらしています。

(2)、(3) おしべの先にたくさんついている粉のようなものを、花粉といいます。

❷ (1)おしべの先には花粉がたくさんついているのでおしべを用います。

(2)けんび鏡で観察するときは、プレパラートを作ります。スライドガラスの上に観察するものをのせ、カバーガラスをかけて、プレパラートを作ります。

(3)花粉の形は植物によって異なっています。アはアサガオの花粉のようすです。

おうちのかたへ
虫眼鏡を使って花のつくりを調べます。太陽など強い光を出すものを虫眼鏡で見ると、目を痛めるおそれがあるので、注意させてください。

ぴったり1 準備

4. 実や種子(しゅし)のでき方

けんび鏡

けんび鏡の各部分の名前と、けんび鏡の正しい使い方をかくにんしよう。

教科書 186～187ページ　答え 17ページ

下の(　)にあてはまる言葉を書くか、あてはまるものを○で囲もう。

1 けんび鏡の各部分の名前は何だろうか。

教科書 186～187ページ

▶けんび鏡は(① かた手 ・(両手))で持って運ぶ。

▶日光が直接(② 当たる ・(当たらない))明るいところに置く。

▶けんび鏡の倍率(ばいりつ)は、接眼(せつがん)レンズの倍率×(③ 対物)レンズの倍率

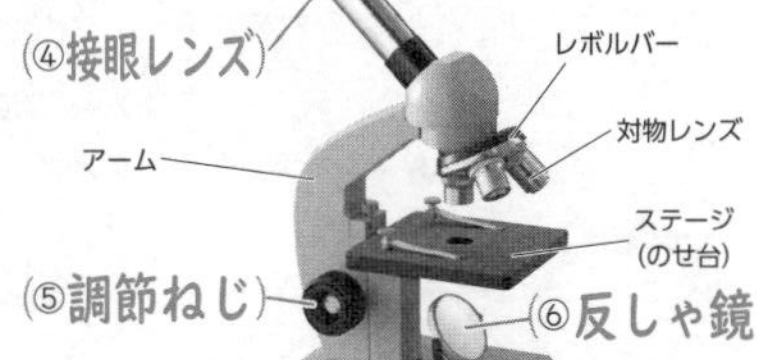

2 けんび鏡はどのようにして使うのだろうか。

教科書 186～187ページ

▶接眼レンズをのぞきながら、(①反しゃ鏡)を動かして、全体が明るく見えるようにする。

▶プレパラートを(②ステージ(のせ台))に置き、クリップでおさえる。

▶横から見ながら、(③調節ねじ)を回して、対物レンズとプレパラートの間をできるだけ近づける。(接眼レンズと対物レンズは、一番低い倍率のものにしておく。)

▶接眼レンズをのぞきながら、少しずつ調節ねじを回して、対物レンズとプレパラートの間を(④ 近づけて ・(はなして))いき、はっきり見えるところで止める。

▶見るものが中心になるようにプレパラートを動かす。

▶大きくして見たいときは、(⑤レボルバー)を回して、倍率の高い対物レンズにかえる。

①　②　③　④

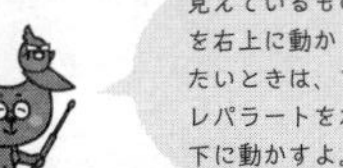
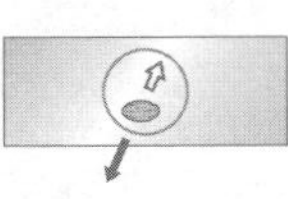
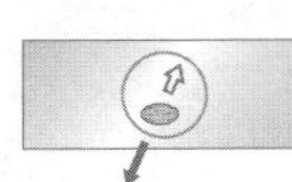

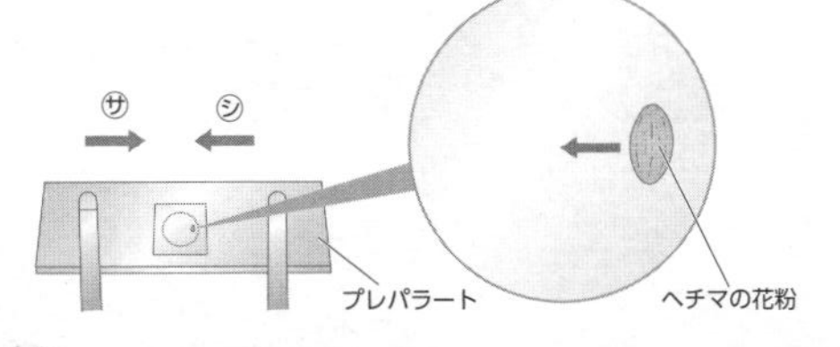

ここがだいじ!
①けんび鏡は、日光が直接当たらない明るいところで使い、対物レンズとプレパラートの間をはなしながらピントを合わせる。
②大きくしてみたいときは、レボルバーを回して、高い倍率のレンズに変える。

ぴたトリビア　けんび鏡には、ステージ(のせ台)が動くものとつつ(鏡とう)が動くものがあります。上の写真のけんび鏡は、ステージが動きます。

ぴったり2 練習

4. 実や種子(しゅし)のでき方

けんび鏡

教科書 186～187ページ　答え 17ページ

1 けんび鏡について、次の問いに答えましょう。

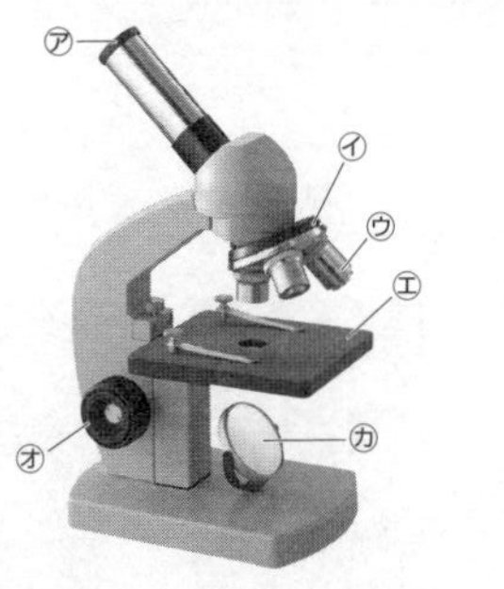

(1) ㋐～㋕の部分の名前をそれぞれ書きましょう。

㋐(接眼レンズ)　㋑(レボルバー)
㋒(対物レンズ)　㋓(ステージ(のせ台))
㋔(調節ねじ)　㋕(反しゃ鏡)

(2) けんび鏡を運ぶとき、かた手で持ちますか、両手で持ちますか。

(両手で持つ。)

(3) 観察する前に、接眼(せつがん)レンズをのぞきながら、明るく見えるようにします。どの部分を動かして明るく見えるようにしますか。名前を書きましょう。　(反しゃ鏡)

2 けんび鏡の使い方について、次の問いに答えましょう。

(1) 次の文は、けんび鏡の使い方です。正しい順になるように、ア～オに1～5の番号を書きましょう。

ア(3)プレパラートをステージに置き、クリップでおさえる。
イ(1)日光が直接当たらない明るいところに置く。
ウ(4)横から見ながら、対物レンズとプレパラートをできるだけ近づける。
エ(5)接眼レンズをのぞきながら、対物レンズとプレパラートの間をはなしていき、はっきり見えるところで止める。
オ(2)接眼レンズをのぞきながら、反しゃ鏡を動かして、全体が明るく見えるようにする。

(2) けんび鏡をのぞくと、花粉(かふん)が下の図のように見えていました。花粉が中心になるようにするには、プレパラートを㋚、㋛のどちらに動かせばよいですか。

(㋚)

(3) 接眼レンズの倍率(ばいりつ)が15倍、対物レンズの倍率が10倍のとき、けんび鏡の倍率は何倍ですか。

(150倍)

ヒント ❷ (2)プレパラートの上のものは、けんび鏡で見ると上下左右が逆(ぎゃく)に見えます。

33ページ てびき

❶ (1)㋐はのぞいて見るレンズで接眼(せつがん)レンズ、㋒は観察するものに近いレンズで対物レンズです。
(2)けんび鏡は両手で持ち運び、水平な台の上に置いて観察します。
(3)日光が直接(ちょくせつ)当たらない明るいところに置くこと、反しゃ鏡で光をとり入れること、ステージ(のせ台)に見るものを置くことは、かいぼうけんび鏡と同じです。

❷ (1)接眼レンズをのぞきながら、対物レンズとプレパラートを近づけると、2つがぶつかってカバーガラスが割(わ)れるきけんがあります。
(2)プレパラート上の観察するものは、けんび鏡で見ると上と下、左と右が逆に見えます。図のヘチマの花粉を左にずらしたいときは、プレパラートを右に動かします。
(3)けんび鏡の倍率は、接眼レンズの倍率×対物レンズの倍率で求められるので、$15 \times 10 = 150$〔倍〕です。

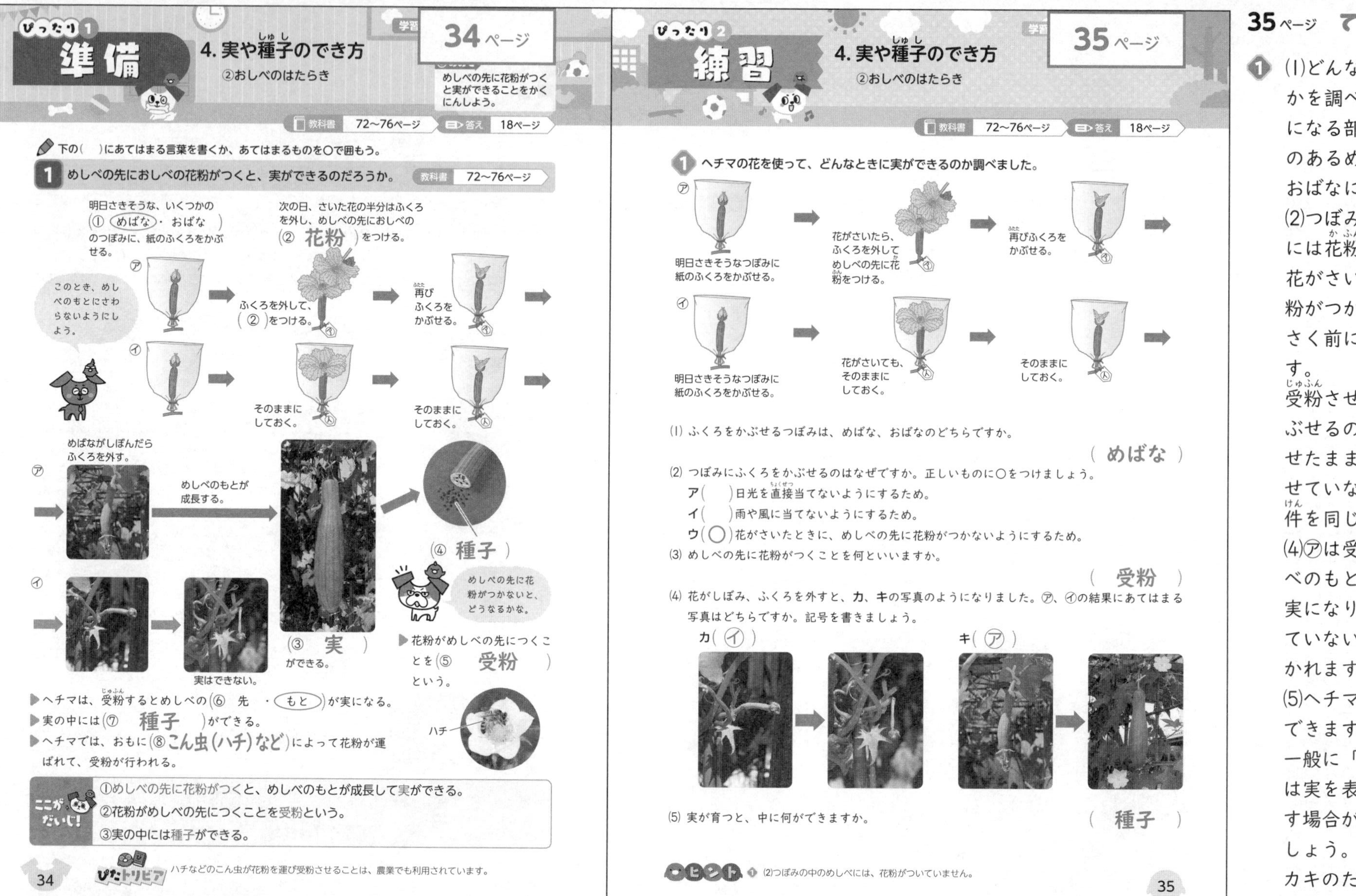

ぴったり1 準備

4. 実や種子のでき方
②おしべのはたらき

34ページ

めしべの先に花粉がつくと実ができることをかくにんしよう。

教科書 72~76ページ　答え 18ページ

下の(　)にあてはまる言葉を書くか、あてはまるものを○で囲もう。

1 めしべの先におしべの花粉がつくと、実ができるのだろうか。　教科書 72~76ページ

明日さきそうな、いくつかの(① めばな・おばな)のつぼみに、紙のふくろをかぶせる。

次の日、さいた花の半分はふくろを外し、めしべの先におしべの(② 花粉)をつける。

このとき、めしべのもとにさわらないようにしよう。

㋐ ふくろを外して、(②)をつける。→ 再びふくろをかぶせる。

㋑ そのままにしておく。→ そのままにしておく。

めばながしぼんだらふくろを外す。

㋐ めしべのもとが成長する。→ (③ 実)ができる。→ (④ 種子)

㋑ 実はできない。

めしべの先に花粉がつかないと、どうなるかな。

▶花粉がめしべの先につくことを(⑤ 受粉)という。

ハチ

▶ヘチマは、受粉するとめしべの(⑥ 先・もと)が実になる。
▶実の中には(⑦ 種子)ができる。
▶ヘチマでは、おもに(⑧ こん虫(ハチ)など)によって花粉が運ばれて、受粉が行われる。

ここがだいじ!
①めしべの先に花粉がつくと、めしべのもとが成長して実ができる。
②花粉がめしべの先につくことを受粉という。
③実の中には種子ができる。

ぴたトリビア　ハチなどのこん虫が花粉を運び受粉させることは、農業でも利用されています。

34

ぴったり2 練習

4. 実や種子のでき方
②おしべのはたらき

35ページ

教科書 72~76ページ　答え 18ページ

1 ヘチマの花を使って、どんなときに実ができるのか調べました。

㋐ 明日さきそうなつぼみに紙のふくろをかぶせる。→ 花がさいたら、ふくろを外してめしべの先に花粉をつける。→ 再びふくろをかぶせる。

㋑ 明日さきそうなつぼみに紙のふくろをかぶせる。→ 花がさいても、そのままにしておく。→ そのままにしておく。

(1) ふくろをかぶせるつぼみは、めばな、おばなのどちらですか。　(めばな)

(2) つぼみにふくろをかぶせるのはなぜですか。正しいものに○をつけましょう。
ア(　)日光を直接当てないようにするため。
イ(　)雨や風に当てないようにするため。
ウ(○)花がさいたときに、めしべの先に花粉がつかないようにするため。

(3) めしべの先に花粉がつくことを何といいますか。　(受粉)

(4) 花がしぼみ、ふくろを外すと、カ、キの写真のようになりました。㋐、㋑の結果にあてはまる写真はどちらですか。記号を書きましょう。
カ(㋑)　キ(㋐)

(5) 実が育つと、中に何ができますか。　(種子)

ヒント 1 (2)つぼみの中のめしべには、花粉がついていません。

35

35ページ　てびき

1 (1)どんなときに実ができるかを調べる実験なので、実になる部分(めしべのもと)のあるめばなを使います。おばなには実ができません。
(2)つぼみの中のめしべの先には花粉がついていません。花がさいたときに自然に花粉がつかないように、花がさく前にふくろをかぶせます。
受粉させた後にふくろをかぶせるのは、ふくろをかぶせたままにしている受粉させていないめばな(㋑)と条件を同じにするためです。
(4)㋐は受粉したので、めしべのもとの部分が育って、実になります。㋑は受粉していないので、実が育たず、かれます。
(5)ヘチマの実の中に種子ができます。
一般に「たね」という言葉は実を表す場合と種子を表す場合があるので注意しましょう。
カキのたね…カキの種子のことをいっています。
ヒマワリのたね…ヒマワリの実のことをいっています。

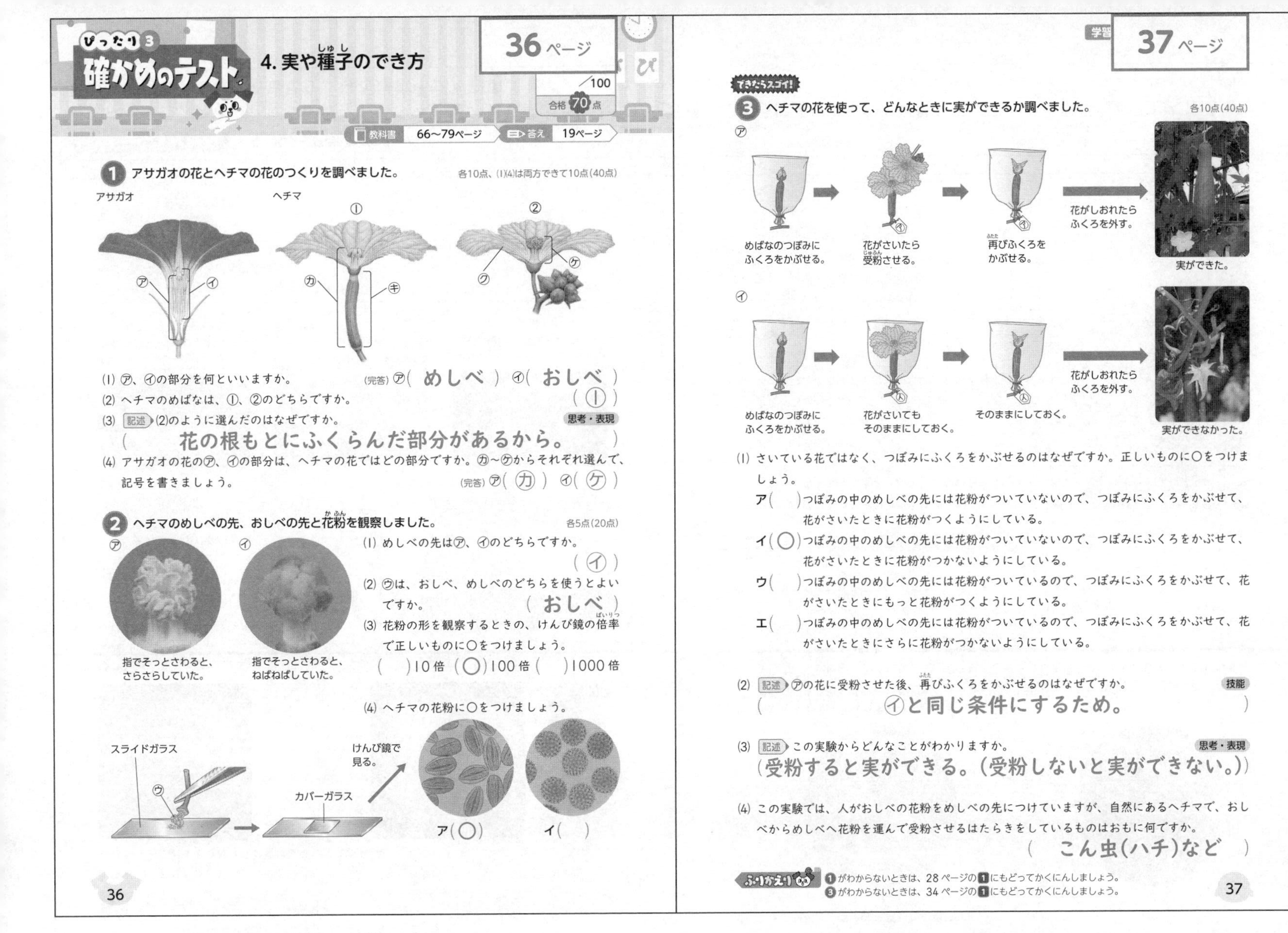

ぴったり3 確かめのテスト。

4. 実や種子のでき方

36ページ

/100 合格 70 点

教科書 66～79ページ　答え 19ページ

1 アサガオの花とヘチマの花のつくりを調べました。　各10点、(1)(4)は両方できて10点(40点)

(1) ㋐、㋑の部分を何といいますか。　(完答) ㋐(めしべ)　㋑(おしべ)

(2) ヘチマのめばなは、①、②のどちらですか。　(①)

(3) 記述 (2)のように選んだのはなぜですか。　思考・表現
(花の根もとにふくらんだ部分があるから。)

(4) アサガオの花の㋐、㋑の部分は、ヘチマの花ではどの部分ですか。㋕～㋘からそれぞれ選んで、記号を書きましょう。　(完答) ㋐(㋕)　㋑(㋘)

2 ヘチマのめしべの先、おしべの先と花粉を観察しました。　各5点(20点)

㋐ 指でそっとさわると、さらさらしていた。
㋑ 指でそっとさわると、ねばねばしていた。

(1) めしべの先は㋐、㋑のどちらですか。　(㋑)

(2) ㋒は、おしべ、めしべのどちらを使うとよいですか。　(おしべ)

(3) 花粉の形を観察するときの、けんび鏡の倍率で正しいものに○をつけましょう。
(　)10倍　(○)100倍　(　)1000倍

(4) ヘチマの花粉に○をつけましょう。

ア(○)　イ(　)

学習 37ページ

できたらスゴイ!

3 ヘチマの花を使って、どんなときに実ができるか調べました。　各10点(40点)

(1) さいている花ではなく、つぼみにふくろをかぶせるのはなぜですか。正しいものに○をつけましょう。

ア(　)つぼみの中のめしべの先には花粉がついていないので、つぼみにふくろをかぶせて、花がさいたときに花粉がつくようにしている。

イ(○)つぼみの中のめしべの先には花粉がついていないので、つぼみにふくろをかぶせて、花がさいたときに花粉がつかないようにしている。

ウ(　)つぼみの中のめしべの先には花粉がついているので、つぼみにふくろをかぶせて、花がさいたときにもっと花粉がつくようにしている。

エ(　)つぼみの中のめしべの先には花粉がついているので、つぼみにふくろをかぶせて、花がさいたときにさらに花粉がつかないようにしている。

(2) 記述 ㋐の花に受粉させた後、再びふくろをかぶせるのはなぜですか。　技能
(㋑と同じ条件にするため。)

(3) 記述 この実験からどんなことがわかりますか。　思考・表現
(受粉すると実ができる。(受粉しないと実ができない。))

(4) この実験では、人がおしべの花粉をめしべの先につけていますが、自然にあるヘチマで、おしべからめしべへ花粉を運んで受粉させるはたらきをしているものはおもに何ですか。
(こん虫(ハチ)など)

ふりかえり　1がわからないときは、28ページの1にもどってかくにんしましょう。
3がわからないときは、34ページの1にもどってかくにんしましょう。

36～37ページ　てびき

1 (1)アサガオの花の中心に1本だけあって、もとがふくらんだつくり(㋐)はめしべで、めしべのまわりには、おしべ(㋑)がたくさんあります。

(4)ヘチマのめしべはめばなの中心に、おしべはおばなの中心にあります。めしべの下部は、花の根もとのふくらんでいる部分の中にふくまれています。

2 (2)スライドガラスに花粉をつけています。花粉はおしべの先にできます。

(4)イはアサガオの花粉です。

3 (1)つぼみの中のめしべの先には、花粉はついていません。つぼみのうちにふくろをかぶせると、花がさいたときに自然に花粉がつくのを防ぐことができます。

(2)受粉しためばなと受粉していないめばなで実ができるかを調べているので、それ以外の条件は同じにします。

(4)自然にあるヘチマでは、ハチなどのこん虫がおばなからめばなへ花粉を運んでいます。

下の（　）にあてはまる言葉を書くか、あてはまるものを〇で囲もう。

1 天気は、どのように決めるのだろうか。 教科書 82ページ

▶晴れかくもりかは、目で見た空全体の広さを10としたときの（① 雲 ）の量で決める。
▶雨がふっているときは、雲の量に関係なく天気は（② 雨 ）。

←空全体を写した写真　雲の量が0～8 →天気は（③ 晴れ ）

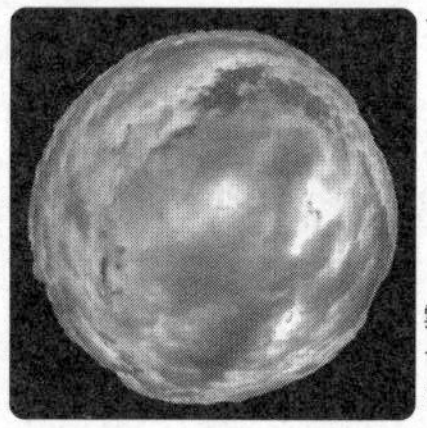

←空全体を写した写真　雲の量が9、10 →天気は（④くもり）

2 雲のようすと天気の変化には、どのような関係があるのだろうか。 教科書 83~85ページ

▶右の図で午前10時に見られた雲は、（①（東）・ 西 ）の方位へ移動した。

方位磁針　色のぬってあるはりを、文字ばんの「北」に合わせるよ。

南の空のようす（午前10時）　雲が動いた向き　雲

▶雲の量や色、形が変わると、天気は変わることがありますか、変わりませんか。
（②変わることがある。）

▶いろいろな雲の形や色

積乱雲（入道雲）：発達すると、（③（短）・ 長 ）時間に大量の雨をふらせる。

巻雲（すじ雲）：晴れた日に見られるが、量が増えてくると、やがて雨になることが多い。

乱層雲（雨雲）：低い空に見られる。（④ 雨 ）になることが多い。

※雲にはほかに、巻積雲（うろこ雲）や層積雲（うね雲）などがある。

ここがだいじ!
①雲の量が0～8のときの天気は晴れ、9、10のときの天気はくもり。雨がふっているときの天気は雨。
②雲の量や色、形が変わると、天気も変わることがある。

ぴたトリビア　雲は、できる高さと形によって、10種類に分けられます。雲の種類によって特ちょうがあり、雨がふるかどうかを知るのに、役立てることができます。

1 下の写真は、空全体を写した写真です。

① 雲の量7　② 雲の量2

(1) 晴れとくもりの天気の決め方について、正しいものに〇をつけましょう。
ア（　）空全体を10としたとき、雲の量が0～2のときが晴れ、3～10のときがくもり。
イ（　）空全体を10としたとき、雲の量が0～5のときが晴れ、6～10のときがくもり。
ウ（〇）空全体を10としたとき、雲の量が0～8のときが晴れ、9、10のときがくもり。
(2) ①、②の天気は、それぞれ晴れ、くもりのどちらですか。
①（ 晴れ ）　②（ 晴れ ）
(3) 雲の量に関係なく、雨がふっているときの天気を何といいますか。
（ 雨 ）

2 図は、ある日の南の空のようすを表しています。

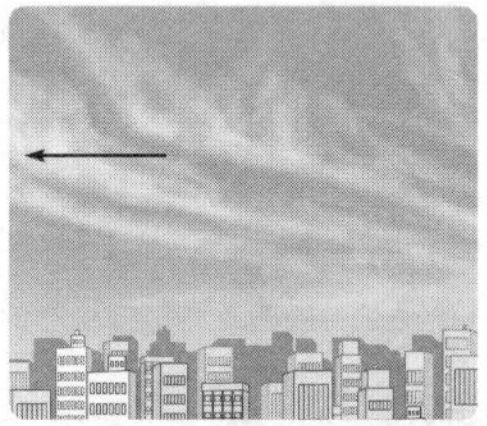

(1) 雲は、時間がたつと矢印の向きに動いていました。どの方位からどの方位へ動きましたか。正しいものに〇をつけましょう。
ア（〇）西から東へ
イ（　）北から南へ
ウ（　）南から北へ
(2) 図の雲は、すじ雲です。すじ雲は、別の名前で何といわれますか。
（ 巻雲 ）
(3) 図の雲は晴れた日に見られますが、雲の量が増えてくるとき、天気はどうなることが多いですか。正しいものに〇をつけましょう。
ア（　）ずっと晴れることが多い。
イ（〇）やがて雨になることが多い。
ウ（　）短時間に大量の雨をふらせることが多い。

39ページ　てびき

1 (1)晴れかくもりかは、空全体を10としたときの、雲の量によって決めます。雲の量が0～8のときは晴れ、9、10のときはくもりです。
(2)①は雲の量が7で晴れ、②は雲の量が2で晴れです。
(3)雨がふっているときは、雲の多少にかかわらず天気は「雨」となります。

2 (1)南の空の雲が右から左へ動いたので、西から東へ動きました。
(2)、(3)すじ雲は巻雲ともいわれ、高い空に見られるはけでかいたような白い雲です。すじ雲が増えると、2～3日後に雨がふることが多いです。

おうちのかたへ
雲を観察するとき、目を痛めることがあるので、直接太陽を見ないように注意させてください。また、タブレットなどを利用する際にもそれらの事を注意するよう指導してください。

おうちのかたへ　5. 雲と天気の変化
雲のようすと天気の変化について学習します。雲の量や動き方によって天気がどのように変化するかを理解しているか、気象情報を正しく読み取って天気を予想することができるか、などがポイントです。

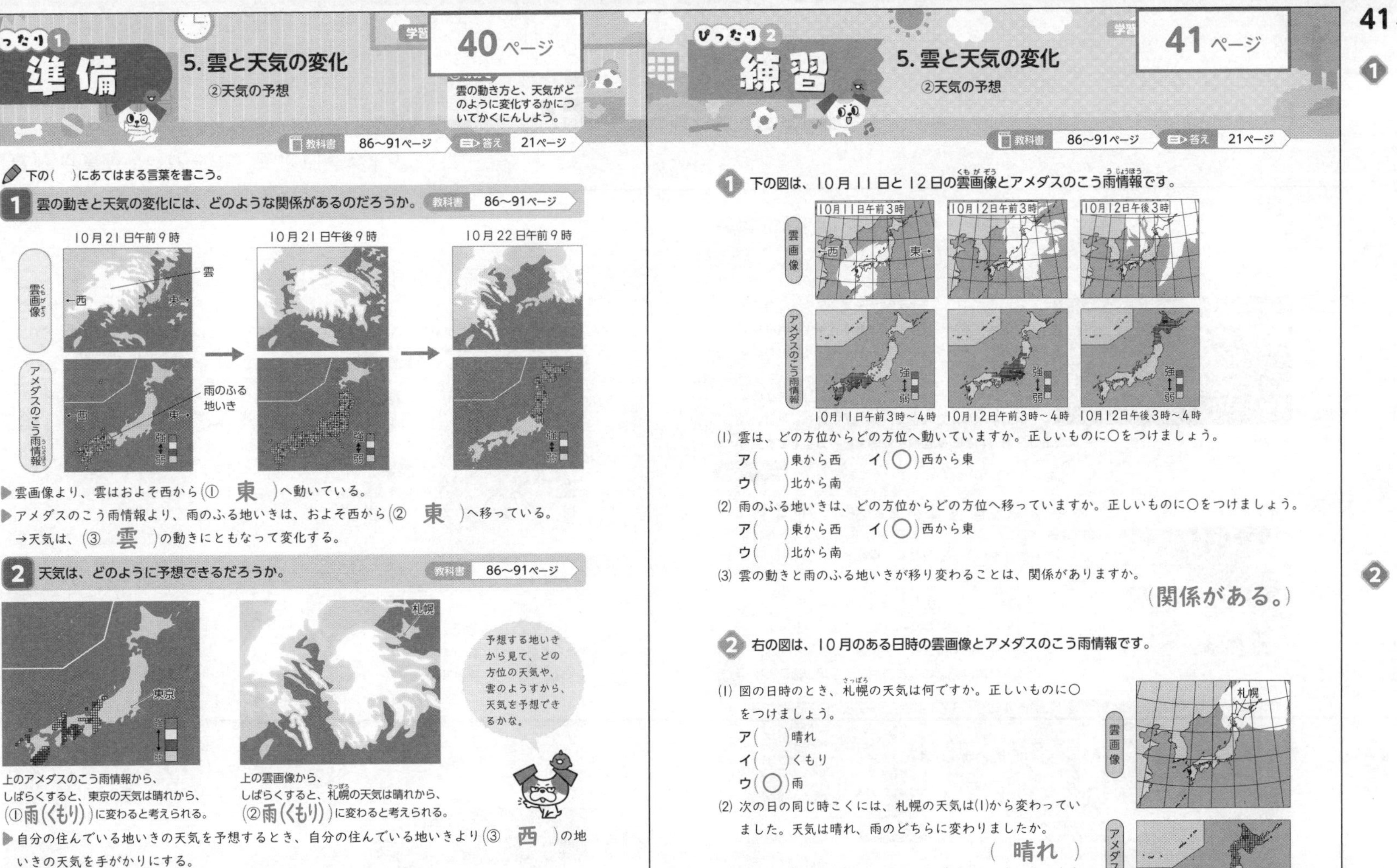

ぴったり1 準備

5. 雲と天気の変化 ②天気の予想

40ページ

雲の動き方と、天気がどのように変化するかについてかくにんしよう。

教科書 86~91ページ　答え 21ページ

下の(　)にあてはまる言葉を書こう。

1 雲の動きと天気の変化には、どのような関係があるのだろうか。 教科書 86~91ページ

▶雲画像より、雲はおよそ西から(① 東)へ動いている。

▶アメダスのこう雨情報より、雨のふる地いきは、およそ西から(② 東)へ移っている。

→天気は、(③ 雲)の動きにともなって変化する。

2 天気は、どのように予想できるだろうか。 教科書 86~91ページ

上のアメダスのこう雨情報から、しばらくすると、東京の天気は晴れから、(①雨(くもり))に変わると考えられる。

上の雲画像から、しばらくすると、札幌の天気は晴れから、(②雨(くもり))に変わると考えられる。

▶自分の住んでいる地いきの天気を予想するとき、自分の住んでいる地いきより(③ 西)の地いきの天気を手がかりにする。

ここがだいじ!

①日本付近の雲は、およそ西から東へ動く。

②雲の動きにともない、日本付近の天気はおよそ西から東へ変化する。

③西の地いきの天気や、雲のようす、種類などから、天気を予想できる。

ぴたトリビア 気象レーダーなどによって、雨雲の広がりや動き、雨の強さを正確にとらえて、短時間の予報に役立てられています。

40

ぴったり2 練習

5. 雲と天気の変化 ②天気の予想

41ページ

教科書 86~91ページ　答え 21ページ

1 下の図は、10月11日と12日の雲画像とアメダスのこう雨情報です。

(1) 雲は、どの方位からどの方位へ動いていますか。正しいものに○をつけましょう。

ア(　)東から西　イ(○)西から東

ウ(　)北から南

(2) 雨のふる地いきは、どの方位からどの方位へ移っていますか。正しいものに○をつけましょう。

ア(　)東から西　イ(○)西から東

ウ(　)北から南

(3) 雲の動きと雨のふる地いきが移り変わることは、関係がありますか。

(関係がある。)

2 右の図は、10月のある日時の雲画像とアメダスのこう雨情報です。

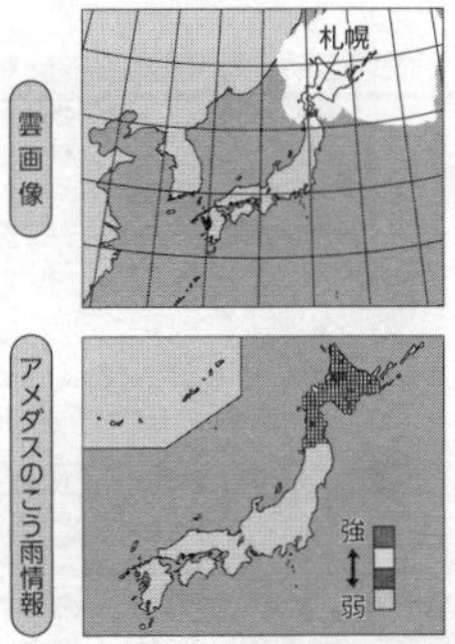

(1) 図の日時のとき、札幌の天気は何ですか。正しいものに○をつけましょう。

ア(　)晴れ

イ(　)くもり

ウ(○)雨

(2) 次の日の同じ時こくには、札幌の天気は(1)から変わっていました。天気は晴れ、雨のどちらに変わりましたか。

(晴れ)

(3) (2)のように天気が変わったのはなぜですか。次の文の(　)にあてはまる言葉を書きましょう。

札幌の上空にあった雲が、(東)の方位へ動いたから。

ヒント 2 (3)雲の動きとともに、天気も変化します。

41

41ページ てびき

1 (1)雲画像の白い部分は雲を表しています。白い部分は九州—本州—北海道と動いています。

(2)こう雨情報を見ると、雨のふる地いきは、九州・中国地方—関東・東北地方—北海道と移っています。

(3)雨がふっている地いきの上空には、雲があります。雲がない地いきには、雨はふりません。したがって、雲の動きと雨のふる地いきが移り変わることは、関係があります。

2 (1)雲画像より札幌の上空には雲がありますが、この画像だけでは、雲の量や雨がふっているかどうかがわからないので、天気は決められません。しかし、アメダスのこう雨情報より、札幌で雨がふっていることがわかります。

(2)、(3) 日本付近の雲は、西から東へ動いていくことが多いです。札幌をおおっていた雲はやがて東へ動き、天気は晴れると考えられます。

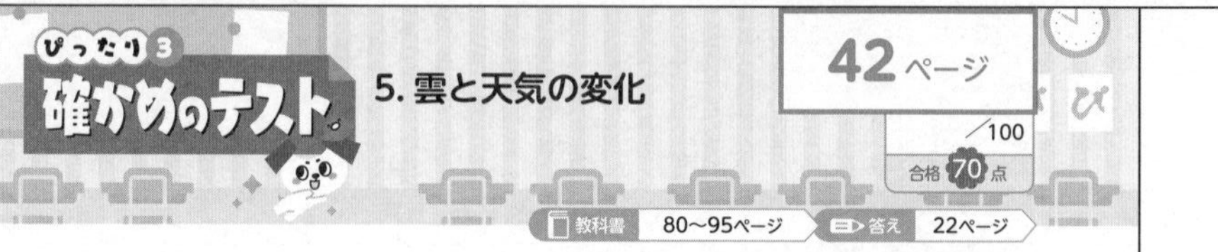

ぴったり3 確かめのテスト

5. 雲と天気の変化

42ページ

/100 合格70点

教科書 80〜95ページ　答え 22ページ

1 下の図のように、秋の低い空に、はい色や黒色の厚い雲が見られました。 各5点(30点)

(1) このような雲を何といいますか。正しいものに○をつけましょう。

ア(　)積乱雲　イ(　)巻雲
ウ(◯)乱層雲　エ(　)巻積雲

(2) (1)の雲が次つぎと出てくると、どのような天気になることが多いですか。正しいものに○をつけましょう。

ア(　)晴れ
イ(◯)雨

(3) 雲はおよそ、どの方位からどの方位に動くことが多いですか。正しいものに○をつけましょう。

ア(◯)西から東　イ(　)北から南
ウ(　)南から北

(4) 晴れとくもりの区別は、雲の量によって決めます。空全体の広さを10としたときの雲の量が次の①〜③のときの天気は、それぞれ晴れとくもりのどちらですか。

①雲の量1(晴れ)
②雲の量8(晴れ)
③雲の量9(くもり)

2 方位磁針の使い方について、次の問いに答えましょう。 各5点(15点)

(1) 方位磁針の色がぬってあるはりは、文字ばんのどの方位に合わせますか。図1の㋒にあてはまる方位を、書きましょう。 (北)

(2) 図2のように、方位磁針を手の上にのせて、図1の㋑の方位を向きました。㋑の方位を、書きましょう。 技能 (西)

(3) 図1の㋐、㋓の方位の組み合わせとして、正しいものに○をつけましょう。 技能

ア(　)㋐…東、㋓…南
イ(　)㋐…西、㋓…北
ウ(　)㋐…北、㋓…西
エ(◯)㋐…南、㋓…東

図1

図2　方位磁針　㋑の方位

43ページ

よく出る

3 図1は、ある日時の雲画像です。 各5点、(2)は全部できて5点(15点)

(1) 図1の雲画像の日時に、雲と雨がふる地いきの関係を調べるとき、雲画像以外にどのような情報を調べますか。
(アメダス)のこう雨情報

(2) 図2は、ある連続した3日間の(1)の情報です。日づけの早いものから順に記号をならべましょう。 (完答)
(㋐)→(㋒)→(㋑)

(3) 図1の日時での(1)の情報は、どうなりますか。最も正しいと考えられるものを、図2の㋐〜㋒から選びましょう。 (㋐)

図1

図2 ㋐ ㋑ ㋒ (mm) 50 30 20 15 10 5

4 天気と雲のようすの関係について調べました。 各10点(20点)

(1) 右の雲画像を見て、関東地方の天気はこのあとどのように変わると考えられますか。正しいものに○をつけましょう。

ア(◯)晴れ→くもりや雨　イ(　)雨→晴れ

(2) 記述 (1)のように変わると考えたのは、どの方位の雲がどのように動くからですか。 思考・表現

(関東地方の西にある雲が東へ動くから。)

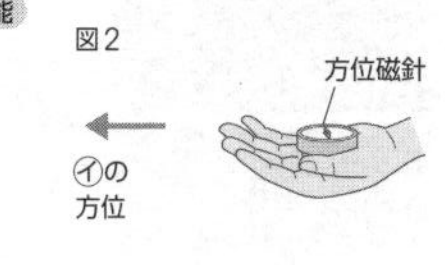

できたらスゴイ！

5 写真のように、日本のある場所で夕焼けが見られました。 各10点(20点)

(1) 夕焼けが見られる方位は、太陽がしずむ方位です。その方位は何ですか。 (西)

(2) 夕焼けが見られるときは、観測した場所から(1)の方位の空に雲がありません。次の日、観測した場所の天気はどうなると考えられますか。

(晴れる。)

ふりかえり
3がわからないときは、40ページの1にもどってかくにんしましょう。
5がわからないときは、40ページの2にもどってかくにんしましょう。

42〜43ページ てびき

1 (1)、(2)低い空に見えるはい色や黒色の厚い雲を、乱層雲といいます。乱層雲が次つぎに出ると、天気は雨になることが多いです。
(3)雲は、西から東へ動くことが多いです。
(4)空全体を10としたとき、雲の量が0〜8のときの天気は晴れ、9、10のときの天気はくもりです。

2 方位磁針のはりの色がぬってある方(N極)を、文字ばんの北に合わせます。北の反対側が南で、北を向いて立ったときの右側が東、左側が西なので、文字ばんの㋐は南、㋑は西、㋒は北、㋓は東です。

3 (2)雲が西から東へ動くことが多いので、雨のふる地いきも西から東へ動くことが多いです。雨がふっている地いきが西のものから順にならべると、㋐→㋒→㋑となります。

4 関東地方の上空に雲はありませんが、関東地方のすぐ西には雲があるので、雲が移動して晴れからくもりや雨に変わると考えられます。

5 (1)太陽は東からのぼって、西にしずみます。
(2)雲は西から東へ動くので、西の空に雲がなければ、次の日の天気は晴れると考えられます。

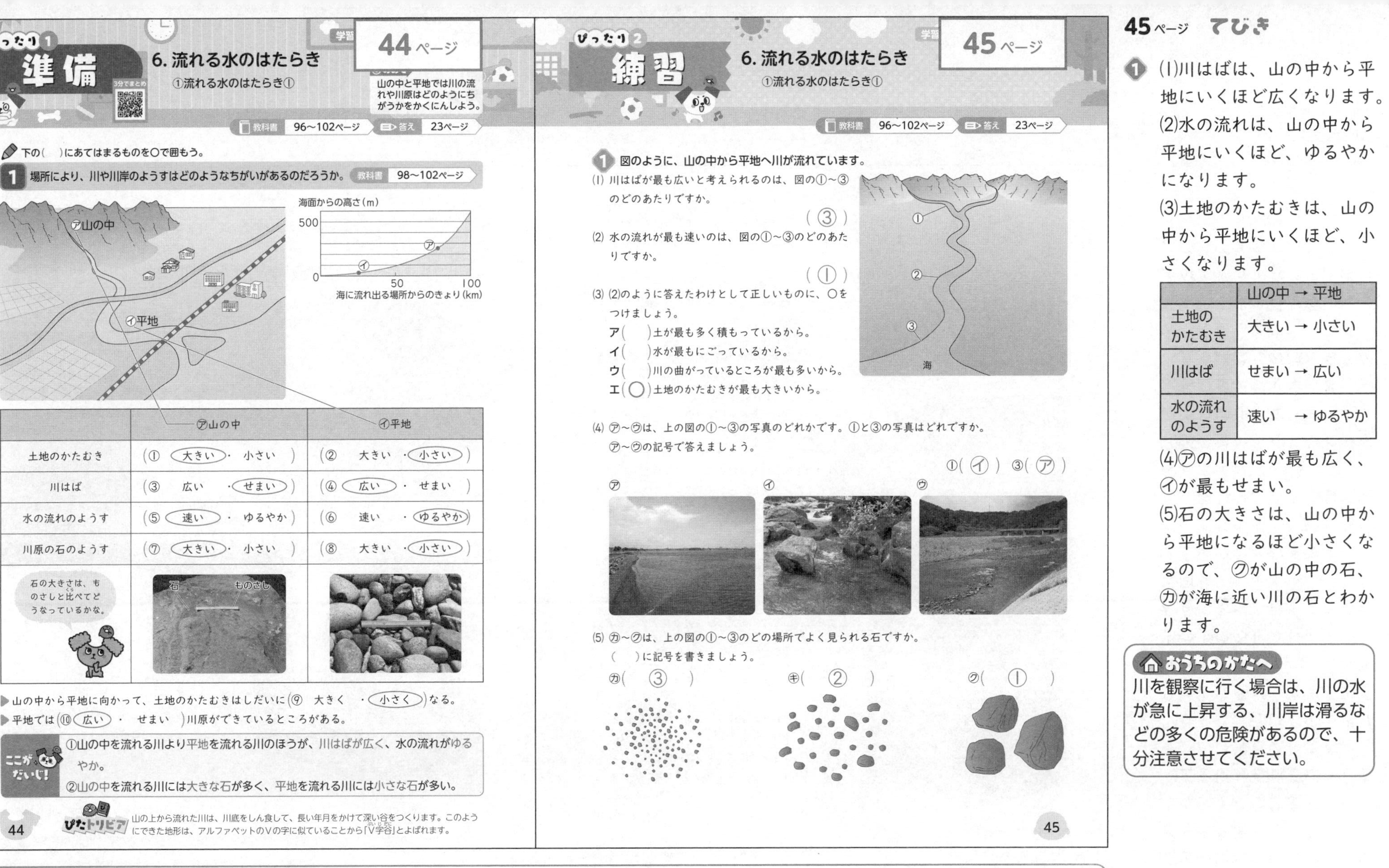

ぴったり1 準備

6. 流れる水のはたらき

①流れる水のはたらき①

44ページ

山の中と平地では川の流れや川原はどのようにちがうかをかくにんしよう。

教科書 96〜102ページ　答え 23ページ

下の(　)にあてはまるものを○で囲もう。

1 場所により、川や川岸のようすはどのようなちがいがあるのだろうか。 教科書 98〜102ページ

	㋐山の中	㋑平地
土地のかたむき	(① (大きい)・小さい)	(② 大きい・(小さい))
川はば	(③ 広い・(せまい))	(④ (広い)・せまい)
水の流れのようす	(⑤ (速い)・ゆるやか)	(⑥ 速い・(ゆるやか))
川原の石のようす	(⑦ (大きい)・小さい)	(⑧ 大きい・(小さい))

石の大きさは、ものさしと比べてどうなっているかな。
石
ものさし

▶山の中から平地に向かって、土地のかたむきはしだいに(⑨ 大きく・(小さく))なる。

▶平地では(⑩ (広い)・せまい)川原ができているところがある。

ここがだいじ!

①山の中を流れる川より平地を流れる川のほうが、川はばが広く、水の流れがゆるやか。

②山の中を流れる川には大きな石が多く、平地を流れる川には小さな石が多い。

ぴたトリビア 山の上から流れた川は、川底をしん食して、長い年月をかけて深い谷をつくります。このようにできた地形は、アルファベットのVの字に似ていることから「V字谷」とよばれます。

44

ぴったり2 練習

6. 流れる水のはたらき

①流れる水のはたらき①

45ページ

教科書 96〜102ページ　答え 23ページ

1 図のように、山の中から平地へ川が流れています。

(1) 川はばが最も広いと考えられるのは、図の①〜③のどのあたりですか。 (③)

(2) 水の流れが最も速いのは、図の①〜③のどのあたりですか。 (①)

(3) (2)のように答えたわけとして正しいものに、○をつけましょう。

ア(　)土が最も多く積もっているから。

イ(　)水が最もにごっているから。

ウ(　)川の曲がっているところが最も多いから。

エ(○)土地のかたむきが最も大きいから。

(4) ㋐〜㋒は、上の図の①〜③の写真のどれかです。①と③の写真はどれですか。㋐〜㋒の記号で答えましょう。

①(㋑)　③(㋐)

㋐　㋑　㋒

(5) ㋕〜㋗は、上の図の①〜③のどの場所でよく見られる石ですか。(　)に記号を書きましょう。

㋕(③)　㋖(②)　㋗(①)

45

45ページ てびき

1 (1)川はばは、山の中から平地にいくほど広くなります。

(2)水の流れは、山の中から平地にいくほど、ゆるやかになります。

(3)土地のかたむきは、山の中から平地にいくほど、小さくなります。

	山の中 → 平地
土地のかたむき	大きい → 小さい
川はば	せまい → 広い
水の流れのようす	速い → ゆるやか

(4)㋐の川はばが最も広く、㋑が最もせまい。

(5)石の大きさは、山の中から平地になるほど小さくなるので、㋗が山の中の石、㋕が海に近い川の石とわかります。

おうちのかたへ

川を観察に行く場合は、川の水が急に上昇する、川岸は滑るなどの多くの危険があるので、十分注意させてください。

おうちのかたへ　6. 流れる水のはたらき　★ 川と災害

流れる水のはたらきと土地の変化について学習します。ここでは、流れる水が土地を侵食したり、土や石を運搬したり堆積したりすることを理解しているか、実際の川のようすを観察して、上流と下流のようすの違いや土地のようすをとらえることができるか、などがポイントです。

6. 流れる水のはたらき
①流れる水のはたらき②

流れる水には、どのようなはたらきがあるか実験を通してかくにんしよう。

教科書 103〜107ページ　答え 24ページ

下の(　)にあてはまる言葉を書くか、あてはまるものを○で囲もう。

1 流れる水には、どのようなはたらきがあるのだろうか。 教科書 103〜106ページ

▶流れる水が地面をけずるはたらきを、(③ しん食)という。
▶流れる水が土を運ぶはたらきを、(④ 運ぱん)という。
▶運ばれた土を積もらせるはたらきを、(⑤ たい積)という。

▶流れが速いところでは、土を(⑥〈けずる〉・ 積もらせる)はたらきが大きい。
▶流れがゆるやかなところでは、土や石を積もらせるはたらきが(⑦〈大きい〉・ 小さい)。

2 流れる水の量が増えると、はたらきはどうなるのだろうか。 教科書 103〜106ページ

㋐と㋑を比べる。
▶かたむきが大きいほう(㋑)では、水の流れは(①〈速くなる〉・ ゆるやかになる)。
土は(②〈深く〉・ あさく)けずられる。

㋒と㋓を比べる。
▶水の量を多くする(㋓)では、水の流れは(③〈速くなる〉・ ゆるやかになる)。
土をけずるはたらきは(④〈大きく〉・ 小さく)なる。
▶水の量を多くすると、水はにごっている。
▶水の量を多くすると、土や石を運ぶはたらきも大きくなる。

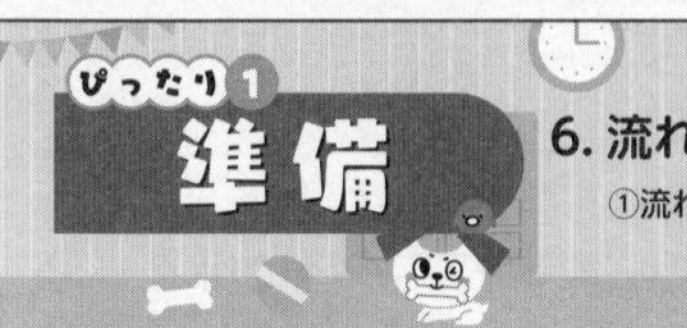

ここがだいじ!
①地面を流れる水は、地面をけずる(しん食)、土を運ぶ(運ぱん)、土を積もらせる(たい積)はたらきがある。
②流れる水の量が多くなると、流れる水のはたらきも大きくなる。

ぴたトリビア　谷から平地に川が出ると水の流れる速さがおそくなるため、運んできた土がたい積していきます。このような場所では、扇状にたい積した地形ができるため、「扇状地」とよばれます。

6. 流れる水のはたらき
①流れる水のはたらき②

教科書 103〜107ページ　答え 24ページ

1 土で山を作って、上から水を流しました。

(1) ①と②を比べ、①の部分について、正しいものに○をつけましょう。
ア(　)流れがおそく、土が積もった。
イ(　)流れがおそく、土がけずられた。
ウ(　)流れが速く、土が積もった。
エ(○)流れが速く、土がけずられた。

(2) 土がより深くけずられるのは、①、②のどちらですか。(①)
(3) けずられた土が積もるのは、①、②のどちらですか。(②)
(4) 流れる水のはたらきで、土が積もることを何といいますか。(たい積)

2 流水実験そう置で、流れる水の量とそのはたらきを調べます。

(1) ㋐はせんじょうびん1つ、㋑はせんじょうびん2つで水を流しました。これは、何のちがいによる水のはたらきを調べていますか。(水の量)
(2) このときそう置のかたむきは同じにしますか、変えますか。(同じにする。)
(3) 水の流れが速いのは、㋐、㋑のどちらですか。(㋑)
(4) 土がけずられる量が多いのは、㋐、㋑のどちらですか。(㋑)
(5) 流れる水の色はどのようにちがいますか。「㋑は㋐に比べて…」に続けて書きましょう。
(㋑は㋐に比べて にごっている。)

47ページ てびき

1 (1)①の部分は土地のかたむきが大きく、水の流れが速いので、土はけずられます。
(3)水の流れがゆるやかなほど、土を積もらせるはたらきは大きくなります。
(4)土を積もらせるはたらきを、たい積といいます。

2 (1)せんじょうびん1つより2つのほうが、流す水の量は多くなります。このとき、1つ1つのせんじょうびんから出る水の量をできるだけ同じにします。
(2)土地のかたむきによって水の流れの速さが変わるので、同じかたむきにして実験します。
(3)水の量が多くなると、水の流れは速くなります。
(4)水の量が多くなると、しん食や運ぱんのはたらきが大きくなります。
(5)流れる水の量が多いほど、土がよりけずられて、水はにごってきます。

ぴったり1 準備

6. 流れる水のはたらき

②川原の石のようす

48ページ

学習 流れる水は石をどのような形に変えるか実験を通してかくにんしよう。

教科書 108～112ページ　答え 25ページ

下の(　)にあてはまる言葉を書くか、あてはまるものを〇で囲もう。

1 川原の石のようすは、どのようになっているだろうか。　教科書 108～112ページ

▶川原

▶石の大きさは、山の中に比べ、平地にいくほど(① 大きく ・ (小さく))なっている。

▶川原の石は(② (丸みをおびている) ・ 角ばっている)。
そのわけは、川の水に運ばれながら、石どうしが(③ぶつかり合って)小さくなり、角がけずられるからである。

小石やすなが積もって、川原ができるよ。

2 流れる水のはたらきで、石の形は変わるだろうか。　教科書 110～111ページ

▶この実験では、生け花用スポンジを、(① 石)のかわりにしている。

▶図の㋐～㋒は50回、100回、150回ふったときのスポンジのどれかである。150回ふった後のスポンジは(② ㋑)である。

▶多くふるほど、(③ 角)がけずられ、小さく、(④ 丸)い形になっていく。

生け花用スポンジ

容器にスポンジと水を入れ、ふたをしてふる。

もとの大きさ

㋐　㋑　㋒

ここがだいじ！
①川原の石は下流にいくにつれて小さくなり、丸みをおびた形になる。
②川の石は運ばれながらぶつかり合い、角がけずられて、小さく丸くなる。

ぴたトリビア　平地では、山からしん食されて運ぱんされてきた土砂がたい積します。河口付近では、たい積した土砂の地形が、三角形の形に似るので、「三角州」とよばれます。

ぴったり2 練習

6. 流れる水のはたらき

②川原の石のようす

49ページ

教科書 108～112ページ　答え 25ページ

1 1つの川のいろいろな場所で、ものさしを置いて石の大きさや形を調べました。

㋐　㋑　㋒

(1) 山の中の川で見られた石は、㋐～㋒のどれですか。記号で書きましょう。　(㋑)

(2) 川の水の流れる順に、㋐～㋒の図をならべるとどうなりますか。記号で書きましょう。
(㋑)→(㋐)→(㋒)

(3) 石は、川の水に運ばれる間にどうなりますか。正しいものに〇をつけましょう。
ア(〇)大きさも形も変わる。
イ(　)大きさも形も変わらない。
ウ(　)形は変わるが、大きさは変わらない。

2 流れる水のはたらきで石の形が変わることを、生け花用スポンジを用いた実験で調べます。

(1) 容器をよくふった後、生け花用スポンジはどうなりますか。正しいものに〇をつけましょう。
ア(　)形も大きさも変わらない。
イ(　)形は変わらないが、水をふくんで大きくなる。
ウ(〇)形は丸みをおび、小さくなる。

(2) 容器を勢いよくふることは、次のどれにあたりますか。正しいものに〇をつけましょう。
ア(　)水の流れがおだやかになる。
イ(〇)水の流れがはげしくなる。
ウ(　)水の流れとは関係がない。

(3) 川の水の流れがどのようなとき、石の大きさや形は変わりますか。水の量と、速さについて書きましょう。
(水の量が多く、速く流れているとき。)

生け花用スポンジ(2cm～3cmの立方体に切る。)

容器にスポンジと水を入れ、ふたをしてふる。

ヒント 2 (1)(2)ここでは、生け花用スポンジを石と考えます。

49ページ てびき

1 (1)川はばがせまく、水の流れが速い場所(山の中)では、大きくて、角ばった石が多く見られます。
(2)図のものさしをもとにして、㋐～㋒の石の大きさを比べて、石が大きいものから順にならべると、㋑→㋐→㋒となります。石の大きさは、山の中から平地にいくほど小さくなるので、川の水の流れる順も、同じ㋑→㋐→㋒となります。
(3)流れる水によって運ばれる間に、石は角がとれて丸くなり、大きさも小さくなります。

2 (1)この実験では、生け花用スポンジは石と考えます。角がとれて丸みをおびてきます。
(2)容器を勢いよくふることは、川の水が勢いよく流れているのと同じことになります。
(3)川の水の量が増え、流れが速くなると、土をけずるはたらきや、土や石を運ぶはたらきは大きくなります。

★ 川と災害(さいがい)

川の水による災害を知り、それを防ぐためのくふうをかくにんしよう。

教科書 116〜121ページ　答え 26ページ

下の(　)にあてはまる言葉を書くか、あてはまるものを○で囲もう。

1 流れる水は、どんなときに川のようすを変えるだろうか。　教科書 116〜118ページ

ふだんの川のようす　大雨の直後の川のようす

流れる水の量と、水の流れる速さの関係はどうなっていたかな。

▶台風(たいふう)で大雨がふったり、梅雨(つゆ)で雨がふり続いたりすると、川の水の量は(① (増え)・ 減り)、流れが(② (速く)・ おそく)なる。

▶川の流れが速くなると、土地をしん食(しょく)するはたらきが(③ 小さく ・(大きく))なり、橋がこわされる、道路がけずられるなどの災害が起こることがある。

▶水の量が減ると、流れは(④ 速く ・(おそく))なり、運(うん)ぱんされてきた土や石などは川底や川原にたい積(せき)する。

増水でこわされた橋

2 災害を防(ふせ)ぐためのくふうにはどんなものがあるだろうか。　教科書 119〜121ページ

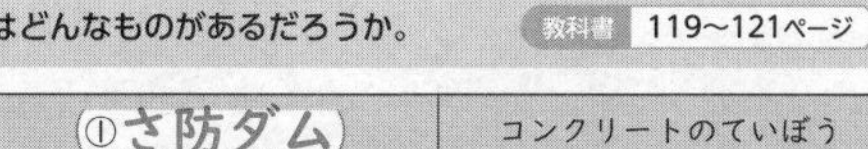

ブロック	(①さ防ダム)	コンクリートのていぼう
川岸がけずられるのを防いだり、水の力を弱めたりする。	石やすなが一度に流されるのを防ぐ。	川岸が(② しん食)されるのを防ぐ。

ここがだいじ!
①大雨などで、川の水の量が増え、流れが速くなると、土地をしん食するはたらきが大きくなり、災害を起こすことがある。
②川の水による災害を防ぐくふうには、ブロックやさ防(ぼう)ダムなどがある。

ぴたトリビア　大雨で下水道管から雨水があふれ出ることがないように、ふった雨水を地下に一時的にたくわえられるようにしているところがあります。

ぴったり2
練習

★ 川と災害(さいがい)

教科書 116〜121ページ　答え 26ページ

1 ふだんの川と大雨の直後の川のようすを比(くら)べました。

㋐ 水の量が多い

㋑ 水の量が少ない

(1) 大雨の直後のようすはどちらですか。㋐、㋑の記号で書きましょう。　(㋐)
(2) 水の流れが速いのはどちらですか。㋐、㋑の記号で書きましょう。　(㋐)
(3) 流れる水が土地をけずったり、土や石などを運んだりするはたらきが大きいのはどちらですか。㋐、㋑の記号で書きましょう。　(㋐)
(4) 土や石などを積もらせるはたらきが大きいのはどちらですか。㋐、㋑の記号で書きましょう。　(㋑)

2 右の写真は、ある川のようすです。

(1) 写真の㋐は、川の水による災害を防(ふせ)ぐくふうです。㋐を何といいますか。正しいものに○をつけましょう。
ア(　)遊水地(ゆうすいち)
イ(　)さ防(ぼう)ダム
ウ(○)ブロック

(2) ㋐は、何のために置かれていますか。正しいものに○をつけましょう。
ア(　)川底に土がたい積(せき)して、浅(あさ)くなるのを防ぐため。
イ(○)川岸がけずられるのを防ぐため。
ウ(　)水の力を強くするため。

3 災害を防ぐくふう

(1) 1時間にふる雨の量のめやすによって予報(よほう)が出されます。ア〜エのうち、最も多く雨がふる予報用語はどれですか。記号を書きましょう。　(イ)
ア 強い雨　イ もうれつな雨　ウ はげしい雨　エ 非常(ひじょう)にはげしい雨

(2) 各地いきごとに作られた、こう水の起きる場所を予測して示した地図を何といいますか。
(こう水ハザードマップ)

51ページ　てびき

1 (1)大雨がふると、水が増(ふ)えます。水の量が多いのは㋐です。
(2)川の水の量が多いほど、水の流れは速くなります。
(3)水の流れが速いほど、土地をけずったり(しん食(しょく))、運んだり(運(うん)ぱん)するはたらきは大きくなります。
(4)水の流れる速さがおそいほど、土や石などを積もらせる(たい積(せき))はたらきは大きくなります。

2 ブロックは、川の水によって川岸がけずられるのを防(ふせ)ぐために置きます。土地をけずるはたらきは、川の水の流れが速いところほど大きいので、川の曲がっているところの、外側にブロックを置きます。

3 (1)1時間に80 mm以上の雨がふるとき、予報(よほう)用語で「もうれつな雨」といいます。1時間にふる雨の量によって、使われる予報用語はちがっており、やや強い雨→強い雨→はげしい雨→非常(ひじょう)にはげしい雨→もうれつな雨の順に雨の量が多いことを表します。
(2)ふだんからこう水(ずい)ハザードマップを見て、かくにんしておくことが必要です。

6. 流れる水のはたらき
★ 川と災害(さいがい)

52ページ

/100 合格70点

教科書 96〜121ページ　答え 27ページ

1 右の図は、川が曲がって流れているところです。　各5点(30点)

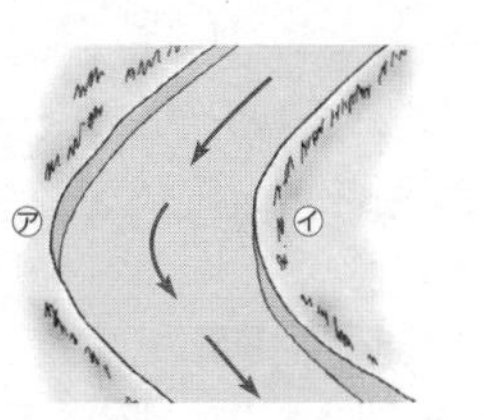

(1) 図の川の水は、→のほうへ流れています。流れが速く、川底が深くなっているのは、川が曲がって流れているところの外側と内側のどちらですか。
(外側)

(2) 川原になりやすいのは、川が曲がって流れているところの外側と内側のどちらですか。
(内側)

(3) この川を㋐−㋑で切ると、川の断面(だんめん)はどうなっていると考えられますか。正しいものに○をつけましょう。

ア(　)　イ(　)　ウ(○)

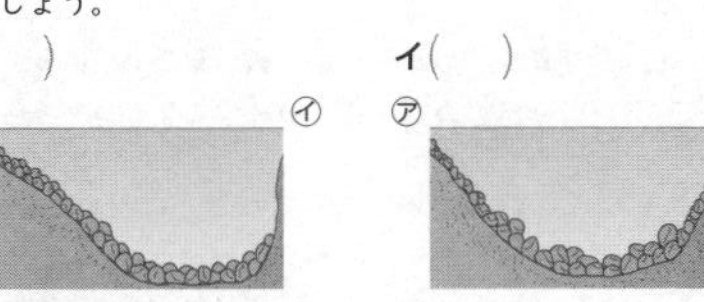

(4) 次の流れる水のはたらきの名前をそれぞれ書きましょう。
①地面をけずるはたらき　(しん食)
②土を運ぶはたらき　(運ぱん)

(5) 同じものさしを石の上に置いて、大きさをはかりました。平地の川原で見られる石はどちらですか。正しいものに○をつけましょう。

ア(　)

イ(○)

53ページ

2 流水実験(りゅうすい)そう置を作り、水を流しました。　各10点(40点)

高さ10cmくらいの台
高さ5cmくらいの台

(1) そう置のかたむきを大きくすると、水の流れの速さと土がけずられるようすはどのように変わりますか。正しいものに○をつけましょう。
ア(○)流れは速くなり、深くけずられる。
イ(　)流れはゆるやかになり、あまりけずられない。
ウ(　)流れは速くなり、あまりけずられない。
エ(　)流れはゆるやかになり、深くけずられる。

(2) そう置のかたむきが大きいのは、実際の川では山の中、平地のどちらのようすといえますか。
(山の中)

(3) 水の量が多いときと少ないときで、水のにごり方を調べました。正しいものに○をつけましょう。
ア(○)水の量が多いときのほうがにごった。
イ(　)水の量が少ないときのほうがにごった。
ウ(　)水の量が多いときも少ないときも水のにごり方は変わらなかった。

(4) 流す水の量を変えると、土をけずったり、運んだりするはたらきの大きさは変わりますか。
(変わる。)

この本の終わりにある「冬のチャレンジテスト」をやってみよう！

3 梅雨(つゆ)や台風(たいふう)などで、雨がふり続いたり、短時間に大雨がふったりすることがあります。　(1)、(3)は各10点、(2)は両方できて10点(30点)

(1) 図1のような川岸に、川岸がけずられるのを防(ふせ)ぐためにブロックを置くとしたら、どこに置けばよいですか。正しいものに○をつけましょう。
ア(　)内側に置く。
イ(○)外側に置く。
ウ(　)内側と外側に置く。

図1　川の流れ　内側　外側

(2) たくさんの雨がふって川の水の量が増(ふ)えると、①水の流れる速さ、②川の水が川岸をけずるはたらきは、それぞれどうなりますか。(完答)
①(速くなる。)
②(大きくなる。)

(3) 記述 図2は、川が引き起こす災害(さいがい)を防ぐために作られたさ防(ぼう)ダムです。このダムはどのようなはたらきをしますか。　思考・表現
(すなや石が一度に流されるのを防ぐ。
(川底がけずられるのを防ぐ。))

図2

ふりかえり 2がわからないときは、46ページの2にもどってかくにんしましょう。
3がわからないときは、50ページの1、2にもどってかくにんしましょう。

52〜53ページ　てびき

1 (1)、(2)川が曲がって流れているところでは、外側は水の流れが速く、内側は水の流れがおそくなります。水の流れが速い外側では川底は深くけずられ、水の流れがおそい内側では小石やすなが積もって川原になりやすいです。
(3)川が曲がって流れているところでは、外側は深く、大きな石が多く見られます。また、内側は浅く、小さな石が多く見られます。
(5)ものさしの長さはアもイも同じなので、ものさしの長さをもとにして石の大きさを比(くら)べるとイの方が小さいといえます。川原では、小さくて丸い石が多く見られます。

2 (3)水の量が多いほど、土やどろが多く運ばれるので、水の色はにごります。

3 (1)ブロックは、川岸がけずられるのを防(ふせ)ぐために置きます。けずられやすいのは、流れの外側です。
(2)水の量が増(ふ)えると、流れは速くなり、川岸をけずるはたらきは大きくなります。
(3)さ防(ぼう)ダムは、すなや石が一度に流されるのを防ぐためにつくられます。

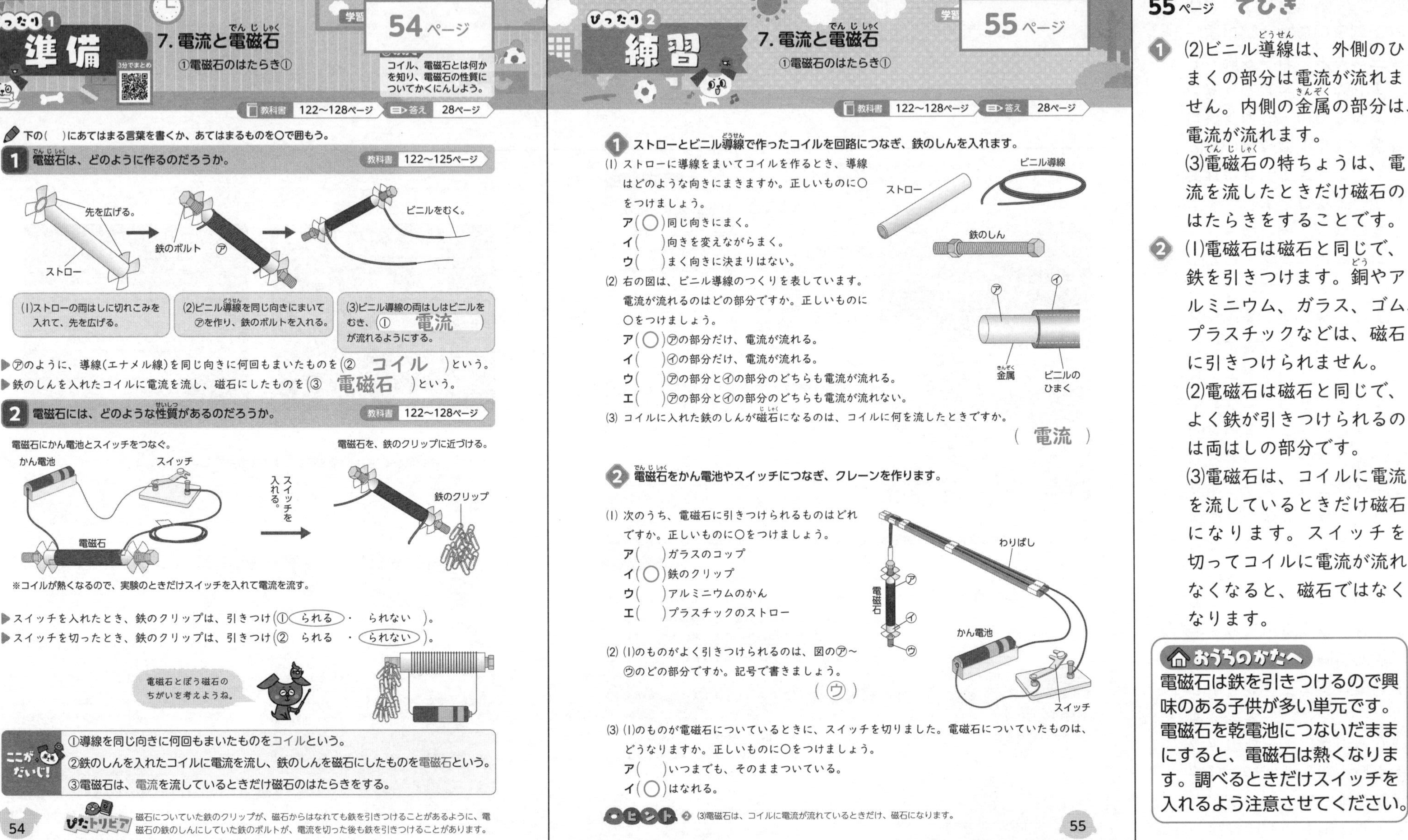

ぴったり1 準備

7. 電流と電磁石

①電磁石のはたらき①

54ページ

コイル、電磁石とは何かを知り、電磁石の性質についてかくにんしよう。

教科書 122~128ページ　答え 28ページ

下の(　)にあてはまる言葉を書くか、あてはまるものを○で囲もう。

1 電磁石は、どのように作るのだろうか。 教科書 122~125ページ

(1)ストローの両はしに切れこみを入れて、先を広げる。

(2)ビニル導線を同じ向きにまいて㋐を作り、鉄のボルトを入れる。

(3)ビニル導線の両はしはビニルをむき、(① 電流)が流れるようにする。

▶㋐のように、導線(エナメル線)を同じ向きに何回もまいたものを(② コイル)という。

▶鉄のしんを入れたコイルに電流を流し、磁石にしたものを(③ 電磁石)という。

2 電磁石には、どのような性質があるのだろうか。 教科書 122~128ページ

電磁石にかん電池とスイッチをつなぐ。

電磁石を、鉄のクリップに近づける。

※コイルが熱くなるので、実験のときだけスイッチを入れて電流を流す。

▶スイッチを入れたとき、鉄のクリップは、引きつけ(①(られる)・ られない)。

▶スイッチを切ったとき、鉄のクリップは、引きつけ(② られる ・(られない))。

ここがだいじ!

①導線を同じ向きに何回もまいたものをコイルという。

②鉄のしんを入れたコイルに電流を流し、鉄のしんを磁石にしたものを電磁石という。

③電磁石は、電流を流しているときだけ磁石のはたらきをする。

ぴたトリビア　磁石についていた鉄のクリップが、磁石からはなれても鉄を引きつけることがあるように、電磁石の鉄のしんにしていた鉄のボルトが、電流を切った後も鉄を引きつけることがあります。

54

ぴったり2 練習

7. 電流と電磁石

①電磁石のはたらき①

55ページ

教科書 122~128ページ　答え 28ページ

1 ストローとビニル導線で作ったコイルを回路につなぎ、鉄のしんを入れます。

(1) ストローに導線をまいてコイルを作るとき、導線はどのような向きにまきますか。正しいものに○をつけましょう。

ア(○)同じ向きにまく。

イ(　)向きを変えながらまく。

ウ(　)まく向きに決まりはない。

(2) 右の図は、ビニル導線のつくりを表しています。電流が流れるのはどの部分ですか。正しいものに○をつけましょう。

ア(○)㋐の部分だけ、電流が流れる。

イ(　)㋑の部分だけ、電流が流れる。

ウ(　)㋐の部分と㋑の部分のどちらも電流が流れる。

エ(　)㋐の部分と㋑の部分のどちらも電流が流れない。

(3) コイルに入れた鉄のしんが磁石になるのは、コイルに何を流したときですか。

(電流)

2 電磁石をかん電池やスイッチにつなぎ、クレーンを作ります。

(1) 次のうち、電磁石に引きつけられるものはどれですか。正しいものに○をつけましょう。

ア(　)ガラスのコップ

イ(○)鉄のクリップ

ウ(　)アルミニウムのかん

エ(　)プラスチックのストロー

(2) (1)のものがよく引きつけられるのは、図の㋐~㋒のどの部分ですか。記号で書きましょう。

(㋒)

(3) (1)のものが電磁石についているときに、スイッチを切りました。電磁石についていたものは、どうなりますか。正しいものに○をつけましょう。

ア(　)いつまでも、そのままついている。

イ(○)はなれる。

ヒント ❷ (3)電磁石は、コイルに電流が流れているときだけ、磁石になります。

55

55ページ てびき

❶ (2)ビニル導線は、外側のひまくの部分は電流が流れません。内側の金属の部分は、電流が流れます。

(3)電磁石の特ちょうは、電流を流したときだけ磁石のはたらきをすることです。

❷ (1)電磁石は磁石と同じで、鉄を引きつけます。銅やアルミニウム、ガラス、ゴム、プラスチックなどは、磁石に引きつけられません。

(2)電磁石は磁石と同じで、よく鉄が引きつけられるのは両はしの部分です。

(3)電磁石は、コイルに電流を流しているときだけ磁石になります。スイッチを切ってコイルに電流が流れなくなると、磁石ではなくなります。

おうちのかたへ

電磁石は鉄を引きつけるので興味のある子供が多い単元です。電磁石を乾電池につないだままにすると、電磁石は熱くなります。調べるときだけスイッチを入れるよう注意させてください。

おうちのかたへ　7. 電流と電磁石

電磁石の極の性質や強さについて学習します。電磁石とはどのようなものか、電磁石の強さを変化させるにはどのようにすればよいかを実験とともに理解しているか、などがポイントです。

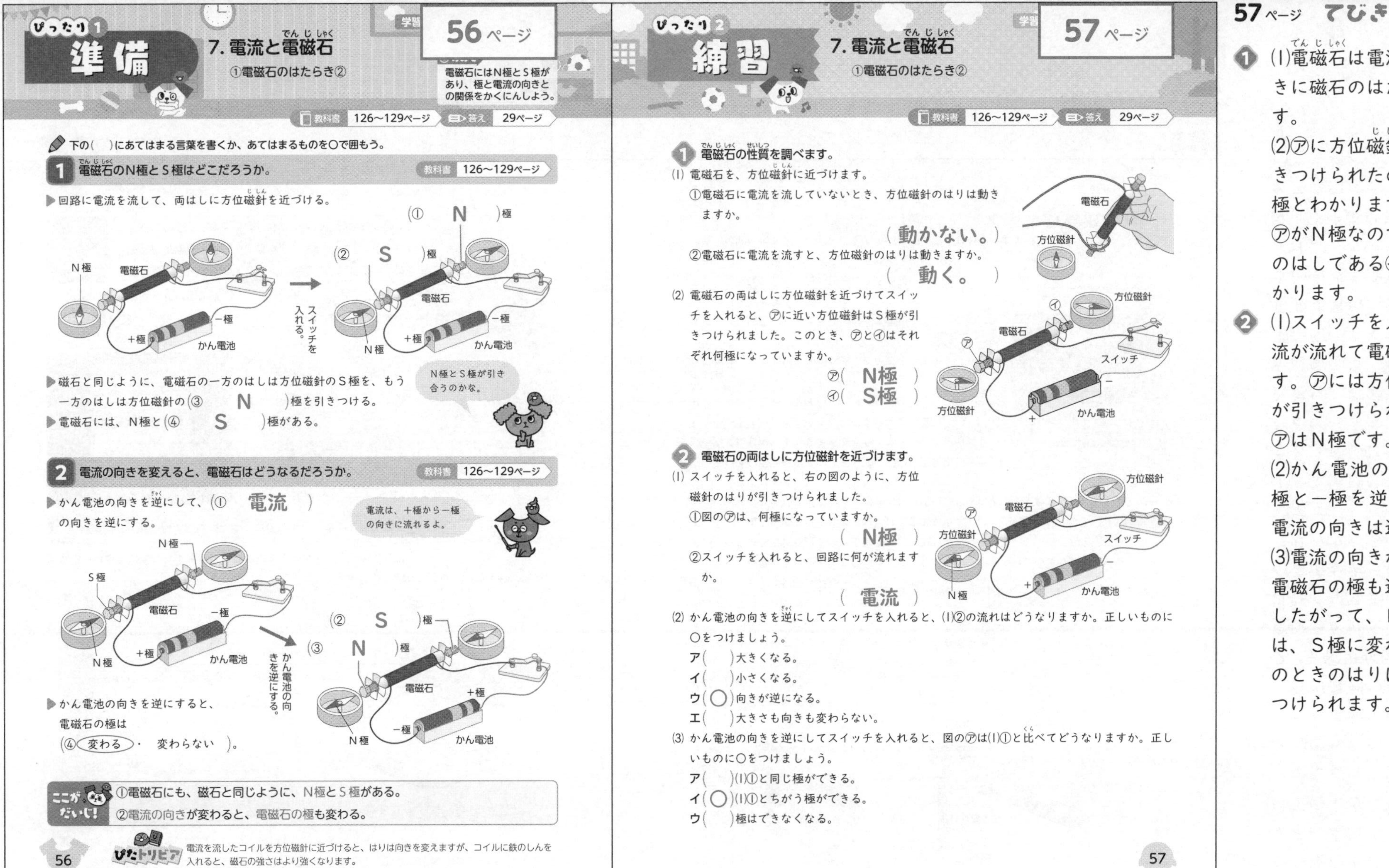

ぴったり1 準備 7. 電流と電磁石 ①電磁石のはたらき② 56ページ

電磁石にはN極とS極があり、極と電流の向きとの関係をかくにんしよう。

教科書 126～129ページ 答え 29ページ

下の( )にあてはまる言葉を書くか、あてはまるものを○で囲もう。

1 電磁石のN極とS極はどこだろうか。 教科書 126～129ページ

▶回路に電流を流して、両はしに方位磁針を近づける。

▶磁石と同じように、電磁石の一方のはしは方位磁針のS極を、もう一方のはしは方位磁針の(③ N)極を引きつける。

▶電磁石には、N極と(④ S)極がある。

2 電流の向きを変えると、電磁石はどうなるだろうか。 教科書 126～129ページ

▶かん電池の向きを逆にして、(① 電流)の向きを逆にする。

▶かん電池の向きを逆にすると、電磁石の極は
(④ 変わる ・ 変わらない)。

ここがだいじ! ①電磁石にも、磁石と同じように、N極とS極がある。
②電流の向きが変わると、電磁石の極も変わる。

ぴたトリビア 電流を流したコイルを方位磁針に近づけると、はりは向きを変えますが、コイルに鉄のしんを入れると、磁石の強さはより強くなります。

56

ぴったり2 練習 7. 電流と電磁石 ①電磁石のはたらき② 57ページ

教科書 126～129ページ 答え 29ページ

1 電磁石の性質を調べます。

(1) 電磁石を、方位磁針に近づけます。

①電磁石に電流を流していないとき、方位磁針のはりは動きますか。
(動かない。)

②電磁石に電流を流すと、方位磁針のはりは動きますか。
(動く。)

(2) 電磁石の両はしに方位磁針を近づけてスイッチを入れると、㋐に近い方位磁針はS極が引きつけられました。このとき、㋐と㋑はそれぞれ何極になっていますか。

㋐(N極)
㋑(S極)

2 電磁石の両はしに方位磁針を近づけます。

(1) スイッチを入れると、右の図のように、方位磁針のはりが引きつけられました。

①図の㋐は、何極になっていますか。
(N極)

②スイッチを入れると、回路に何が流れますか。
(電流)

(2) かん電池の向きを逆にしてスイッチを入れると、(1)②の流れはどうなりますか。正しいものに○をつけましょう。

ア( )大きくなる。
イ( )小さくなる。
ウ(○)向きが逆になる。
エ( )大きさも向きも変わらない。

(3) かん電池の向きを逆にしてスイッチを入れると、図の㋐は(1)①と比べてどうなりますか。正しいものに○をつけましょう。

ア( )(1)①と同じ極ができる。
イ(○)(1)①とちがう極ができる。
ウ( )極はできなくなる。

57

57ページ てびき

❶ (1)電磁石は電流を流したときに磁石のはたらきをします。

(2)㋐に方位磁針のS極が引きつけられたので、㋐はN極とわかります。電磁石の㋐がN極なので、もう一方のはしである㋑はS極とわかります。

❷ (1)スイッチを入れると、電流が流れて電磁石ができます。㋐には方位磁針のS極が引きつけられているので、㋐はN極です。

(2)かん電池の向きを逆(+極と−極を逆)にすると、電流の向きは逆になります。

(3)電流の向きが逆になると電磁石の極も逆になります。したがって、N極だった㋐は、S極に変わります。このときのはりはN極が引きつけられます。

ぴったり1 準備

7. 電流と電磁石

②電磁石の強さ①

58ページ

電流の大きさを変えると、電磁石の強さはどうなるかをかくにんしよう。

教科書 130～134ページ　答え 30ページ

下の(　)にあてはまる言葉を書くか、あてはまるものを○で囲もう。

1 電磁石の強さは、電流の大きさによって変わるだろうか。　教科書 130～134ページ

▶電流の大きさを変えて、電磁石につくクリップの数を調べる。

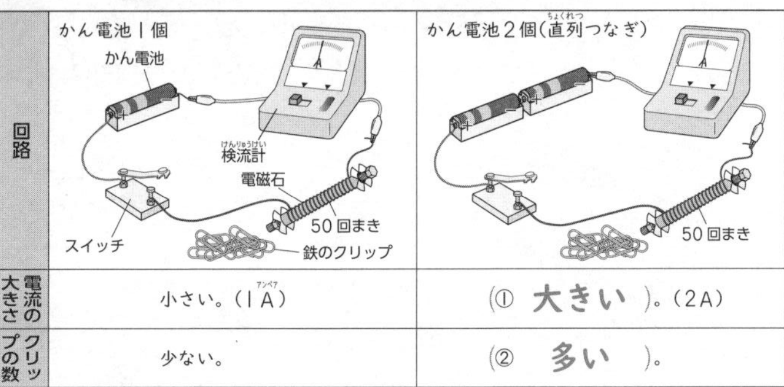

	かん電池1個	かん電池2個(直列つなぎ)
回路		
電流の大きさ	小さい。(1A)	(① 大きい)。(2A)
クリップの数	少ない。	(② 多い)。

※導線の長さや太さ、コイルのまき数はどちらも同じ。

▶電磁石の鉄を引きつける強さは、電流が大きいほど(③ 強い)。

2 検流計は、どのように使うのだろうか。　教科書 132ページ

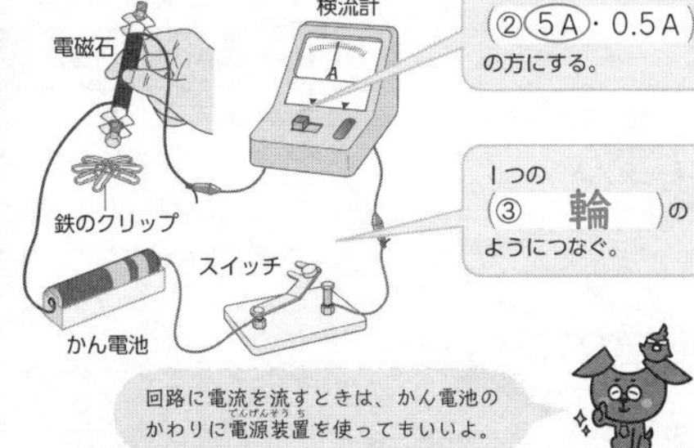

▶検流計は、回路に流れる(① 電流)の大きさや電流の向きを調べることができる。

ここが だいじ!
①流れる電流を大きくするほど、電磁石の鉄を引きつける強さは強くなる。
②電流の大きさを調べるときは、検流計や電流計を使う。
③回路に電流を流すときは、かん電池や電源装置を使う。

ぴたトリビア　電磁石は電流が大きいほど強くなりますが、コイルの中に入れる鉄のしんを太くすることでも、電磁石を強くすることができます。

ぴったり2 練習

7. 電流と電磁石

②電磁石の強さ①

59ページ

教科書 130～134ページ　答え 30ページ

1 ㋐、㋑の回路のスイッチを入れて、電磁石をそれぞれ鉄のクリップに近づけます。

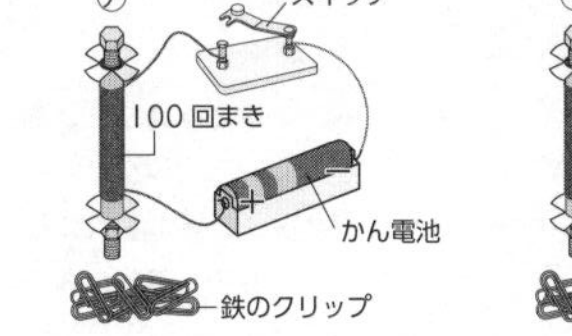

(1) ㋐、㋑のうち、電流が大きいのはどちらですか。正しいものに○をつけましょう。
ア(　)㋐のほうが大きい。
イ(○)㋑のほうが大きい。
ウ(　)㋐と㋑の大きさは同じ。

(2) ㋐、㋑のうち、鉄のクリップが多くつくのはどちらですか。正しいものに○をつけましょう。
ア(　)㋐のほうが多い。
イ(○)㋑のほうが多い。
ウ(　)㋐と㋑の個数は同じ。

(3) この実験の結果からわかることについて、正しいものに○をつけましょう。
ア(○)電磁石の鉄を引きつける強さは、電流が大きいほど強い。
イ(　)電磁石の鉄を引きつける強さは、電流が小さいほど強い。
ウ(　)電磁石の鉄を引きつける強さは、電流の大きさによって変わらない。

2 いろいろな実験器具について、次の問いに答えましょう。

(1) 図の器具は回路に電流を流すことができます。この器具を何といいますか。正しいものに○をつけましょう。
ア(　)かん電池　イ(　)電流計
ウ(○)電源装置

(2) 検流計は、何の大きさを調べることができますか。
(電流)

(3) 検流計は、回路にどのようにつなぎますか。正しいものに○をつけましょう。
ア(　)回路のはかりたい部分に、へい列につなぐ。
イ(○)1つの輪になるように、回路に直列につなぐ。

(4) 検流計は(2)の大きさのほかに、電流の何を調べることができますか。
((電流の)向き)

59ページ てびき

1 (1)かん電池を1個つないだものより、かん電池を2個直列につないだもののほうが、電流は大きくなります。かん電池の数やつなぎ方による、電流の大きさの関係は下のようになります。
・かん電池1個＝かん電池2個のへい列つなぎ
・かん電池1個＜かん電池2個の直列つなぎ

(2)、(3)電流が大きいほど、電磁石が鉄を引きつける力は強くなります。㋑のほうが電流が大きいので、鉄のクリップが多くつくのは、㋑です。

2 (1)かん電池や電源装置を使うと、回路に電流を流すことができます。問題の図の器具は、電源装置です。
かん電池は、使い続けると電流が小さくなりますが、電源装置は、決まった大きさの電流を流すことができます。

(2)、(4)検流計は、回路に流れる電流の大きさと電流の向きを調べることができます。

ぴったり1 準備

7. 電流と電磁石
②電磁石の強さ②
●くらしの中のモーター

コイルのまき数を変えると、電磁石の強さはどうなるかをかくにんしよう。

教科書 130~137ページ　答え 31ページ

下の(　)にあてはまる言葉を書こう。

1 電磁石の強さは、コイルのまき数によって変わるだろうか。 教科書 133~134ページ

▶コイルのまき数を変えて、電磁石につくクリップの数を調べる。

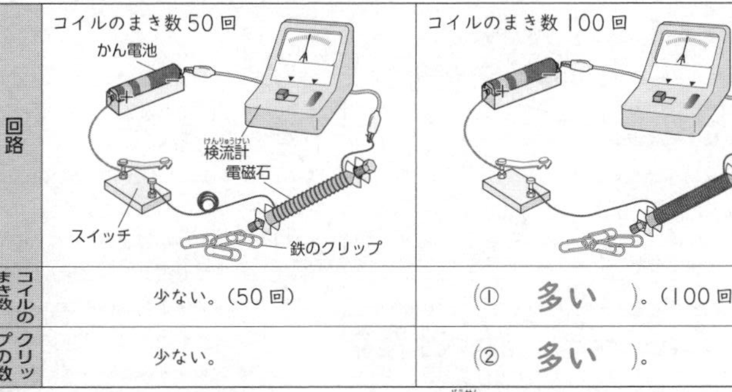

	コイルのまき数50回	コイルのまき数100回
回路		
コイルのまき数	少ない。(50回)	(① 多い)。(100回)
クリップの数	少ない。	(② 多い)。

※導線の長さや太さ、電流の大きさはどちらも同じ。

▶電磁石の鉄を引きつける強さは、コイルのまき数が多いほど(③ 強い)。

2 モーターは、どのように回っているだろうか。 教科書 136~137ページ

モーターの内部のようす　磁石　鉄のしん　コイル

モーターが回転するしくみ　磁石　(②引きつけ合う)。　しりぞけ合う。　回る向き　電磁石

[電流を流すと、鉄のしんは(① 電磁石)になる。]

▶モーターは、電磁石と磁石が引きつけ合う力と、(③しりぞけ合う)力によって回っている。

同じ極どうしはしりぞけ合い、ちがう極どうしは引きつけ合うのかな。

ここがだいじ!
①コイルのまき数を多くするほど、電磁石の鉄を引きつける強さは強くなる。
②モーターは、電磁石と磁石が引きつけ合う力と、しりぞけ合う力によって回っている。身の回りには、電磁石を利用した道具がいろいろとある。

ぴたトリビア　電磁石を利用した道具には、モーター以外に検流計や電流計、ベル、ブザーなどがあります。

ぴったり2 練習

7. 電流と電磁石
②電磁石の強さ②
●くらしの中のモーター

教科書 130~137ページ　答え 31ページ

1 ㋐~㋒の回路のスイッチを入れて、電磁石をそれぞれ鉄のクリップに近づけます。

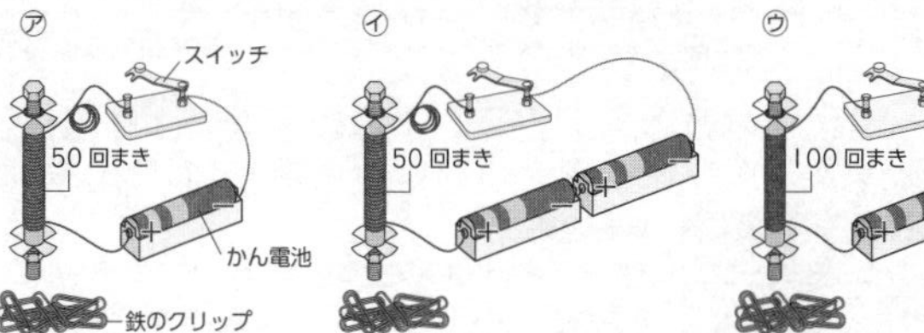

(1) 鉄のクリップがいちばん多くつくのは、どれですか。図の㋐~㋒から選びましょう。　(㋒)

(2) 電磁石について、正しいもの2つに○をつけましょう。
ア(○)電磁石の鉄を引きつける強さは、電流が大きいほど強い。
イ(　)電磁石の鉄を引きつける強さは、電流が小さいほど強い。
ウ(○)電磁石の鉄を引きつける強さは、コイルのまき数が多いほど強い。
エ(　)電磁石の鉄を引きつける強さは、コイルのまき数が少ないほど強い。

2 電磁石を利用した道具について、次の問いに答えましょう。

(1) 次の㋐~㋓のうち、電磁石を利用した道具はどれですか。記号で答えましょう。　(㋑)

㋐ 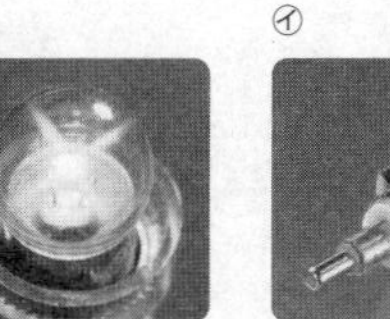
豆電球

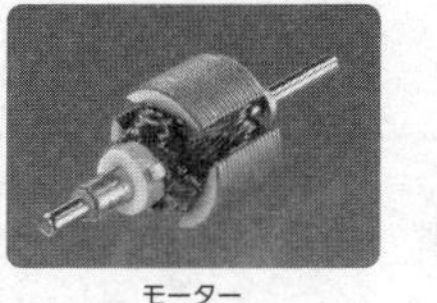

㋑ 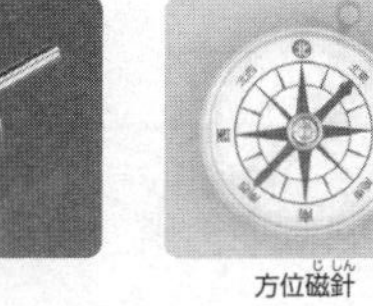
モーター

㋒ 
方位磁針

㋓ 

ぼう磁石

(2) (1)の道具について、正しいもの2つに○をつけましょう。
ア(○)(1)の道具は、電磁石と磁石が、両方利用されている。
イ(　)(1)の道具は、電磁石は利用されているが、磁石は利用されていない。
ウ(　)(1)の道具の電磁石は、磁石を近づけるとN極とS極ができる。
エ(○)(1)の道具の電磁石は、電流が流れるとN極とS極ができる。

61ページ てびき

1 (1)電磁石が鉄を引きつける力は、流れる電流が大きいほど強く、コイルのまき数が多いほど強くなります。
図の3つの電磁石で、電流が大きいのは㋑と㋒、コイルのまき数が多いのは㋒なので、鉄のクリップがいちばん多くつくのは、㋒です。

2 モーターは、電磁石と磁石が両方利用されている道具です。電流を流した電磁石にできるN極、S極と、磁石のN極、S極が引きつけ合ったり、しりぞけ合ったりすることで回ります。電流を止めると電磁石ではなくなるので、モーターの動きは止まります。

おうちのかたへ
電磁石を利用したものにモーターがあります。モーターは身の回りでたくさん使われているので、何にどのように使われているか、関心を持たせるように指導してください。

7. 電流と電磁石

62ページ

/100 合格70点

教科書 122〜139ページ　答え 32ページ

よく出る

1 電磁石の両はしに方位磁針を近づけました。 各5点(30点)

(1) 回路のスイッチを入れ、あの方位磁針を電磁石のアのはしに近づけたところ、N極が引きつけられました。

①アのはしは、何極ですか。　(S極)

②イのはしは、何極ですか。　(N極)

③次に、いの方位磁針をイのはしに近づけると、どうなりますか。正しいものに○をつけましょう。

ア(　)イのはしに、N極が引きつけられる。
イ(○)イのはしに、S極が引きつけられる。
ウ(　)方位磁針のはりは動かない。

(2) かん電池の＋極と－極を逆にして、スイッチを入れました。

①あの方位磁針をアのはしに近づけると、どうなりますか。正しいものに○をつけましょう。

ア(　)アのはしに、N極が引きつけられる。
イ(○)アのはしに、S極が引きつけられる。
ウ(　)方位磁針のはりは動かない。

②アのはし、イのはしは、それぞれ何極ですか。　ア(N極)　イ(S極)

2 検流計の使い方について、次の問いに答えましょう。 各5点(15点)

(1) 作図 図の検流計を回路につなぐとき、検流計はどのようにつなぎますか。図に、導線を表す線をかきましょう。
針は電流の向きにふれるものとします。

(2) 図のとき、検流計の切りかえスイッチは、5A(電磁石)、0.5A(光電池・豆球)のどちらにしますか。 技能

(5A(電磁石))

(3) (2)のとき、検流計のはりは、図のようにふれました。電流は何Aですか。

(1A)

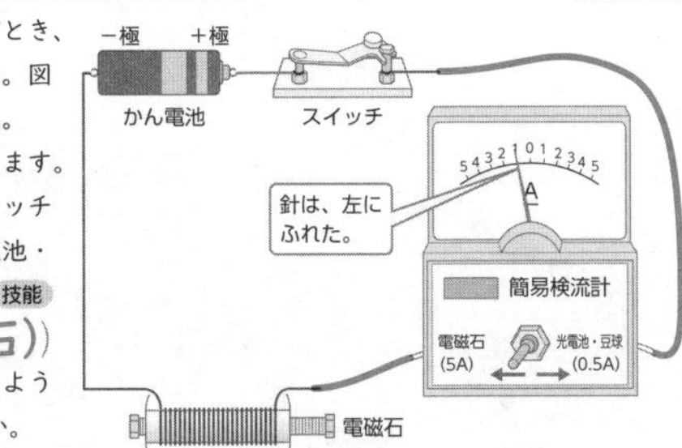

学習 63ページ

よく出る

3 下の2つの電磁石を、それぞれ鉄のクリップに近づけます。 各5点(15点)

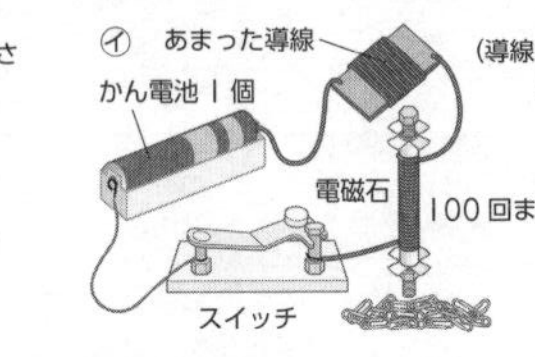

(1) 上の2つの回路で、電流の大きさと電磁石の強さの関係を調べるとき、イの回路の何をどのように変えますか。正しいものに○をつけましょう。 思考・表現

ア(△)同じかん電池を2個直列につなぐ。
イ(　)あまりが出ないように、導線を2.5mより短くする。
ウ(○)コイルのまき数を200回に増やす。
エ(　)コイルのまき数を50回に減らす。

(2) 上の2つの回路で、コイルのまき数と電磁石の強さの関係を調べるとき、イの回路の何をどのように変えますか。(1)のア〜エのうち、正しいものに△をつけましょう。 思考・表現

(3) (2)の条件で調べたとき、鉄のクリップが多くつくのはア、イのどちらですか。記号で答えましょう。　(ア)

できたらスゴイ!

4 電磁石と磁石は、どちらも鉄のクリップを引きつけます。 各10点(40点)

(1) 記述 電磁石に、鉄のクリップが引きつけられるのは、どのようなときですか。

(電流が流れているとき。)

(2) 記述 鉄のクリップにふれずに電磁石に引きつけられた鉄のクリップをはなすには、どうすればよいですか。 思考・表現

(電流が流れないようにする。)

(3) 磁石は、(2)のようにして鉄のクリップをはなすことができますか。　(できない。)

(4) 記述 鉄でできたスチールかんを運ぶときなどに使われる、リフティングマグネットには、電磁石が使われています。磁石ではなく、電磁石が使われるのはなぜですか。(1)〜(3)の電磁石や磁石の性質から答えましょう。 思考・表現

(電磁石は、電流を流さないと鉄をはなすことができるから。
(磁石では鉄をはなすことができないから。))

電磁石　磁石　鉄のクリップ
リフティングマグネット　スチールかん　電磁石

ふりかえり 3がわからないときは、58ページの1、60ページの1にもどってかくにんしましょう。
4がわからないときは、54ページの2にもどってかくにんしましょう。

62〜63ページ てびき

1 (1)方位磁針のN極が引きつけられたので、アのはしはS極、イのはしはN極とわかります。イのはし(N極)には、方位磁針のS極が引きつけられます。
(2)かん電池の＋極と－極を逆にすると、電磁石の極は逆になります。

2 (1)検流計は、1つの輪になるように回路につなぎます。
(2)電磁石にかん電池をつないだ回路のときは、切りかえスイッチは5A(電磁石)にします。
(3)切りかえスイッチが5A(電磁石)のとき、検流計の1目もりは、1Aを表しています。

3 (1)、(2)下のように、調べる条件以外の条件はそろえます。

調べる条件	そろえる条件
電流の大きさ	コイルのまき数 導線の長さ
コイルのまき数	電流の大きさ 導線の長さ

(3)コイルのまき数が多いアの方が多くつきます。

4 (1)〜(4)電磁石は電流が流れているときだけ鉄を引きつける力がありますが、磁石には常に鉄を引きつける力があります。

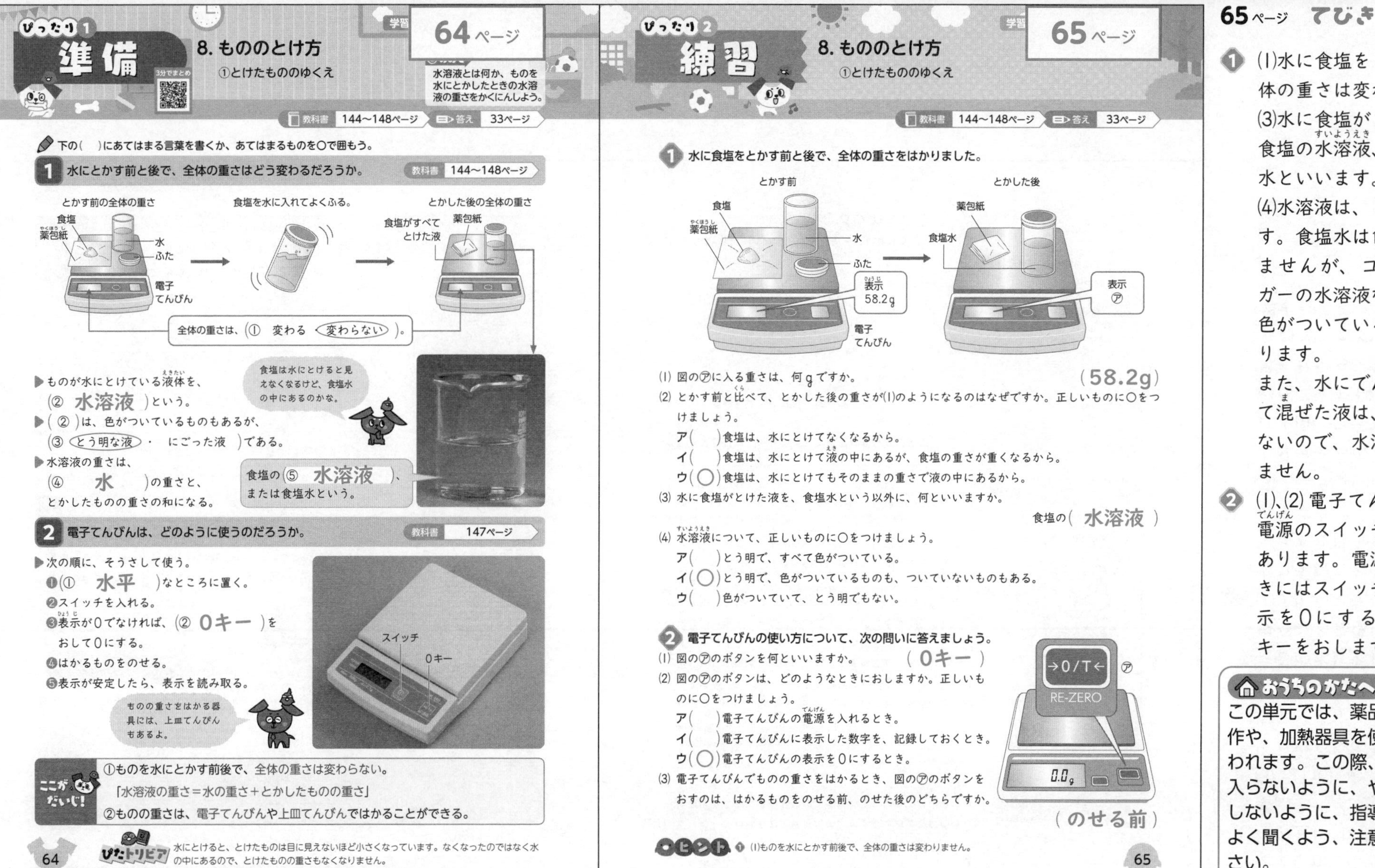

ぴったり1 準備 64ページ

8. もののとけ方
①とけたもののゆくえ

水溶液とは何か、ものを水にとかしたときの水溶液の重さをかくにんしよう。

教科書 144~148ページ　答え 33ページ

下の(　)にあてはまる言葉を書くか、あてはまるものを○で囲もう。

1 水にとかす前と後で、全体の重さはどう変わるだろうか。 教科書 144~148ページ

とかす前の全体の重さ　食塩　薬包紙　水　ふた　電子てんびん
食塩を水に入れてよくふる。
とかした後の全体の重さ　食塩がすべてとけた液　薬包紙

全体の重さは、(① 変わる　(変わらない))。

▶ものが水にとけている液体を、(② 水溶液)という。
▶(②)は、色がついているものもあるが、(③ (とう明な液)・ にごった液)である。
▶水溶液の重さは、(④ 水)の重さと、とかしたものの重さの和になる。

食塩は水にとけると見えなくなるけど、食塩水の中にあるのかな。

食塩の(⑤ 水溶液)、または食塩水という。

2 電子てんびんは、どのように使うのだろうか。 教科書 147ページ

▶次の順に、そうさして使う。
❶(① 水平)なところに置く。
❷スイッチを入れる。
❸表示が0でなければ、(② 0キー)をおして0にする。
❹はかるものをのせる。
❺表示が安定したら、表示を読み取る。

ものの重さをはかる器具には、上皿てんびんもあるよ。

スイッチ　0キー

ここがだいじ!
①ものを水にとかす前後で、全体の重さは変わらない。
「水溶液の重さ＝水の重さ＋とかしたものの重さ」
②ものの重さは、電子てんびんや上皿てんびんではかることができる。

ぴたトリビア　水にとけると、とけたものは目に見えないほど小さくなっています。なくなったのではなく水の中にあるので、とけたものの重さもなくなりません。

64

ぴったり2 練習 65ページ

8. もののとけ方
①とけたもののゆくえ

教科書 144~148ページ　答え 33ページ

1 水に食塩をとかす前と後で、全体の重さをはかりました。

とかす前　食塩　薬包紙　水　ふた　表示 58.2g　電子てんびん
とかした後　薬包紙　食塩水　表示㋐

(1) 図の㋐に入る重さは、何gですか。　(58.2g)
(2) とかす前と比べて、とかした後の重さが(1)のようになるのはなぜですか。正しいものに○をつけましょう。
ア(　)食塩は、水にとけてなくなるから。
イ(　)食塩は、水にとけて液の中にあるが、食塩の重さが重くなるから。
ウ(○)食塩は、水にとけてもそのままの重さで液の中にあるから。
(3) 水に食塩がとけた液を、食塩水という以外に、何といいますか。
食塩の(水溶液)
(4) 水溶液について、正しいものに○をつけましょう。
ア(　)とう明で、すべて色がついている。
イ(○)とう明で、色がついているものも、ついていないものもある。
ウ(　)色がついていて、とう明でもない。

2 電子てんびんの使い方について、次の問いに答えましょう。
(1) 図の㋐のボタンを何といいますか。　(0キー)
(2) 図の㋐のボタンは、どのようなときにおしますか。正しいものに○をつけましょう。
ア(　)電子てんびんの電源を入れるとき。
イ(　)電子てんびんに表示した数字を、記録しておくとき。
ウ(○)電子てんびんの表示を0にするとき。
(3) 電子てんびんでものの重さをはかるとき、図の㋐のボタンをおすのは、はかるものをのせる前、のせた後のどちらですか。
(のせる前)

→0/T←　RE-ZERO　0.0g

ヒント ❶ (1)ものを水にとかす前後で、全体の重さは変わりません。

65

65ページ　てびき

❶ (1)水に食塩をとかしても全体の重さは変わりません。
(3)水に食塩がとけた液を、食塩の水溶液、または食塩水といいます。
(4)水溶液は、とう明な液です。食塩水は色がついていませんが、コーヒーシュガーの水溶液などのように、色がついている水溶液もあります。
また、水にでんぷんを入れて混ぜた液は、とう明ではないので、水溶液とはいいません。

❷ (1)、(2)電子てんびんには、電源のスイッチや0キーがあります。電源を入れるときにはスイッチをおし、表示を0にするときには0キーをおします。

おうちのかたへ
この単元では、薬品を溶かす操作や、加熱器具を使う実験が行われます。この際、薬品が目に入らないように、やけどなどをしないように、指導者の指示をよく聞くよう、注意させてください。

おうちのかたへ　8. もののとけ方
ものが水に溶けるときの規則性について学習します。水溶液とは何か、水の量や温度を変えたときに溶ける量が変化するか、水に溶けたものを取り出すにはどうすればよいか、といったことを理解しているかがポイントです。

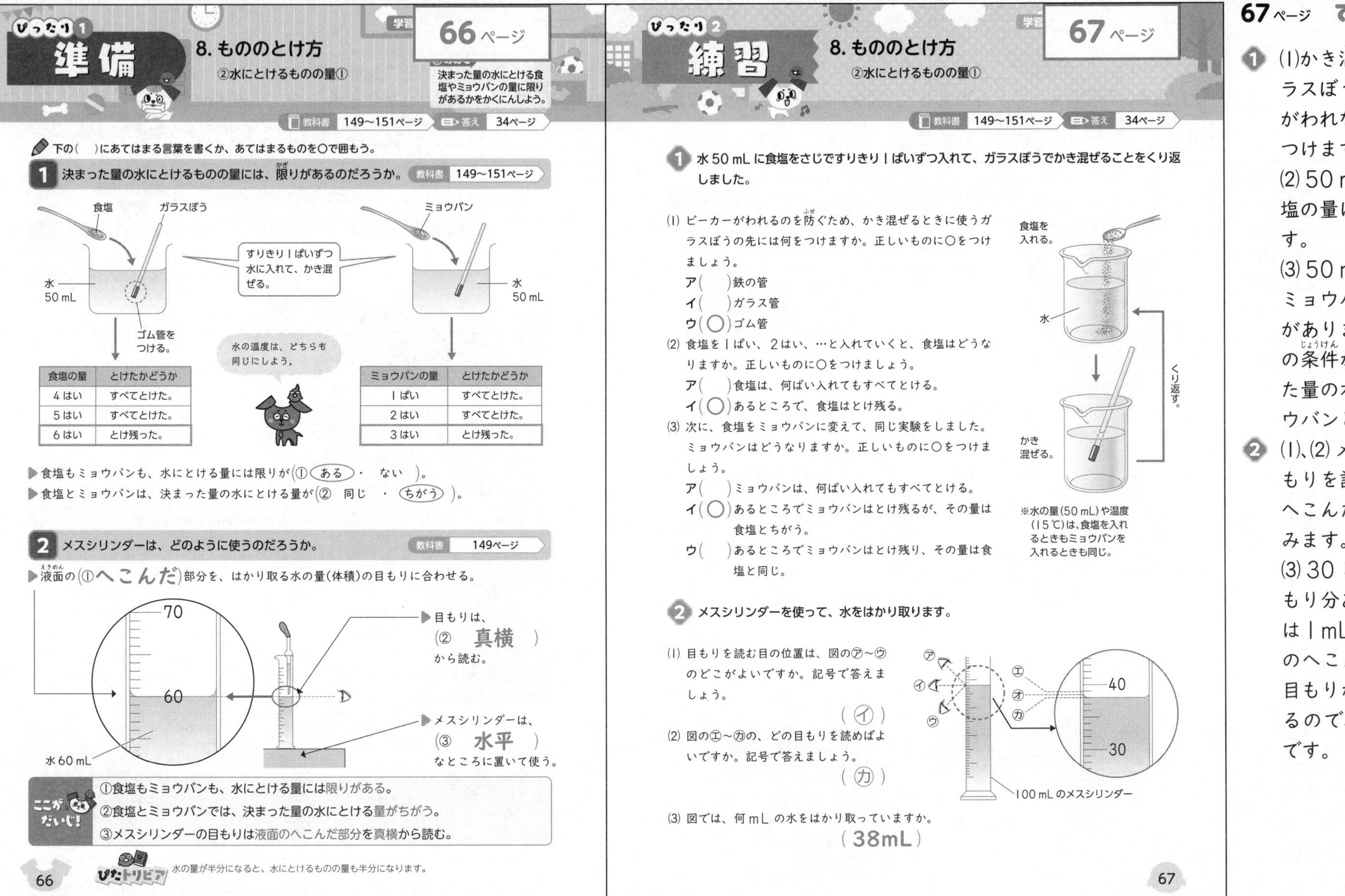

ぴったり1 準備

8. もののとけ方

②水にとけるものの量①

66ページ

決まった量の水にとける食塩やミョウバンの量に限りがあるかをかくにんしよう。

教科書 149～151ページ　答え 34ページ

下の(　)にあてはまる言葉を書くか、あてはまるものを○で囲もう。

1 決まった量の水にとけるものの量には、限りがあるのだろうか。　教科書 149～151ページ

食塩の量	とけたかどうか
4はい	すべてとけた。
5はい	すべてとけた。
6はい	とけ残った。

ミョウバンの量	とけたかどうか
1ぱい	すべてとけた。
2はい	すべてとけた。
3はい	とけ残った。

▶食塩もミョウバンも、水にとける量には限りが(① ある ・ ない)。

▶食塩とミョウバンは、決まった量の水にとける量が(② 同じ ・ ちがう)。

2 メスシリンダーは、どのように使うのだろうか。　教科書 149ページ

▶液面の(① へこんだ)部分を、はかり取る水の量(体積)の目もりに合わせる。

▶目もりは、(② 真横)から読む。

▶メスシリンダーは、(③ 水平)なところに置いて使う。

ここがだいじ!
①食塩もミョウバンも、水にとける量には限りがある。
②食塩とミョウバンでは、決まった量の水にとける量がちがう。
③メスシリンダーの目もりは液面のへこんだ部分を真横から読む。

ぴたトリビア　水の量が半分になると、水にとけるものの量も半分になります。

66

ぴったり2 練習

8. もののとけ方

②水にとけるものの量①

67ページ

教科書 149～151ページ　答え 34ページ

1 水 50 mL に食塩をさじですりきり1ぱいずつ入れて、ガラスぼうでかき混ぜることをくり返しました。

(1) ビーカーがわれるのを防ぐため、かき混ぜるときに使うガラスぼうの先には何をつけますか。正しいものに○をつけましょう。
ア(　)鉄の管
イ(　)ガラス管
ウ(○)ゴム管

(2) 食塩を1ぱい、2はい、…と入れていくと、食塩はどうなりますか。正しいものに○をつけましょう。
ア(　)食塩は、何ばい入れてもすべてとける。
イ(○)あるところで、食塩はとけ残る。

(3) 次に、食塩をミョウバンに変えて、同じ実験をしました。ミョウバンはどうなりますか。正しいものに○をつけましょう。
ア(　)ミョウバンは、何ばい入れてもすべてとける。
イ(○)あるところでミョウバンはとけ残るが、その量は食塩とちがう。
ウ(　)あるところでミョウバンはとけ残り、その量は食塩と同じ。

※水の量(50 mL)や温度(15 ℃)は、食塩を入れるときもミョウバンを入れるときも同じ。

2 メスシリンダーを使って、水をはかり取ります。

(1) 目もりを読む目の位置は、図の㋐～㋒のどこがよいですか。記号で答えましょう。　(㋑)

(2) 図の㋓～㋕の、どの目もりを読めばよいですか。記号で答えましょう。　(㋕)

(3) 図では、何 mL の水をはかり取っていますか。　(38mL)

67

67ページ　てびき

1 (1)かき混ぜるときに使うガラスぼうの先には、ガラスがわれないようにゴム管をつけます。

(2) 50 mL の水にとける食塩の量には、限りがあります。

(3) 50 mL の水にとけるミョウバンの量にも、限りがあります。水の量や温度の条件が同じでも、決まった量の水にとける量はミョウバンと食塩でちがいます。

2 (1)、(2) メスシリンダーの目もりを読むときは、水面のへこんだ部分を真横から読みます。

(3) 30 と 40 の間は 10 目もり分あるので、1目もりは 1 mL を表します。水面のへこんだ部分は、40 の目もりから2目もり下にあるので、水の量は 38 mL です。

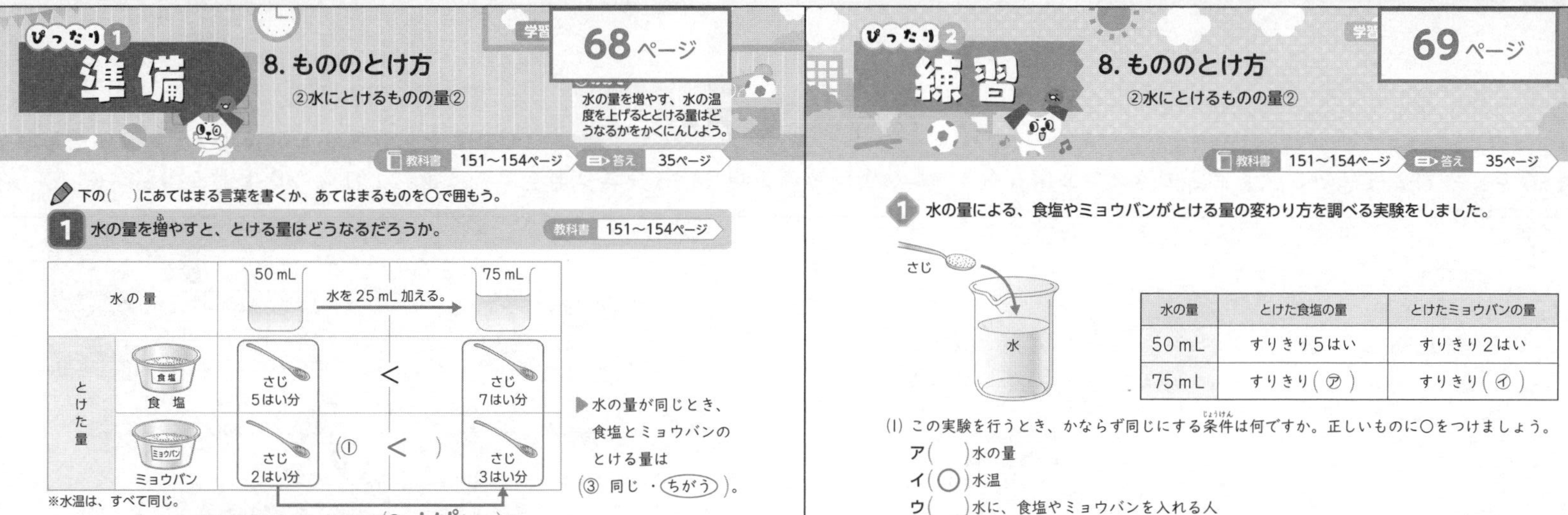

ぴったり1 準備

8. もののとけ方
②水にとけるものの量②

学習 68ページ

水の量を増やす、水の温度を上げるととける量はどうなるかをかくにんしよう。

教科書 151～154ページ　答え 35ページ

下の(　)にあてはまる言葉を書くか、あてはまるものを○で囲もう。

1 水の量を増やすと、とける量はどうなるだろうか。　教科書 151～154ページ

水の量		50 mL	水を 25 mL 加える。	75 mL
とけた量	食塩	さじ 5はい分	＜	さじ 7はい分
	ミョウバン	さじ 2はい分	(① ＜)	さじ 3はい分

※水温は、すべて同じ。

食塩は2はい分、ミョウバンは(② 1ぱい)分増える。

▶水の量が同じとき、食塩とミョウバンのとける量は(③ 同じ・(ちがう))。

▶水の量を増やすと、とける食塩やミョウバンの量は(④ (増える)・減る)。

2 水温を上げると、とける量はどうなるだろうか。　教科書 151～154ページ

▶食塩とミョウバンでは、水温を上げると、(① 食塩)のとける量はほとんど変わらないが、(② ミョウバン)のとける量は増える。

ここがだいじ!
①食塩やミョウバンが水にとける量は、水の量によって変わる。
②食塩が水にとける量は、水温を上げてもあまり増えない。
③ミョウバンが水にとける量は、水温を上げると増える。

ぴたトリビア　水にとける量だけでなく、水以外の液体にとける量と温度の関係も、ものによってちがいます。

ぴったり2 練習

8. もののとけ方
②水にとけるものの量②

学習 69ページ

教科書 151～154ページ　答え 35ページ

1 水の量による、食塩やミョウバンがとける量の変わり方を調べる実験をしました。

水の量	とけた食塩の量	とけたミョウバンの量
50 mL	すりきり5はい	すりきり2はい
75 mL	すりきり(㋐)	すりきり(㋑)

(1) この実験を行うとき、かならず同じにする条件は何ですか。正しいものに○をつけましょう。
ア(　)水の量
イ(○)水温
ウ(　)水に、食塩やミョウバンを入れる人

(2) 表の㋐にあてはまる言葉は何ですか。正しいものに○をつけましょう。また、表の㋑にあてはまる言葉は何ですか。正しいものに△をつけましょう。
ア(　)2はい　イ(△)3はい
ウ(○)7はい　エ(　)12はい

(3) 水の量ととけるものの量の間には、どのような関係がありますか。正しいものに○をつけましょう。
ア(○)水の量が増えると、とけるものの量も増える。
イ(　)水の量が増えると、とけるものの量は減る。
ウ(　)水の量が増えても、とけるものの量は同じ。

2 水温による、食塩やミョウバンがとける量の変わり方を調べ、表にまとめました。

水温	とけた食塩の量	とけたミョウバンの量
20℃	すりきり5はい	すりきり2はい
60℃	すりきり(㋐)はい	すりきり13はい

※水の量は、すべて50 mL。

(1) 表の㋐にあてはまる数を答えましょう。
(5)

(2) 20℃の水50 mLに、それぞれ食塩やミョウバンをすりきり3はい入れて、かき混ぜます。それぞれどうなりますか。
食塩(すべてとける。)
ミョウバン(とけ残る。)

(3) 水温が上がると、とける量が大きく増えるのは、食塩とミョウバンのどちらですか。
(ミョウバン)

69ページ　てびき

1 (1)調べる条件は水の量なので、それ以外の条件(水の温度)は同じにします。水に食塩やミョウバンを入れる人は、かならず同じにする必要はありません。
(2)、(3)くわしく調べると、食塩もミョウバンも、水の量が2倍、3倍、4倍、…になると、とける量も2倍、3倍、4倍、…になります。表では、水の量は50 mLから1.5倍の75 mLになっています。したがって食塩のとけた量は5はいの1.5倍に近い7はい、ミョウバンのとけた量は2はいの1.5倍である3はいです。

2 (1)食塩は、水の温度によってとける量がほとんど変わらないので、㋐には5があてはまります。
(2)表より、水の温度が20℃のとき食塩は5はいまでとけ、ミョウバンは2はいまでとけます。したがって、食塩3はいはすべてとけ、ミョウバン3はいはとけ残ります。
(3)ミョウバンは、水温が高くなるととける量は大きく増えます。

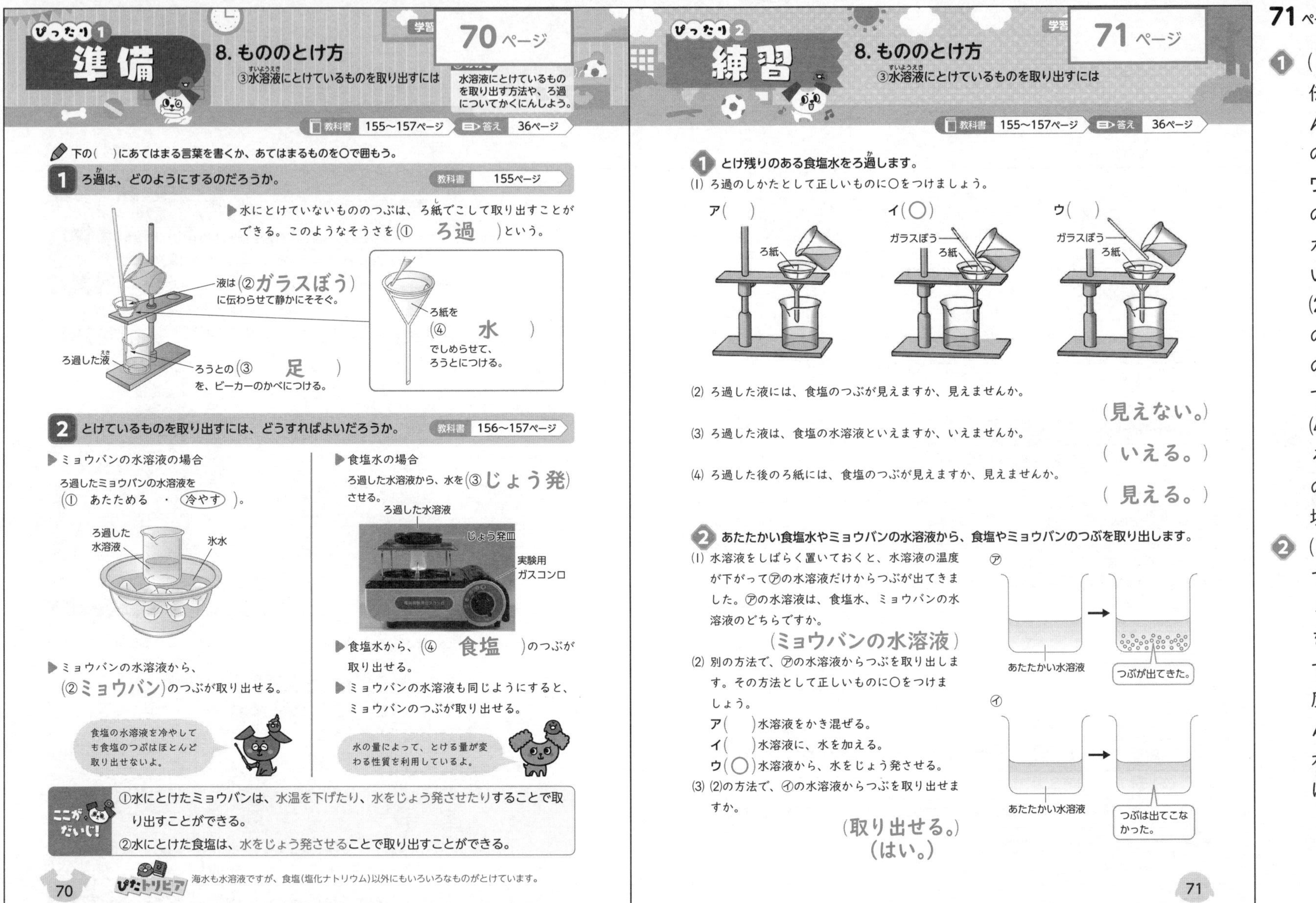

ぴったり1 準備

8. もののとけ方
③水溶液にとけているものを取り出すには

学習 70ページ

水溶液にとけているものを取り出す方法や、ろ過についてかくにんしよう。

教科書 155〜157ページ　答え 36ページ

下の(　)にあてはまる言葉を書くか、あてはまるものを○で囲もう。

1 ろ過は、どのようにするのだろうか。　教科書 155ページ

▶水にとけていないもののつぶは、ろ紙でこして取り出すことができる。このようなそうさを(① ろ過)という。

液は(②ガラスぼう)に伝わらせて静かにそそぐ。

ろ紙を(④ 水)でしめらせて、ろうとにつける。

ろ過した液

ろうとの(③ 足)を、ビーカーのかべにつける。

2 とけているものを取り出すには、どうすればよいだろうか。　教科書 156〜157ページ

▶ミョウバンの水溶液の場合

ろ過したミョウバンの水溶液を(① あたためる ・ 冷やす(○))。

ろ過した水溶液　氷水

▶ミョウバンの水溶液から、(②ミョウバン)のつぶが取り出せる。

食塩の水溶液を冷やしても食塩のつぶはほとんど取り出せないよ。

▶食塩水の場合

ろ過した水溶液から、水を(③じょう発)させる。

ろ過した水溶液　じょう発皿　実験用ガスコンロ

▶食塩水から、(④ 食塩)のつぶが取り出せる。

▶ミョウバンの水溶液も同じようにすると、ミョウバンのつぶが取り出せる。

水の量によって、とける量が変わる性質を利用しているよ。

ここがだいじ！
①水にとけたミョウバンは、水温を下げたり、水をじょう発させたりすることで取り出すことができる。
②水にとけた食塩は、水をじょう発させることで取り出すことができる。

ぴたトリビア　海水も水溶液ですが、食塩(塩化ナトリウム)以外にもいろいろなものがとけています。

70

ぴったり2 練習

8. もののとけ方
③水溶液にとけているものを取り出すには

学習 71ページ

教科書 155〜157ページ　答え 36ページ

1 とけ残りのある食塩水をろ過します。

(1) ろ過のしかたとして正しいものに○をつけましょう。

ア(　)　イ(○)　ウ(　)

ろ紙　ガラスぼう

(2) ろ過した液には、食塩のつぶが見えますか、見えませんか。　(見えない。)

(3) ろ過した液は、食塩の水溶液といえますか、いえませんか。　(いえる。)

(4) ろ過した後のろ紙には、食塩のつぶが見えますか、見えませんか。　(見える。)

2 あたたかい食塩水やミョウバンの水溶液から、食塩やミョウバンのつぶを取り出します。

(1) 水溶液をしばらく置いておくと、水溶液の温度が下がって㋐の水溶液だけからつぶが出てきました。㋐の水溶液は、食塩水、ミョウバンの水溶液のどちらですか。　(ミョウバンの水溶液)

(2) 別の方法で、㋐の水溶液からつぶを取り出します。その方法として正しいものに○をつけましょう。

ア(　)水溶液をかき混ぜる。
イ(　)水溶液に、水を加える。
ウ(○)水溶液から、水をじょう発させる。

(3) (2)の方法で、㋑の水溶液からつぶを取り出せますか。　(取り出せる。)(はい。)

㋐ あたたかい水溶液 → つぶが出てきた。
㋑ あたたかい水溶液 → つぶは出てこなかった。

71

71ページ てびき

1 (1)ア…液を、ガラスぼうに伝わらせてそそいでいません。ろうとの足をビーカーのかべにつけていません。
ウ…ろうとの足をビーカーのかべにつけていません。ガラスぼうをろ紙につけていません。
(2)ろ過した液は、食塩水なので、水にとけている食塩のつぶを、目で見ることはできません。
(4)とけ残りのある食塩水をろ過したので、ろ過した後のろ紙には、とけ残った食塩のつぶが見えます。

2 (1)ミョウバンは温度によってとける量が変わるので、ミョウバンの水溶液の温度を下げるとつぶが出てきます(下のグラフ)。食塩は温度によってとける量がほとんど変わらないので、食塩水の温度を下げてもつぶはほとんど出てきません。

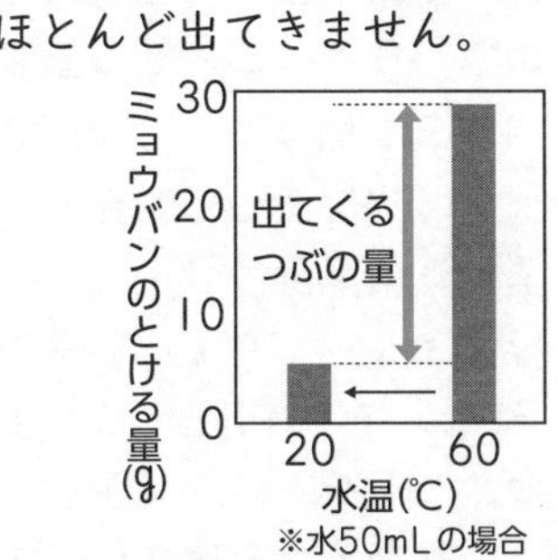

2 (2)、(3)水溶液を熱するなどして、水をじょう発させると、とけていた固体のつぶを取り出すことができます。この方法では、ミョウバンと食塩のどちらも取り出すことができます。

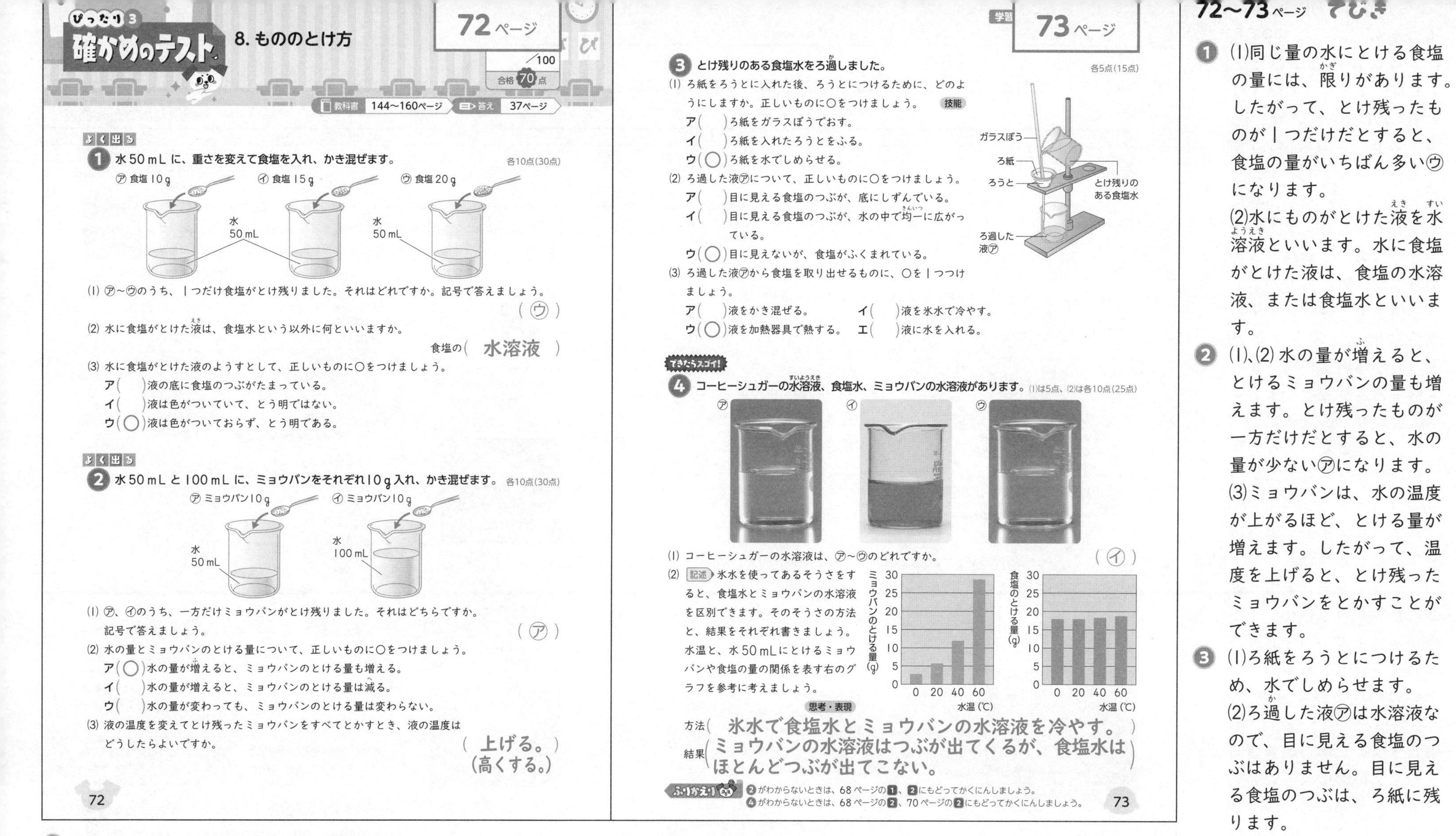

ぴったり3 確かめのテスト。 8. もののとけ方

72ページ

/100 合格70点

教科書 144~160ページ　答え 37ページ

よく出る

1 水50mLに、重さを変えて食塩を入れ、かき混ぜます。 各10点(30点)

㋐ 食塩10g　㋑ 食塩15g　㋒ 食塩20g　水 50mL

(1) ㋐~㋒のうち、1つだけ食塩がとけ残りました。それはどれですか。記号で答えましょう。（㋒）

(2) 水に食塩がとけた液は、食塩水という以外に何といいますか。

食塩の（水溶液）

(3) 水に食塩がとけた液のようすとして、正しいものに○をつけましょう。

ア（　）液の底に食塩のつぶがたまっている。

イ（　）液は色がついていて、とう明ではない。

ウ（○）液は色がついておらず、とう明である。

よく出る

2 水50mLと100mLに、ミョウバンをそれぞれ10g入れ、かき混ぜます。 各10点(30点)

㋐ ミョウバン10g　㋑ ミョウバン10g　水 50mL　水 100mL

(1) ㋐、㋑のうち、一方だけミョウバンがとけ残りました。それはどちらですか。記号で答えましょう。（㋐）

(2) 水の量とミョウバンのとける量について、正しいものに○をつけましょう。

ア（○）水の量が増えると、ミョウバンのとける量も増える。

イ（　）水の量が増えると、ミョウバンのとける量は減る。

ウ（　）水の量が変わっても、ミョウバンのとける量は変わらない。

(3) 液の温度を変えてとけ残ったミョウバンをすべてとかすとき、液の温度はどうしたらよいですか。

（上げる。）（高くする。）

72

73ページ

3 とけ残りのある食塩水をろ過しました。 各5点(15点)

(1) ろ紙をろうとに入れた後、ろうとにつけるために、どのようにしますか。正しいものに○をつけましょう。 技能

ア（　）ろ紙をガラスぼうでおす。

イ（　）ろ紙を入れたろうとをふる。

ウ（○）ろ紙を水でしめらせる。

ガラスぼう　ろ紙　ろうと　とけ残りのある食塩水　ろ過した液㋐

(2) ろ過した液㋐について、正しいものに○をつけましょう。

ア（　）目に見える食塩のつぶが、底にしずんでいる。

イ（　）目に見える食塩のつぶが、水の中で均一に広がっている。

ウ（○）目に見えないが、食塩がふくまれている。

(3) ろ過した液㋐から食塩を取り出せるものに、○を1つつけましょう。

ア（　）液をかき混ぜる。　イ（　）液を氷水で冷やす。

ウ（○）液を加熱器具で熱する。　エ（　）液に水を入れる。

てきたらスゴイ!

4 コーヒーシュガーの水溶液、食塩水、ミョウバンの水溶液があります。 (1)は5点、(2)は各10点(25点)

㋐　㋑　㋒

(1) コーヒーシュガーの水溶液は、㋐~㋒のどれですか。（㋑）

(2) 記述 氷水を使ってあるそうさをすると、食塩水とミョウバンの水溶液を区別できます。そのそうさの方法と、結果をそれぞれ書きましょう。水温と、水50mLにとけるミョウバンや食塩の量の関係を表す右のグラフを参考に考えましょう。

ミョウバンのとける量(g)　食塩のとける量(g)　0 5 10 15 20 25 30　0 20 40 60 水温(℃)

思考・表現

方法（氷水で食塩水とミョウバンの水溶液を冷やす。）

結果（ミョウバンの水溶液はつぶが出てくるが、食塩水はほとんどつぶが出てこない。）

ふりかえり 2がわからないときは、68ページの1、2にもどってかくにんしましょう。4がわからないときは、68ページの2、70ページの2にもどってかくにんしましょう。

73

1 (1)同じ量の水にとける食塩の量には、限りがあります。したがって、とけ残ったものが1つだけだとすると、食塩の量がいちばん多い㋒になります。

(2)水にものがとけた液を水溶液といいます。水に食塩がとけた液は、食塩の水溶液、または食塩水といいます。

2 (1)、(2) 水の量が増えると、とけるミョウバンの量も増えます。とけ残ったものが一方だけだとすると、水の量が少ない㋐になります。

(3)ミョウバンは、水の温度が上がるほど、とける量が増えます。したがって、温度を上げると、とけ残ったミョウバンをとかすことができます。

3 (1)ろ紙をろうとにつけるため、水でしめらせます。

(2)ろ過した液㋐は水溶液なので、目に見える食塩のつぶはありません。目に見える食塩のつぶは、ろ紙に残ります。

4 (1)食塩水とミョウバンの水溶液は色がついていませんが、コーヒーシュガーの水溶液は色がついています。どれもとう明で、水溶液といえます。

(2)氷水を使うと、水溶液の温度を下げることができます。ミョウバンは温度が下がると水にとける量が減るので、つぶが出てきます。食塩は温度が下がっても水にとける量はほとんど変わらないので、つぶはほとんど出てきません。

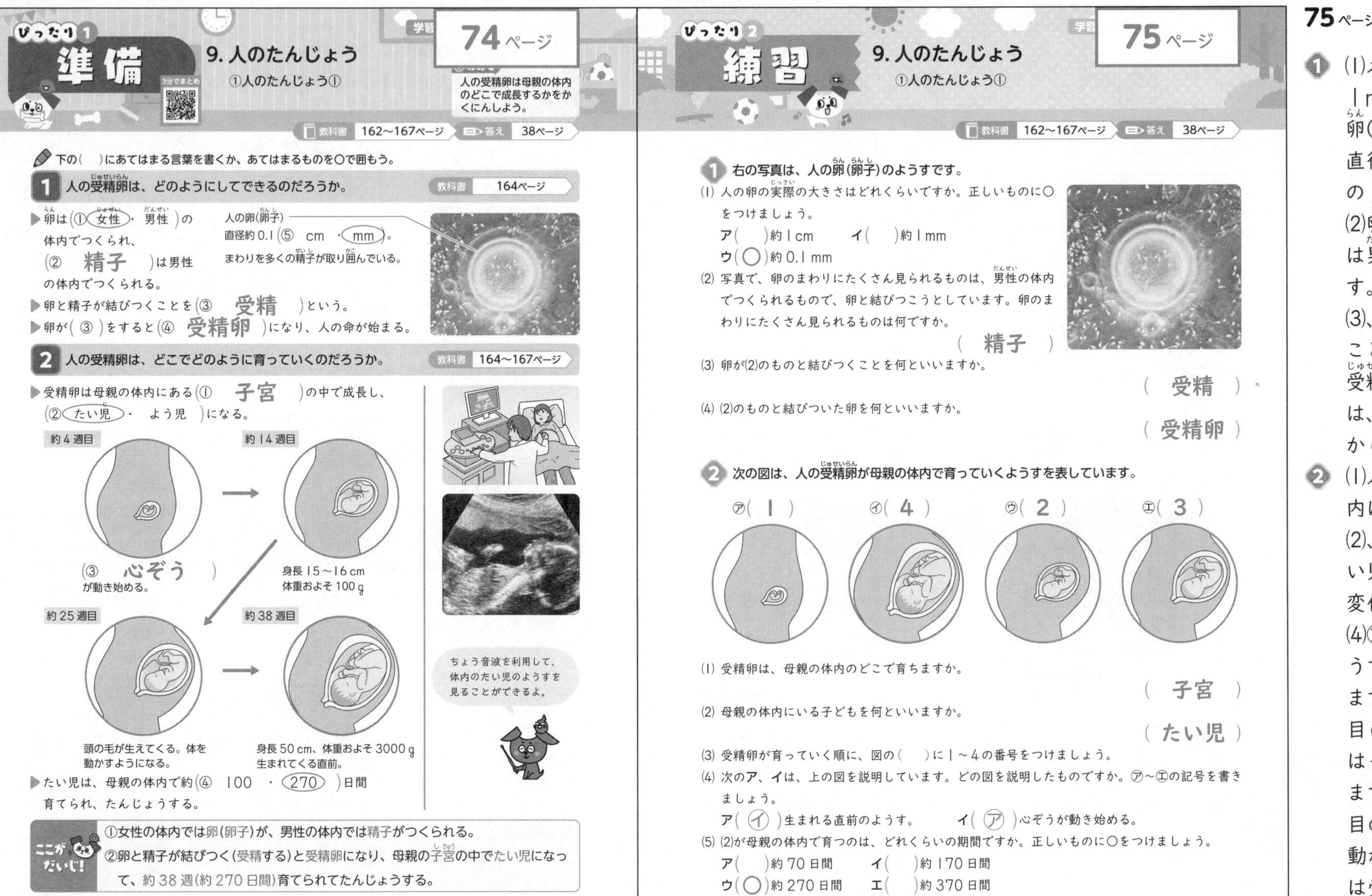

ぴったり1 準備 9. 人のたんじょう ①人のたんじょう① 74ページ

人の受精卵は母親の体内のどこで成長するかをかくにんしよう。

教科書 162～167ページ　答え 38ページ

下の（　）にあてはまる言葉を書くか、あてはまるものを○で囲もう。

1 人の受精卵は、どのようにしてできるのだろうか。　教科書 164ページ

▶卵は（①（女性）・男性）の体内でつくられ、（② 精子 ）は男性の体内でつくられる。

人の卵（卵子）直径約 0.1（⑤ cm ・（mm））。まわりを多くの精子が取り囲んでいる。

▶卵と精子が結びつくことを（③ 受精 ）という。

▶卵が（ ③ ）をすると（④ 受精卵 ）になり、人の命が始まる。

2 人の受精卵は、どこでどのように育っていくのだろうか。　教科書 164～167ページ

▶受精卵は母親の体内にある（① 子宮 ）の中で成長し、（②（たい児）・ よう児 ）になる。

約4週目　（③ 心ぞう ）が動き始める。

約14週目　身長 15～16 cm 体重およそ 100 g

約25週目　頭の毛が生えてくる。体を動かすようになる。

約38週目　身長 50 cm、体重およそ 3000 g 生まれてくる直前。

ちょう音波を利用して、体内のたい児のようすを見ることができるよ。

▶たい児は、母親の体内で約（④ 100 ・（270））日間育てられ、たんじょうする。

ここがだいじ！
①女性の体内では卵（卵子）が、男性の体内では精子がつくられる。
②卵と精子が結びつく（受精する）と受精卵になり、母親の子宮の中でたい児になって、約 38 週（約 270 日間）育てられてたんじょうする。

ぴたトリビア　いま地球にすむ人類は、みなホモ・サピエンスという同じ種類の生物です。

74

ぴったり2 練習 9. 人のたんじょう ①人のたんじょう① 75ページ

教科書 162～167ページ　答え 38ページ

1 右の写真は、人の卵（卵子）のようすです。

(1) 人の卵の実際の大きさはどれくらいですか。正しいものに○をつけましょう。
ア（　）約 1 cm　イ（　）約 1 mm
ウ（○）約 0.1 mm

(2) 写真で、卵のまわりにたくさん見られるものは、男性の体内でつくられるもので、卵と結びつこうとしています。卵のまわりにたくさん見られるものは何ですか。（ 精子 ）

(3) 卵が(2)のものと結びつくことを何といいますか。（ 受精 ）

(4) (2)のものと結びついた卵を何といいますか。（ 受精卵 ）

2 次の図は、人の受精卵が母親の体内で育っていくようすを表しています。

㋐（ 1 ）　㋑（ 4 ）　㋒（ 2 ）　㋓（ 3 ）

(1) 受精卵は、母親の体内のどこで育ちますか。（ 子宮 ）

(2) 母親の体内にいる子どもを何といいますか。（ たい児 ）

(3) 受精卵が育っていく順に、図の（　）に 1～4 の番号をつけましょう。

(4) 次のア、イは、上の図を説明しています。どの図を説明したものですか。㋐～㋓の記号を書きましょう。
ア（ ㋑ ）生まれる直前のようす。　イ（ ㋐ ）心ぞうが動き始める。

(5) (2)が母親の体内で育つのは、どれくらいの期間ですか。正しいものに○をつけましょう。
ア（　）約 70 日間　イ（　）約 170 日間
ウ（○）約 270 日間　エ（　）約 370 日間

75

おうちのかたへ　9. 人のたんじょう

動物の発生や成長について学習します。ここでは、人を対象として扱います。たい児が母親の体内で成長して生まれていることを理解しているか、などがポイントです。

75ページ　てびき

1 (1)メダカのたまごは直径が1 mm くらいですが、人の卵（卵子）はたいへん小さく、直径が約 0.1 mm と 10 分の 1 くらいの大きさです。
(2)卵は女性の体内で、精子は男性の体内でつくられます。
(3)、(4) 卵と精子が結びつくことを受精、受精した卵を受精卵といいます。人の命は、この 0.1 mm の受精卵から始まります。

2 (1)人の受精卵は、母親の体内にある子宮で育ちます。
(2)、(3) 受精卵は成長してたい児になり、人らしい形に変化していきます。
(4)㋐は受精から 4 週目のようすで、心ぞうが動き始めます。㋒は受精から 14 週目のようすで、体の形がはっきりわかるようになります。㋓は受精から 25 週目のようすで、体を活発に動かすようになります。㋑は受精から 38 週目のようすです。
(5)たい児は、受精から約 38 週（約 270 日間）後にたんじょうします。生まれる直前のたい児の身長は 50 cm ぐらい、体重はおよそ 3000 g になります。

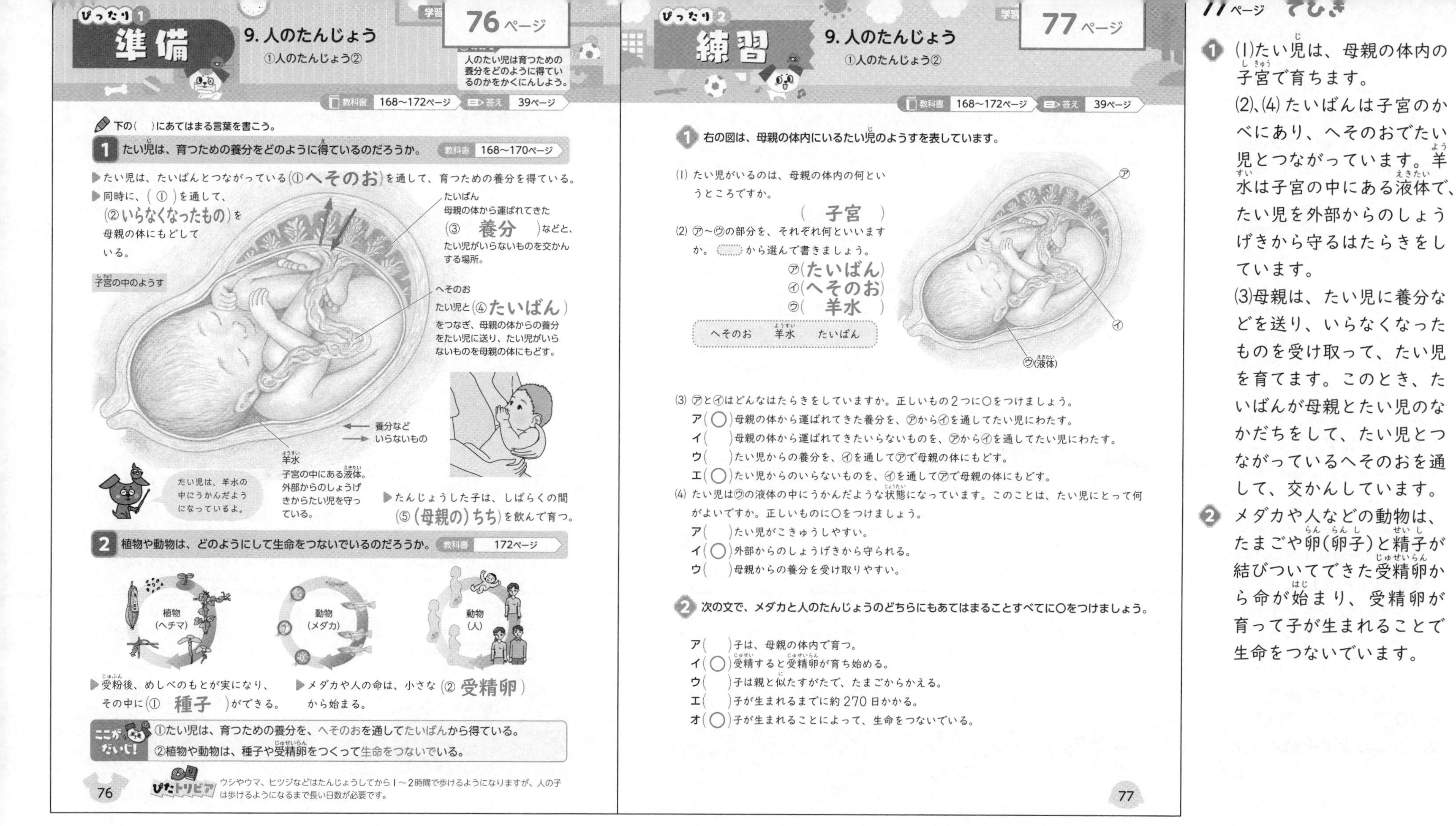

ぴったり1 準備

9. 人のたんじょう

①人のたんじょう②

76ページ

人のたい児は育つための養分をどのように得ているのかをかくにんしよう。

教科書 168〜172ページ　答え 39ページ

下の(　)にあてはまる言葉を書こう。

1 たい児は、育つための養分をどのように得ているのだろうか。 教科書 168〜170ページ

▶たい児は、たいばんとつながっている(①へそのお)を通して、育つための養分を得ている。

▶同時に、(①)を通して、(②いらなくなったもの)を母親の体にもどしている。

子宮の中のようす

たいばん
母親の体から運ばれてきた(③　養分　)などと、たい児がいらないものを交かんする場所。

へそのお
たい児と(④たいばん)をつなぎ、母親の体からの養分をたい児に送り、たい児がいらないものを母親の体にもどす。

←養分など
→いらないもの

羊水
子宮の中にある液体。外部からのしょうげきからたい児を守っている。

たい児は、羊水の中にうかんだようになっているよ。

▶たんじょうした子は、しばらくの間(⑤(母親の)ちち)を飲んで育つ。

2 植物や動物は、どのようにして生命をつないでいるのだろうか。 教科書 172ページ

植物(ヘチマ)　動物(メダカ)　動物(人)

▶受粉後、めしべのもとが実になり、その中に(①　種子　)ができる。

▶メダカや人の命は、小さな(②受精卵)から始まる。

ここがだいじ！
①たい児は、育つための養分を、へそのおを通してたいばんから得ている。
②植物や動物は、種子や受精卵をつくって生命をつないでいる。

ぴたトリビア　ウシやウマ、ヒツジなどはたんじょうしてから1〜2時間で歩けるようになりますが、人の子は歩けるようになるまで長い日数が必要です。

76

ぴったり2 練習

9. 人のたんじょう

①人のたんじょう②

77ページ

教科書 168〜172ページ　答え 39ページ

1 右の図は、母親の体内にいるたい児のようすを表しています。

(1) たい児がいるのは、母親の体内の何というところですか。
(　子宮　)

(2) ㋐〜㋒の部分を、それぞれ何といいますか。[　]から選んで書きましょう。
㋐(たいばん)
㋑(へそのお)
㋒(　羊水　)

へそのお　羊水　たいばん

㋐　㋑　㋒(液体)

(3) ㋐と㋑はどんなはたらきをしていますか。正しいもの2つに○をつけましょう。
ア(○)母親の体から運ばれてきた養分を、㋐から㋑を通してたい児にわたす。
イ(　)母親の体から運ばれてきたいらないものを、㋐から㋑を通してたい児にわたす。
ウ(　)たい児からの養分を、㋑を通して㋐で母親の体にもどす。
エ(○)たい児からのいらないものを、㋑を通して㋐で母親の体にもどす。

(4) たい児は㋒の液体の中にうかんだような状態になっています。このことは、たい児にとって何がよいですか。正しいものに○をつけましょう。
ア(　)たい児がこきゅうしやすい。
イ(○)外部からのしょうげきから守られる。
ウ(　)母親からの養分を受け取りやすい。

2 次の文で、メダカと人のたんじょうのどちらにもあてはまることすべてに○をつけましょう。

ア(　)子は、母親の体内で育つ。
イ(○)受精すると受精卵が育ち始める。
ウ(　)子は親と似たすがたで、たまごからかえる。
エ(　)子が生まれるまでに約270日かかる。
オ(○)子が生まれることによって、生命をつないでいる。

77

77ページ　てびき

❶ (1)たい児は、母親の体内の子宮で育ちます。

(2)、(4) たいばんは子宮のかべにあり、へそのおでたい児とつながっています。羊水は子宮の中にある液体で、たい児を外部からのしょうげきから守るはたらきをしています。

(3)母親は、たい児に養分などを送り、いらなくなったものを受け取って、たい児を育てます。このとき、たいばんが母親とたい児のなかだちをして、たい児とつながっているへそのおを通して、交かんしています。

❷ メダカや人などの動物は、たまごや卵(卵子)と精子が結びついてできた受精卵から命が始まり、受精卵が育って子が生まれることで生命をつないでいます。

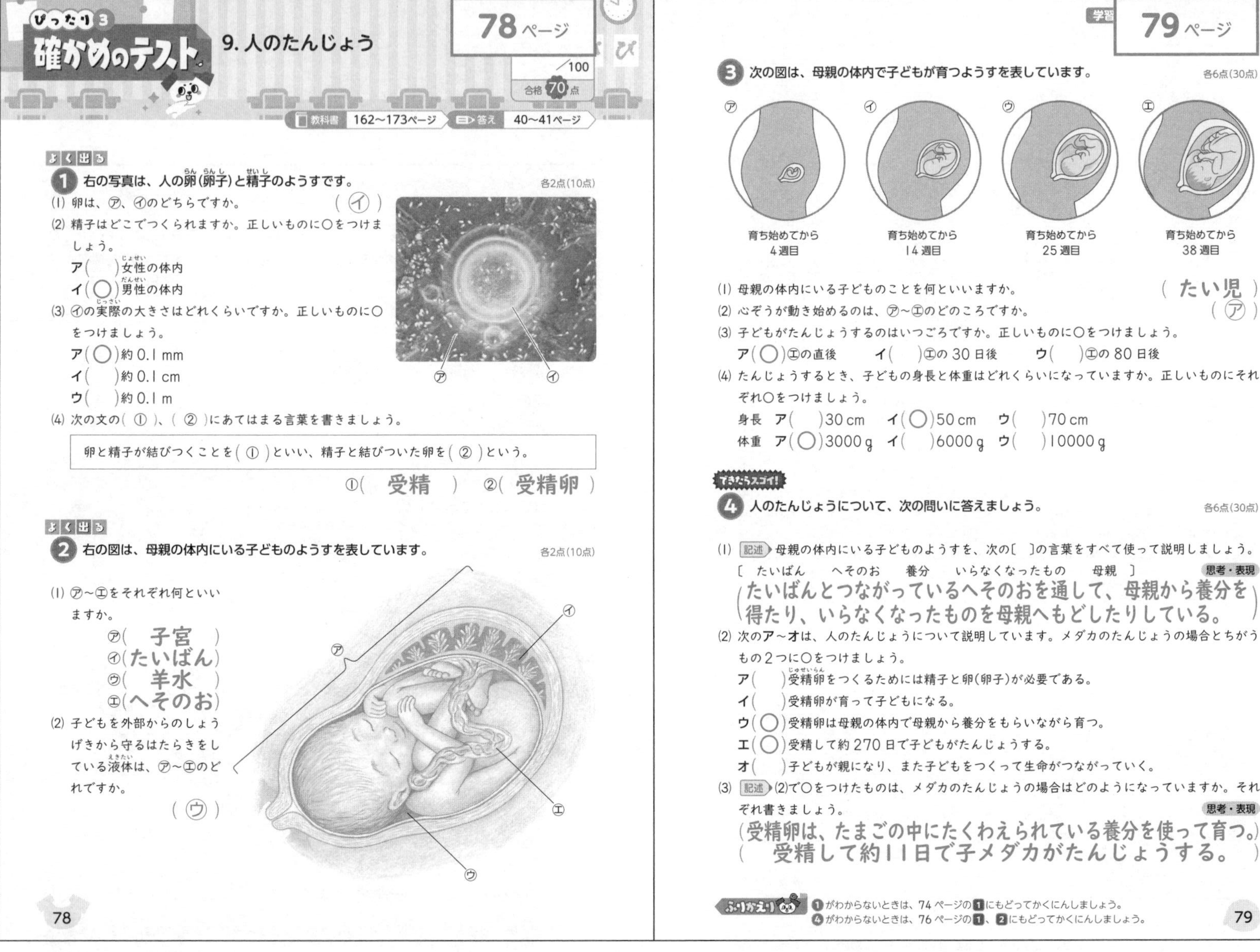

ぴったり3 確かめのテスト。

9. 人のたんじょう

78ページ

/100 合格 70点

教科書 162〜173ページ　答え 40〜41ページ

よく出る

1 右の写真は、人の卵(卵子)と精子のようすです。 各2点(10点)

(1) 卵は、㋐、㋑のどちらですか。 (㋑)

(2) 精子はどこでつくられますか。正しいものに○をつけましょう。

ア(　)女性の体内
イ(○)男性の体内

(3) ㋑の実際の大きさはどれくらいですか。正しいものに○をつけましょう。

ア(○)約 0.1 mm
イ(　)約 0.1 cm
ウ(　)約 0.1 m

(4) 次の文の(①)、(②)にあてはまる言葉を書きましょう。

卵と精子が結びつくことを(①)といい、精子と結びついた卵を(②)という。

①(受精)　②(受精卵)

よく出る

2 右の図は、母親の体内にいる子どものようすを表しています。 各2点(10点)

(1) ㋐〜㋓をそれぞれ何といいますか。

㋐(子宮)
㋑(たいばん)
㋒(羊水)
㋓(へそのお)

(2) 子どもを外部からのしょうげきから守るはたらきをしている液体は、㋐〜㋓のどれですか。

(㋒)

78

79ページ

3 次の図は、母親の体内で子どもが育つようすを表しています。 各6点(30点)

㋐ 育ち始めてから 4週目
㋑ 育ち始めてから 14週目
㋒ 育ち始めてから 25週目
㋓ 育ち始めてから 38週目

(1) 母親の体内にいる子どものことを何といいますか。 (たい児)

(2) 心ぞうが動き始めるのは、㋐〜㋓のどのころですか。 (㋐)

(3) 子どもがたんじょうするのはいつごろですか。正しいものに○をつけましょう。

ア(○)㋓の直後　イ(　)㋓の30日後　ウ(　)㋓の80日後

(4) たんじょうするとき、子どもの身長と体重はどれくらいになっていますか。正しいものにそれぞれ○をつけましょう。

身長 ア(　)30 cm　イ(○)50 cm　ウ(　)70 cm
体重 ア(○)3000 g　イ(　)6000 g　ウ(　)10000 g

できたらスゴイ!

4 人のたんじょうについて、次の問いに答えましょう。 各6点(30点)

(1) 記述 母親の体内にいる子どものようすを、次の[ ]の言葉をすべて使って説明しましょう。 思考・表現

[たいばん　へそのお　養分　いらなくなったもの　母親]

(たいばんとつながっているへそのおを通して、母親から養分を得たり、いらなくなったものを母親へもどしたりしている。)

(2) 次のア〜オは、人のたんじょうについて説明しています。メダカのたんじょうの場合とちがうもの2つに○をつけましょう。

ア(　)受精卵をつくるためには精子と卵(卵子)が必要である。
イ(　)受精卵が育って子どもになる。
ウ(○)受精卵は母親の体内で母親から養分をもらいながら育つ。
エ(○)受精して約270日で子どもがたんじょうする。
オ(　)子どもが親になり、また子どもをつくって生命がつながっていく。

(3) 記述 (2)で○をつけたものは、メダカのたんじょうの場合はどのようになっていますか。それぞれ書きましょう。 思考・表現

(受精卵は、たまごの中にたくわえられている養分を使って育つ。)
(受精して約11日で子メダカがたんじょうする。)

ふりかえり　1がわからないときは、74ページの1にもどってかくにんしましょう。
4がわからないときは、76ページの1、2にもどってかくにんしましょう。

79

78〜79ページ　てびき

1 (1)大きいほうが卵(卵子)です。卵と比べると、精子はたいへん小さいです。

(2)精子は男性の体内で、卵は女性の体内でつくられます。

(4)卵と精子が結びつくことを受精といい、受精した卵を受精卵といいます。

2 (1)たい児(子ども)がいるところ(㋐)を子宮、子宮のかべにあるもの(㋑)をたいばん、たいばんとたい児をつなぐもの(㋓)をへそのお、子宮の中を満たしている液体(㋒)を羊水といいます。

(2)たい児は羊水の中にうかんだような状態になっていて、外部からのしょうげきから守られています。

3 (1)受精卵が育ち、たい児になります。

(2)心ぞうは早い時期から動き始めます。

(3)人は、受精後約38週(約270日間)でたんじょうします。

(4)最初は約0.1 mmの受精卵が母親の体内で約270日間かけて、身長およそ50 cm、体重およそ3000 gの子どもに育ってたんじょうします。

4 (2)、(3)メダカの受精卵は水中で育つので、母親から養分をもらうことはなく、たまごにたくわえられている養分を使って育ちます。水の温度によりますが、子メダカは、受精後約11日でたんじょうします。

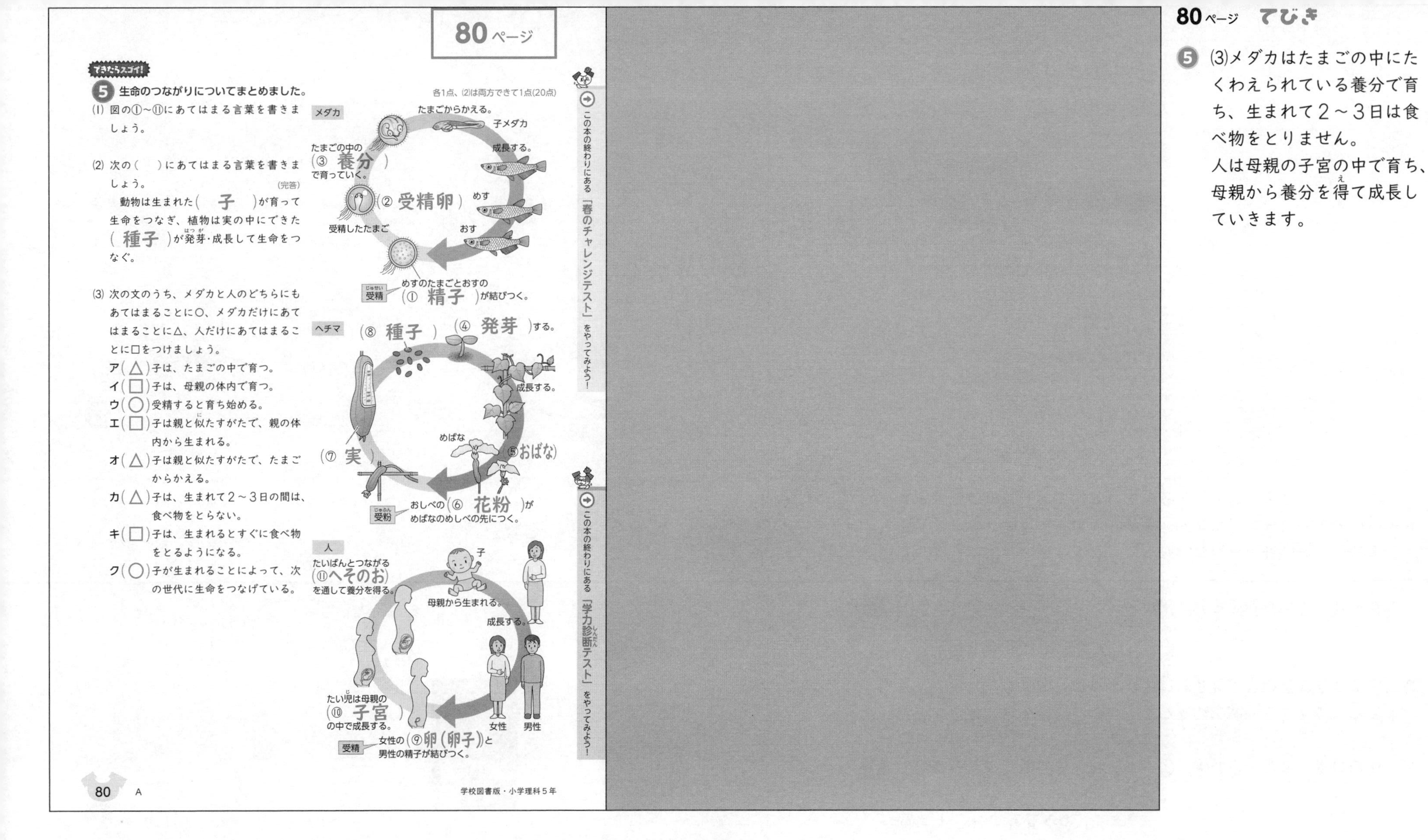

80ページ

できたらスゴイ！

5 生命のつながりについてまとめました。

各1点、(2)は両方できて1点(20点)

(1) 図の①～⑪にあてはまる言葉を書きましょう。

(2) 次の（　）にあてはまる言葉を書きましょう。（完答）

動物は生まれた（ 子 ）が育って生命をつなぎ、植物は実の中にできた（ 種子 ）が発芽・成長して生命をつなぐ。

(3) 次の文のうち、メダカと人のどちらにもあてはまることに○、メダカだけにあてはまることに△、人だけにあてはまることに□をつけましょう。

ア（△）子は、たまごの中で育つ。
イ（□）子は、母親の体内で育つ。
ウ（○）受精すると育ち始める。
エ（□）子は親と似たすがたで、親の体内から生まれる。
オ（△）子は親と似たすがたで、たまごからかえる。
カ（△）子は、生まれて2～3日の間は、食べ物をとらない。
キ（□）子は、生まれるとすぐに食べ物をとるようになる。
ク（○）子が生まれることによって、次の世代に生命をつなげている。

80 A　学校図書版・小学理科5年

80ページ　てびき

5 (3)メダカはたまごの中にたくわえられている養分で育ち、生まれて2～3日は食べ物をとりません。
人は母親の子宮の中で育ち、母親から養分を得て成長していきます。

夏のチャレンジテスト
教科書 6〜63ページ

名前　　　　月　　日

時間 40分

知識・技能	思考・判断・表現	合格80点
/68	/32	/100

答え42〜43ページ

知識・技能

1 ふりこが1往復する時間について調べました。

1つ4点(12点)

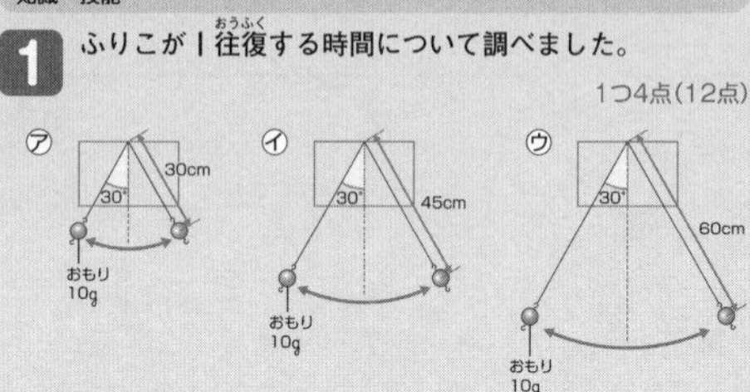

(1) ㋑のふりこが1往復する時間は、1.3秒でした。ふりこを15°の角度からふり始めると、1往復する時間はどのようになりますか。下から選びましょう。

①長くなる　②短くなる　③変わらない

（③）

(2) ふりこが1往復する時間がいちばん長いのは、㋐〜㋒のうちどれですか。

（㋒）

(3) ふりこが1往復する時間は、ふりこの何によって変わりますか。

（長さ）

2 インゲンマメの発芽前の種子と、発芽後の子葉を調べました。

1つ3点(9点)

㋐　㋑　㋒　㋕

発芽前の種子

(1) 発芽後に㋕になるのは、㋐〜㋒のどの部分ですか。

（㋒）

(2) 発芽前の種子と発芽後の㋕の部分を半分に切って、ある液につけたところ、発芽前の種子はこい青むらさき色になりましたが、㋕は色がほとんど変化しませんでした。

①養分があるかどうかを調べるために使ったこの液の名前を書きましょう。（ヨウ素液）

②発芽前の種子には何がふくまれていることがわかりますか。（でんぷん）

3 メダカの受精卵が育ち、子メダカがたんじょうしました。

1つ3点(15点)

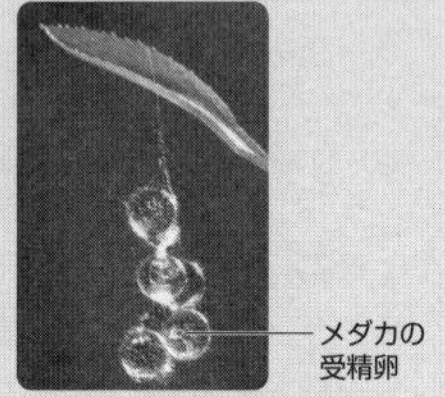

はらのふくらみ

かえったばかりの子メダカ

(1) 受精卵は、めすが産んだたまごと、おすが出した何が結びついてできたものですか。

（精子）

(2) 次の図のメダカは、めすとおすのどちらですか。

（おす）

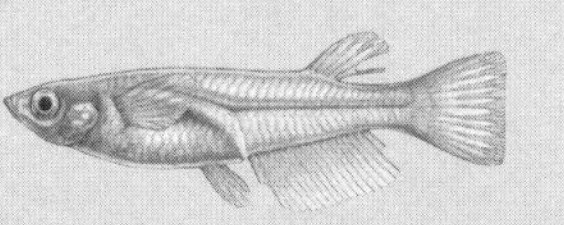

(3) メダカが産んだたまごを、次の図の器具で観察しました。この器具の名前を書きましょう。

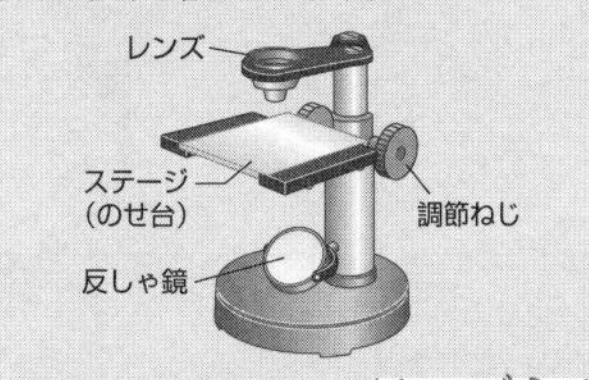

（かいぼうけんび鏡）

(4) 子メダカがたんじょうするのは、受精してどれくらいたってからですか。正しいものに○をつけましょう。

ア（　）約3日間
イ（○）約11日間
ウ（　）約3週間
エ（　）約1か月間

(5) たまごからかえったばかりの子メダカのはらには、ふくらみがあります。この中には何が入っていますか。

（養分）

☞うらにも問題があります。

夏のチャレンジテスト　おもて　てびき

1 ふりこが1往復する時間は、ふれはばやおもりの重さによって変わることはなく、ふりこの長さによって変わります。ふりこの長さが長いほど、1往復する時間は長くなります。㋐は1.3秒より短く、㋒は1.3秒より長くなります。

2 (1)㋕は子葉がしなびたものです。㋐・㋑は根・くき・葉になる部分、㋒は子葉です。
(2)でんぷんがあるかどうかは、ヨウ素液で調べることができます。でんぷんに、うすめたヨウ素液をつけると、こい青むらさき色になります。

3 (1)めすが産んだたまごと、おすが出す精子が結びつくことを受精といいます。
(2)せびれに切れこみがあり、しりびれの後ろが長いので、おすです。
(5)たまごからかえったばかりの子メダカは、はらにふくらみがあります。この中にふくまれている養分で育っていきます。

4 植物が成長する条件を調べます。

(1)、(2)、(3)は3点、(4)は6点(15点)

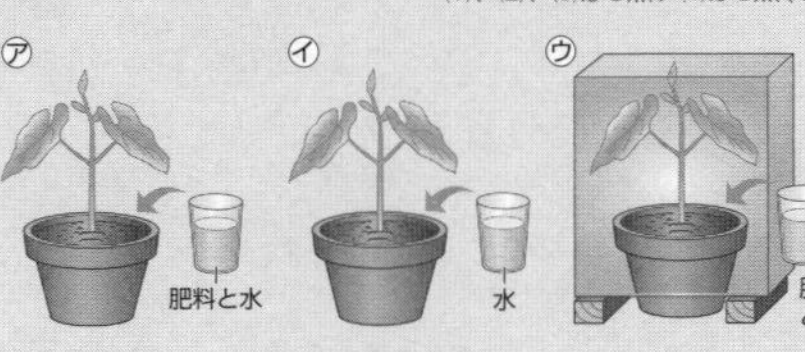

(1) 植物の成長に肥料が関係しているかを調べるには、㋐～㋒のうち、どれとどれを比べるとよいですか。 (完答)
(㋐ と ㋑)

(2) ㋐と㋒では、どちらがよく育ちますか。
(㋐)

(3) (2)から、植物の成長には何が必要であることがわかりますか。
(日光(光))

(4) 記述 1つの条件について調べるとき、調べる条件以外の条件は、どのようにすればよいですか。
(すべて同じにそろえる。)

5 次の写真は、ある日の日本付近の雲のようすです。

(1)、(2)、(4)、(5)は3点、(3)は5点(17点)

(1) うずをまいたような雲のかたまりは何ですか。
(台風)

(2) この雲のかたまりが発生したのは、日本のどちら側ですか。正しいものに○をつけましょう。
①( )東
②( )西
③(○)南
④( )北

(3) 記述 この雲のかたまりが近づくと、どのような天気になりますか。
(強い風がふいたり、(短い時間に)大雨がふったりする。)

(4) この雲のかたまりは、西・南・北のどちらへ動いていくことが多いですか。
(北)

(5) 記述 (3)のような天気になって、災害が起こることがあります。どのような災害が起こることがあるか、1つ書きましょう。
(土しゃくずれ、川のはんらん、建物がたおれる、など。)

思考・判断・表現

6 ふりこが1往復する時間に関係する条件について調べる実験をしました。

1つ4点(12点)

はん	1ぱん	2はん	3ぱん	4はん
おもりの重さ	10g	20g	10g	10g
ふりこの長さ	50cm	50cm	50cm	100cm
ふり始める角度	15°	15°	30°	15°
1往復する時間	1.4秒	?	?	?

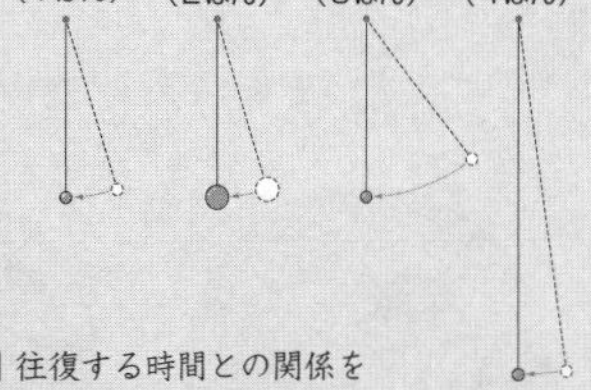

(1ぱん) (2はん) (3ぱん) (4はん)

(1) おもりの重さと1往復する時間との関係を調べるには、何はんと何はんの結果を比べるとよいですか。
(完答) (1ぱん と 2はん)

(2) 1ぱんから4はんのふりこで、1往復する時間がいちばん長いのはどれですか。
(4はん)

(3) 記述 (2)のはんのふりこが1往復する時間を、さらに長くするには、何をどのように変えればよいですか。
(ふりこの長さを長くする。)

7 インゲンマメの種子が発芽する条件を調べました。

1つ5点(20点)

(1) 次の①～③の2つの結果を比べることで、種子の発芽にはそれぞれ何が必要なことがわかりますか。
① ㋐と㋑(水)　② ㋐と㋒(空気)
③ ㋓と㋔(適当な温度)

(2) 記述 ㋐と㋓の結果から、どんなことがわかりますか。次の文の( )にあてはまる文を書きましょう。

> ㋐と㋓では明るさがちがい、それ以外の条件は同じである。どちらも発芽していることから、発芽には( )ことがわかる。

(明るさ(光)は関係しない(必要ない))

夏のチャレンジテスト　うら　てびき

4 (1)、(4) 1つの条件について調べるときは、調べる条件以外の条件はすべて同じにします。
(2)㋒は日光が当たらないため、㋐に比べて、植物はよく成長しません。

5 (1)、(2)、(4) 台風は日本のはるか南の海上で発生し、北へ向かって進むことが多いです。
(3)、(5) 台風が近づくと、強い風がふいたり、短時間に大雨がふったりします。強い風で電柱がたおれたり、農作物が落ちたりすることがあります。また、大雨が川に流れ込んで橋がこわれたり、川から水があふれたり、水をふくんだしゃ面がくずれたりする(土しゃくずれ)などといった、災害が起こることがあります。

6 (1)おもりの重さだけがちがい、おもりの重さ以外は同じ条件のふりこを比べます。
(2)ふりこの長さを長くすると、1往復する時間は長くなるので、1往復する時間がいちばん長いのは4はんのふりこです。
(3)4はんのふりこの長さをさらに長くすると、1往復する時間は長くなります。

7 (1)2つを比べて、変えている条件を考えます。2つの結果がちがったら、その条件は発芽に必要な条件とわかります。たとえば、㋐と㋑を比べると、水をあたえるかどうかを変えています。水をあたえない方は発芽しなかったので、発芽には水が必要なことがわかります。
(2)㋐も㋓も発芽したので、㋐と㋓で変えている条件は、発芽には関係しないことがわかります。

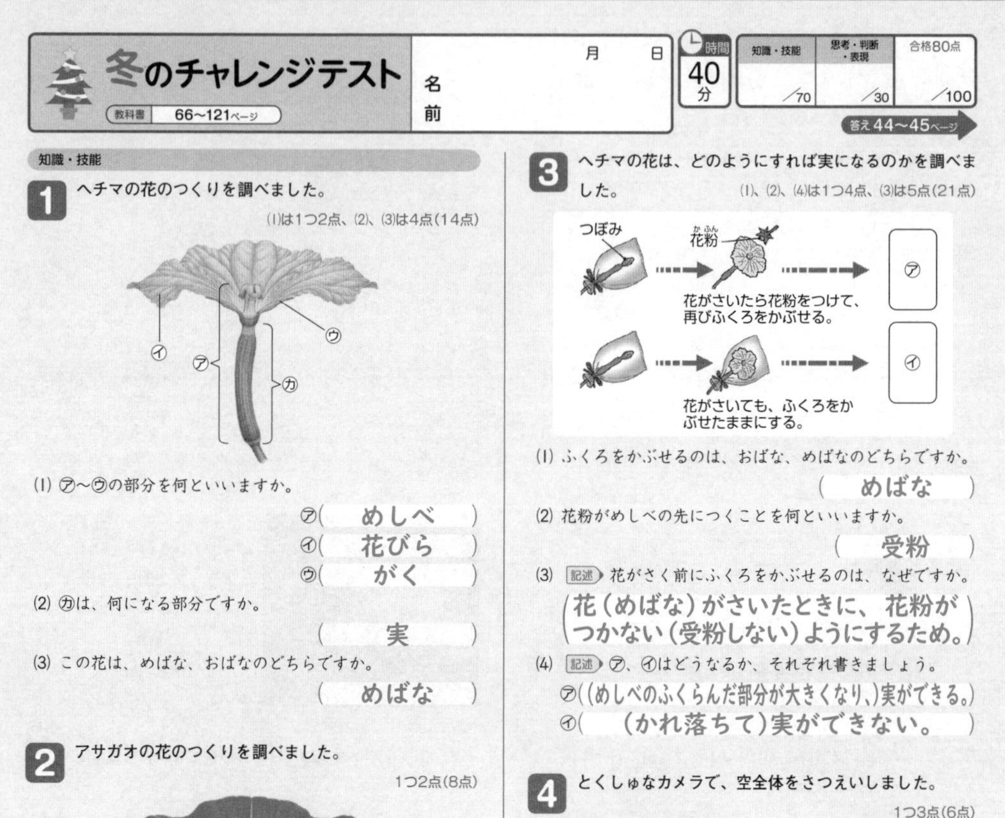

冬のチャレンジテスト

教科書 66～121ページ

月　日

名前

時間 40分

知識・技能	思考・判断・表現	合格80点
/70	/30	/100

答え44～45ページ

知識・技能

1 ヘチマの花のつくりを調べました。

(1)は1つ2点、(2)、(3)は4点(14点)

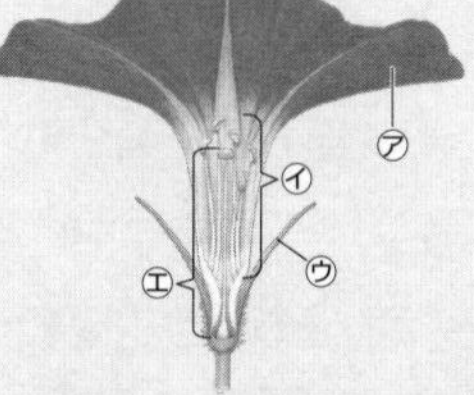

(1) ㋐～㋒の部分を何といいますか。

㋐(めしべ)
㋑(花びら)
㋒(がく)

(2) ㋕は、何になる部分ですか。

(実)

(3) この花は、めばな、おばなのどちらですか。

(めばな)

2 アサガオの花のつくりを調べました。

1つ2点(8点)

(1) おしべは、㋐～㋓のどれですか。

(㋑)

(2) やがて実になるのは、㋐～㋓のどの部分ですか。

(㋓)

(3) 実の中には、何がありますか。

(種子)

(4) アサガオの花について、まちがっているものに○をつけましょう。

①(○)めばなとおばながある。
②(　)１つの花にめしべとおしべがある。
③(　)めしべのもとがふくらんで実になる。

3 ヘチマの花は、どのようにすれば実になるのかを調べました。

(1)、(2)、(4)は1つ4点、(3)は5点(21点)

つぼみ
花粉(かふん)
花がさいたら花粉をつけて、再びふくろをかぶせる。
花がさいても、ふくろをかぶせたままにする。
㋐
㋑

(1) ふくろをかぶせるのは、おばな、めばなのどちらですか。

(めばな)

(2) 花粉がめしべの先につくことを何といいますか。

(受粉)

(3) 記述 花がさく前にふくろをかぶせるのは、なぜですか。

(花(めばな)がさいたときに、花粉がつかない(受粉しない)ようにするため。)

(4) 記述 ㋐、㋑はどうなるか、それぞれ書きましょう。

㋐((めしべのふくらんだ部分が大きくなり、)実ができる。)
㋑((かれ落ちて)実ができない。)

4 とくしゅなカメラで、空全体をさつえいしました。

1つ3点(6点)

①　②

雲

(1) ①、②は、一方は「晴れ」、もう一方は「くもり」のときの雲のようすを表しています。「晴れ」を表しているのはどちらですか。

(①)

(2)「晴れ」か「くもり」のちがいは、何によって決められていますか。正しいものに○をつけましょう。

ア(　)雲の動き
イ(　)雲の色
ウ(　)雲の形
エ(○)雲の量

うらにも問題があります。

冬のチャレンジテスト　おもて　てびき

1 (2)受粉(じゅふん)すると、めしべのもとのふくらんだ部分は、実になります。
(3)めしべがあるのは、めばなです。花に実になる部分があるかどうかで、めばなかおばなかを見分けることができます。

2 (2)受粉すると、めしべのもとがふくらんで実になります。
(4)ヘチマにはおばなとめばながあり、おばなの中におしべが、めばなの中にめしべがありますが、アサガオは１つの花の中におしべとめしべがあります。

3 (1)～(3)ふくろをかぶせないと、花(めばな)がさいたときに、こん虫などが花粉(かふん)を運び、めしべに花粉がついてしまう(受粉してしまう)ことがあります。それを防(ふせ)ぐため、花がさく前のつぼみのときから、ふくろをかぶせておきます。
(4)実ができるためには受粉が必要です。㋐は受粉しているので、めしべのもとのふくらんだ部分が育って実になります。㋑は受粉していないので、やがて茶色になり、かれ落ちて、実ができません。

4 天気のうち、「晴れ」か「くもり」かは、雲の量で決めます。空全体の広さを10として、そのうち雲がおおっている量が0～8のときを「晴れ」、9から10のときを「くもり」とします。

5 川や川岸のようすは、山の中と平地(へいち)とではどのようなちがいがあるかを調べました。

1つ3点(9点)

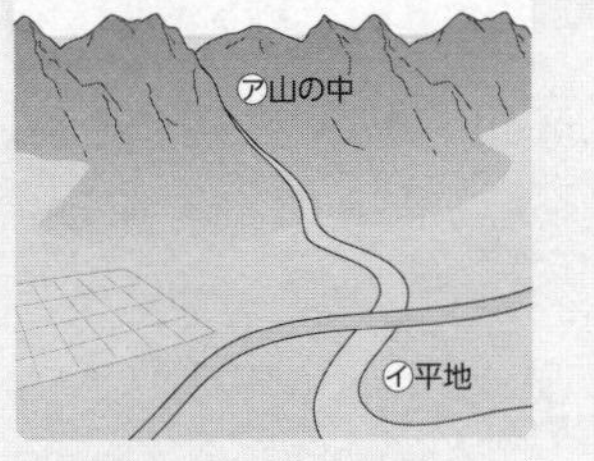
㋐山の中
㋑平地

(1) 川の水の流れが速いのは、㋐と㋑のどちらですか。

（ ㋐ ）

(2) (1)で答えた理由にあてはまるものに○をつけましょう。

①（　）土地のかたむきが小さいから。

②（ ○ ）土地のかたむきが大きいから。

(3) 川はばが広いのは、㋐と㋑のどちらですか。

（ ㋑ ）

6 水が流れた地面を観察しました。

1つ2点(12点)

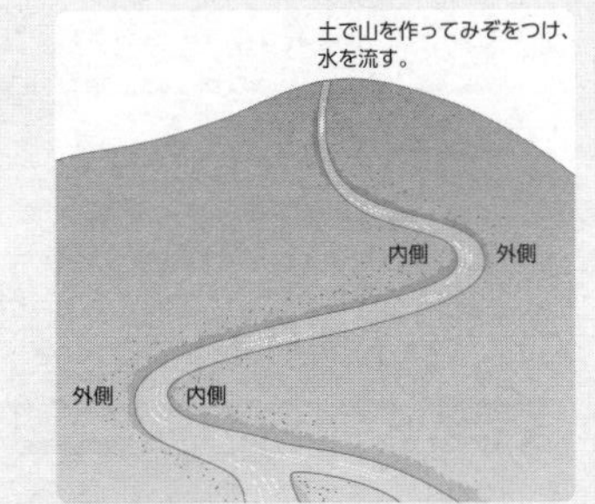
土で山を作ってみぞをつけ、水を流す。
内側
外側
外側
内側

(1) 流れる水の次のはたらきを、それぞれ何といいますか。

①地面をけずるはたらき

（ しん食 ）

②土を運ぶはたらき

（ 運ぱん ）

③土を積もらせるはたらき

（ たい積 ）

(2) 流れがおそいところと速いところでは、地面をけずるはたらきと土を積もらせるはたらきのどちらが大きいですか。

流れがおそいところ（ 土を積もらせるはたらき ）

流れが速いところ（ 地面をけずるはたらき ）

(3) 流れる水の量が多くなると、流れる水のはたらきはどうなりますか。

（ 大きくなる。 ）

思考・判断・表現

7 下の図は、10月20日から10月22日までの3日間の雲のようす（白色のところ）を示したものです。

1つ6点(12点)

㋐ ㋑ ㋒

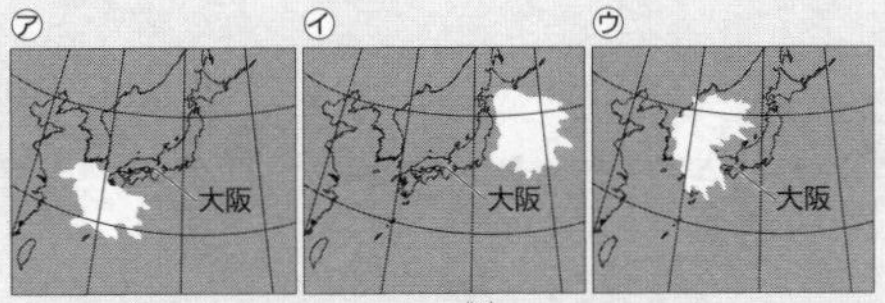

大阪 大阪 大阪

(1) 図の㋐～㋒を、日づけの早い順(じゅん)にならべると、どうなりますか。（完答）

（ ㋐ → ㋒ → ㋑ ）

(2) 23日の大阪市(おおさかし)の天気について、話し合いました。正しいほうの意見に○をつけましょう。

22日に大阪市より西側の上空に雲がないので、晴れになると思うよ。

ア ○

22日に大阪市より東側の上空に雲があるので、くもりか雨になると思うよ。

イ □

8 山の中を流れる川の石と平地を流れる川原の石のようすを観察しました。

1つ6点(18点)

㋐ ㋑

(1) 平地を流れる川の川原の石は、㋐と㋑のどちらですか。

（ ㋑ ）

(2) (1)で答えた石の、大きさや形の特ちょうを次から選びましょう。

①丸くて小さい石

②角ばって大きい石

（ ① ）

(3) 記述 川原の石が(2)のようになったのはなぜですか。理由を書きましょう。

（ 運ばれながらぶつかり合って、角がけずられたから。 ）

冬のチャレンジテスト　うら　てびき

5 (1)、(2) 平地よりも山の中の方が土地のかたむきが大きいので、水の流れは速くなり、しん食(しょく)や運(うん)ぱんのはたらきが大きくなります。

6 (1)流れる水が地面をけずるはたらきをしん食、土を運ぶはたらきを運ぱん、土を積もらせるはたらきをたい積(せき)といいます。

(2)流れが速いところでは地面がしん食され、流れがおそいところでは土がたい積します。

(3)流れる水の量が多くなると、水の流れは速くなり、しん食、運ぱんのはたらきが大きくなります。

7 (1)日本付近では、雲はおよそ西から東へ動いていきます。この動きに合うように、3つの図をならべます。

(2)天気は雲の動きとともに、およそ西から東へ変化していきます。㋑(22日)の雲を見ると、大阪市(おおさかし)より西に雲はないので、23日の大阪市の天気は晴れと考えられます。

8 (1)、(2) 平地を流れる川の川原(かわら)には、丸みのある石やすなが積もっています。大きくて角ばった石は、山の中を流れる川で見られます。

(3)山の中から平地へ流れていく間に石どうしがぶつかり合い、角がけずられるので、丸く、小さくなっていきます。

春のチャレンジテスト

教科書 122～175ページ

月　日　名前

時間 40分　知識・技能 ／65　思考・判断・表現 ／35　合格80点 ／100

答え46～47ページ

知識・技能

1 ㋐～㋓のような回路をつくり、電磁石が鉄を引きつける強さを調べました。　1つ3点(21点)

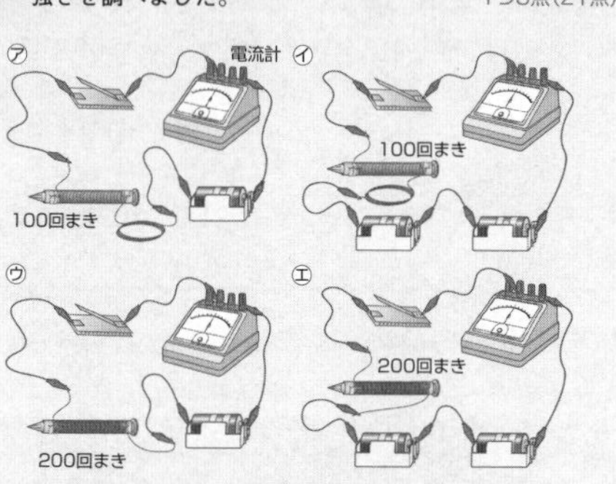

(1) 次の(　)にあてはまる言葉を書きましょう。

導線を同じ向きに何回もまいた(コイル)に鉄のしんを入れ、電流を流すと、鉄のしんが鉄を引きつけるようになります。これを電磁石といいます。

(2) 回路には電流計をつないでいます。

①電流計を使うと、何を調べることができますか。

(電流の大きさ)

②①は、Aという単位を使って表します。この読み方を書きましょう。

(アンペア)

③50 mA の一たん子につないでいるとして、図の電流計の目もりを読みましょう。

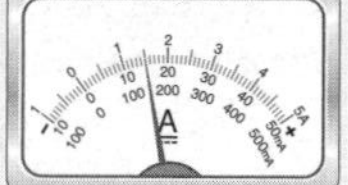

(15mA)

(3) コイルのまき数と電磁石の強さの関係を調べるには、㋐～㋓のどれとどれの結果を比べればよいですか。2つ書きましょう。(それぞれ完答)

(㋐ と ㋒)(㋑ と ㋓)

(4) ㋐～㋓の回路に電流を流して、電磁石が引きつける鉄のクリップの数を調べました。引きつける鉄のクリップがいちばん多いのは、㋐～㋓のどれですか。

(㋓)

2 人のたんじょうについてまとめましょう。　(1)は2つできて3点、(2)は2点(5点)

(1) 次の(　)にあてはまる言葉を書きましょう。(完答)

男性の体内でつくられる精子と、女性の体内でつくられる(① 卵(卵子))が いっしょになったものを、(② 受精卵)と いいます。

(2) (1)の②が成長するのは、母親の体内の何というところですか。

(子宮)

3 次の図は、母親の体内にいる子どものようすです。　1つ3点(18点)

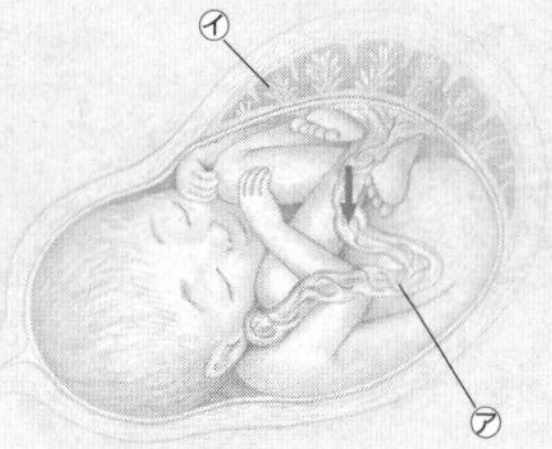

(1) 母親の体内にいる子どものことを、何といいますか。

(たい児)

(2) ㋐の部分を何といいますか。

(へそのお)

(3) ㋐の中を矢印の向きに移動するものは何ですか。正しいものに○をつけましょう。

ア(○)養分

イ(　)いらなくなったもの

(4) ㋑の部分を何といいますか。

(たいばん)

(5) (1)のまわりにある液体を、何といいますか。

(羊水)

(6) 子どもがたんじょうするのは、母親の体内で育ち始めてからおよそ何週間後ですか。正しいものに○をつけましょう。

①(　)約20週間後

②(○)約38週間後

③(　)約56週間後

④(　)約70週間後

うらにも問題があります。

春のチャレンジテスト　おもて　てびき

1 (2)電流計を使うと、回路を流れる電流の大きさを調べることができます。電流の大きさはアンペア(A)という単位で表します。

(3)コイルのまき数がちがい、かん電池の数などの条件が同じ2つの回路を選びます。

(4)電流を大きくすると、電磁石は強くなります。また、コイルのまき数を多くすると、電磁石は強くなります。㋓は(かん電池の数が多いので)電流が大きく、コイルのまき数も200回と多いので、引きつける鉄のクリップがいちばん多いと考えられます。

2 (1)卵(卵子)と精子がいっしょになることを「受精」といい、受精した卵を「受精卵」といいます。

(2)女性には子宮がありますが、男性にはありません。

3 (1)たい児は、母親の子宮の中で成長します。

(2)～(4)母親の体内にいるたい児は、たいばんとへそのおを通して、母親から養分を受け取ったり、いらなくなったものをもどしたりします。

(5)羊水は、外部のしょうげきなどからたい児を守るはたらきをしています。

(6)人は、受精してから約38週間でたんじょうします。

4 ミョウバンが水にとける量を調べました。

1つ3点(21点)

(1) 50gの水に、2gのミョウバンを入れてかき混ぜたところ、ミョウバンはすべて水にとけました。できたミョウバンの水溶液の重さはいくらですか。

（ 52g ）

(2) 水にとけたものの重さについて、正しいものに○をつけましょう。

①（　）ものは、水にとけると軽くなる。
②（　）ものは、水にとけると重くなる。
③（○）ものは、水にとけても重さは変わらない。

(3) 60℃の水にミョウバンをとかした後、ミョウバンの水溶液を冷やすと、ミョウバンのつぶが出てきたので、図のようにして、つぶを取り出しました。

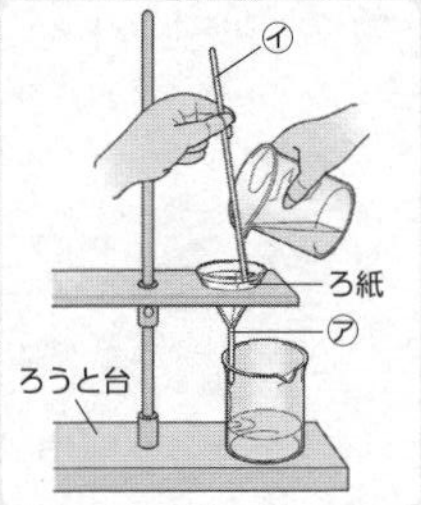

①このようにして、ろ紙を使って水溶液をこすことを何といいますか。

（ ろ過 ）

②㋐、㋑の器具の名前を書きましょう。

㋐（ ろうと ）
㋑（ ガラスぼう ）

(4) そうさでまちがっているものを選び、○をつけましょう。

ア（　）㋐の先は、ビーカーのかべにつける。
イ（○）ろ紙にあなをあけて、ガラスぼうでおしつける。
ウ（　）ろ紙は水でぬらして、㋐にぴったりつける。
エ（　）液は、㋑を伝わらせて入れる。

(5) 記述 水溶液の温度を下げる以外に、ミョウバンの水溶液や食塩水から、とけていたものを取り出す方法を書きましょう。

（（水溶液を熱して）水をじょう発させる。）

思考・判断・表現

5 電磁石に流れる電流と極のでき方を調べました。

1つ5点(20点)

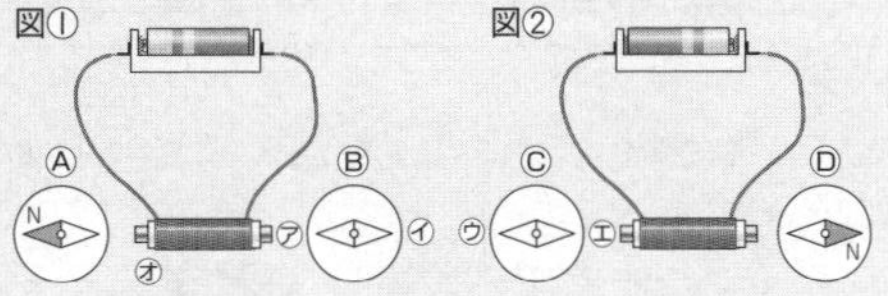

(1) 上の図で、電磁石の極㋔は何極になっていますか。

（ N極 ）

(2) 上の図で、ⒷとⒸの方位磁針のN極は、それぞれ㋐～㋓のどちらを向いていますか。

Ⓑ（ ㋐ ）
Ⓒ（ ㋓ ）

(3) 電磁石の極の性質について、（　）にあてはまる言葉を書きましょう。(完答)

電磁石は（ 電流の向き ）が逆になると、
N極とS極が（入れ変わる(反対になる、逆になる)）。

6 次のグラフは、いろいろな温度の水50mLにとける食塩とミョウバンの量を表したものです。

1つ5点(15点)

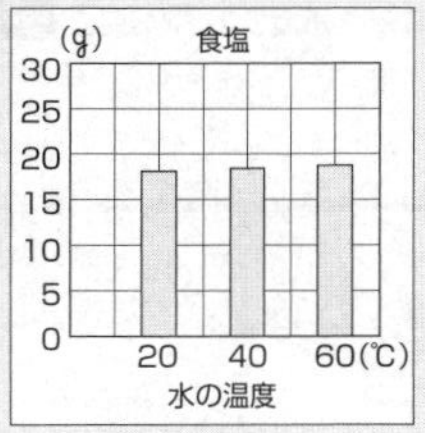

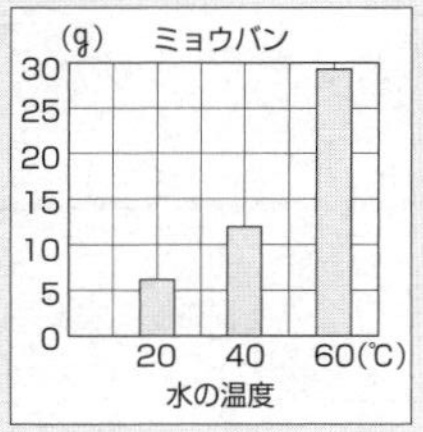

(1) 60℃の水50mLにとけるだけとかした水溶液が40℃に冷えたとき、つぶがたくさん出てくるのは、食塩とミョウバンのどちらですか。

（ ミョウバン ）

(2) ミョウバンがとけるだけとけた60℃の水溶液が40℃に冷えたとき(あ)と、40℃から20℃に冷えたとき(い)とでは、どちらのほうがつぶがたくさん出てきますか。あ、いで答えましょう。

（ あ ）

(3) 記述 (2)のように答えた理由を書きましょう。

（とけるミョウバンの量の差が、40℃と20℃の間より、60℃と40℃の間のほうが大きいから。）

春のチャレンジテスト　うら　てびき

4 (1)、(2) ものは、水にとけても重さは変わりません。水の重さととかしたものの重さを合わせた重さが、できた水溶液の重さになります。
(4)ろ紙をやぶってあなをあけたりしてはいけません。ろ紙はガラスぼうでおしつけず、水でぬらしてろうとにぴったりとつけます。
(5)水溶液から水をじょう発させると、とけているものを取り出すことができます。

5 (1)図①はⒶの方位磁針のS極を引きつけているので、電磁石の㋔はN極になっています。
(2)図①の電磁石の㋔はN極なので反対側はS極になります。ですから方位磁針のN極を引きつけます。図②のかん電池は、図①と＋極と－極が逆につながれているので、N極、S極も反対になります。

6 食塩は水の温度によってとける量がほとんど変わりませんが、ミョウバンは水の温度によってとける量が変わります。ミョウバンの水溶液の温度を下げると、とけきれなくなった量のミョウバンが出てきます。

5年 理科のまとめ 学力診断テスト

月　日　名前

時間 40分　合格80点　／100　答え 48～49ページ

1 条件を変えてインゲンマメを育てて、植物の成長の条件を調べました。　(1)、(2)は2つできて3点、(3)は3点(9点)

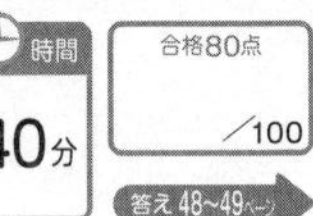

(1) 日光と植物の成長の関係を調べるためには、㋐～㋒のどれとどれを比べるとよいですか。　(㋐)と(㋑)

(2) 肥料と植物の成長の関係を調べるためには、㋐～㋒のどれとどれを比べるとよいですか。　(㋐)と(㋒)

(3) 最もよく成長するのは、㋐～㋒のどれですか。　(㋐)

2 メダカを観察しました。　1つ3点(9点)

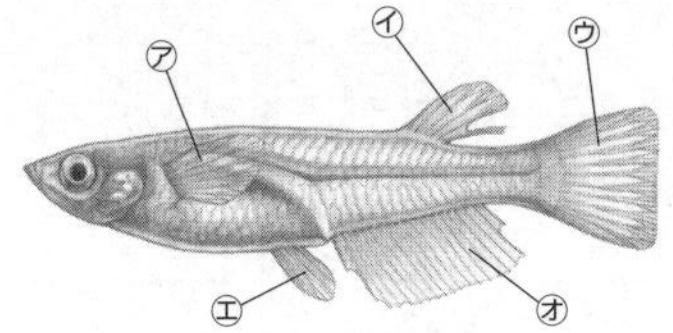

(1) 図のメダカは、めすですか、おすですか。　(おす)

(2) めすとおすを見分けるには、㋐～㋔のどのひれに注目するとよいですか。2つ選び、記号で答えましょう。　(㋑)と(㋔)

3 図は、母親の体内で成長する人のたい児です。　1つ3点(9点)

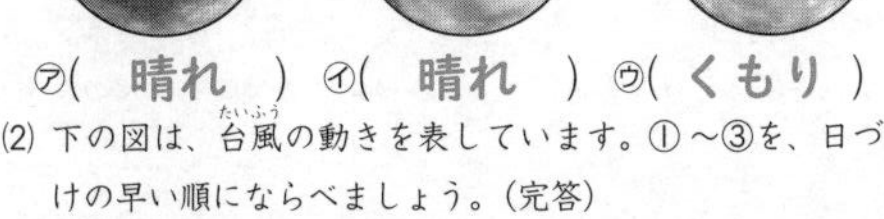

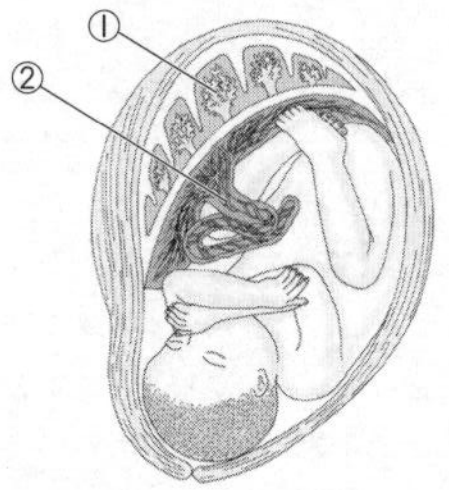

(1) ①、②の部分を、それぞれ何といいますか。

①(たいばん)

②(へそのお)

(2) たい児が、母親の体内で育つ期間は約何週間ですか。

約(38)週間

4 アサガオの花のつくりを観察しました。　1つ2点(14点)

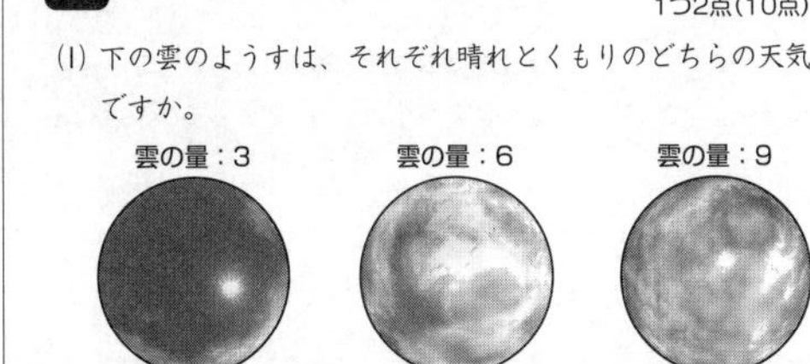

(1) ㋐～㋓の部分を、それぞれ何といいますか。

㋐(めしべ)

㋑(おしべ)

㋒(がく)

㋓(花びら)

(2) おしべの先から出る粉のようなものを、何といいますか。　(花粉)

(3) めしべの先に(2)がつくことを、何といいますか。　(受粉)

(4) 実ができると、その中には何ができていますか。　(種子)

5 天気の変化を観察しました。　1つ2点(10点)

(1) 下の雲のようすは、それぞれ晴れとくもりのどちらの天気ですか。

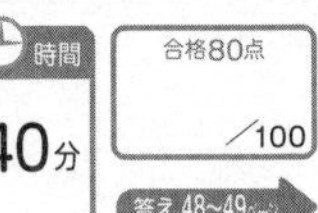

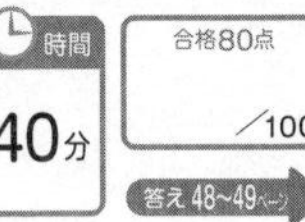

㋐(晴れ)　㋑(晴れ)　㋒(くもり)

(2) 下の図は、台風の動きを表しています。①～③を、日づけの早い順にならべましょう。(完答)

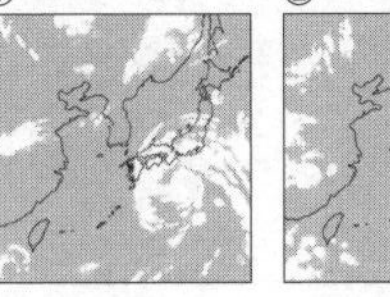
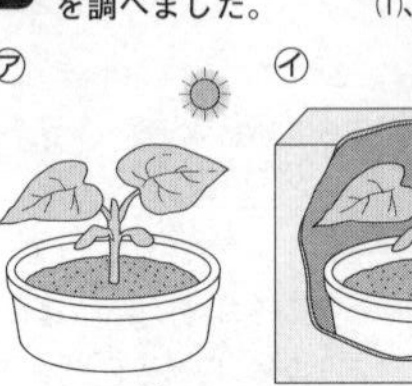
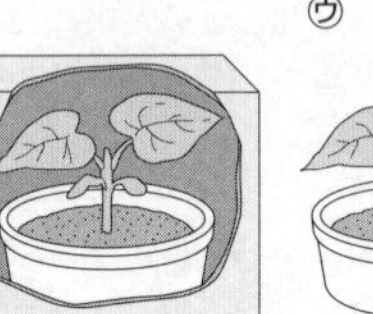

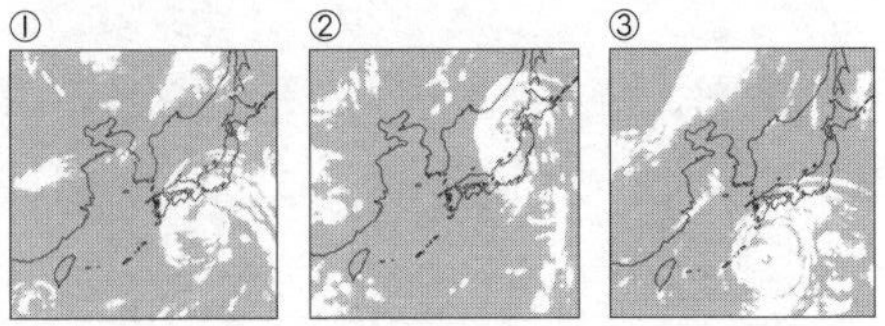

(③ → ① → ②)

(3) 台風はどこで発生しますか。㋐～㋓から選んで、記号で答えましょう。　(㋓)

㋐日本の北のほうの陸上　㋑日本の北のほうの海上
㋒日本の南のほうの陸上　㋓日本の南のほうの海上

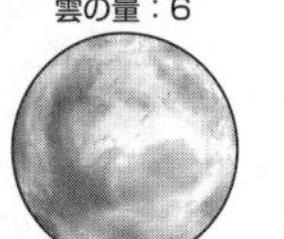

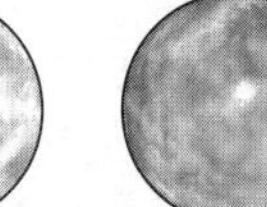

➡うらにも問題があります。

学力診断テスト　おもて　てびき

1 (1)、(2) 1つの条件について調べるときには、調べる条件だけを変えて、それ以外の条件はすべて同じにします。
(3)植物は、日光と肥料があると、よく成長します。

2 メダカのめすとおすを見分けるときは、せびれ(㋑)としりびれ(㋔)に注目します。おすのせびれには切れこみがありますが、めすにはありません。おすのしりびれは後ろが長く、平行四辺形に近いですが、めすは短いです。

3 (1)おなかの中のたい児は、たいばんとへそのおを通して、母親から養分を受け取ったり、いらなくなったものをわたしたりします。
(2)人は、受精してから約38週間でたんじょうします。

4 (1)アサガオは1つの花にめしべとおしべがあり、中心にあるものがめしべです。
(4)めしべが受粉すると、やがて実ができ、中に種子ができます。

5 (1)空全体の広さを10として、空をおおっている雲の量が0～8のときを「晴れ」、9～10のときを「くもり」とします。
(2)、(3) 台風は、日本のはるか南の海上で発生し、日本付近では、北に進むことが多いです。

6 流れる水のはたらきについて調べました。

1つ2点(14点)

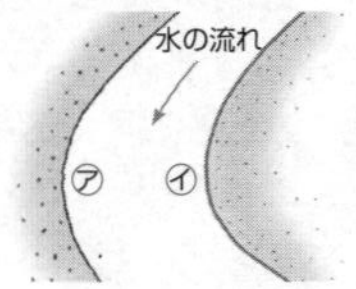

(1) 図のように、川が曲がっているところについて、①〜③にあてはまるのは、㋐、㋑のどちらですか。記号で答えましょう。

水の流れ

①水の流れが速い。 (㋐)

②小石やすながたまりやすい。 (㋑)

③川岸にてい防をつくるほうがよい。 (㋐)

(2) 流れる水が、土地をけずるはたらきを何といいますか。 (しん食)

(3) 川のようすや川原の石について、①〜③にあてはまるのは、あ、いのどちらですか。記号で答えましょう。

①水の流れがおそい。 (い)

②大きく角ばった石が多い。 (あ)

③川はばが広い。 (い)

あ山の中を流れる川
い海の近くを流れる川

7 ふりこのきまりについて調べました。

1つ3点(12点)

(1) ふりこの1往復は、㋐〜㋒のどれですか。記号で答えましょう。 (㋒)

㋐ ①→②
㋑ ①→②→③
㋒ ①→②→③→②→①

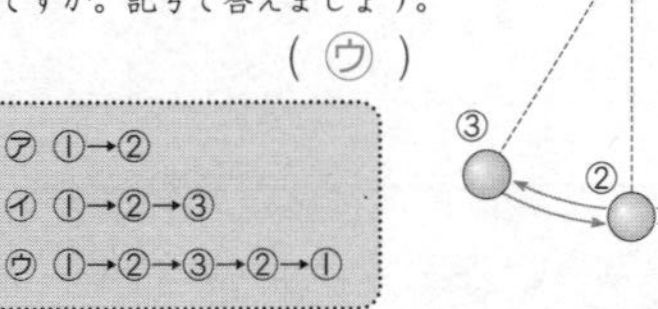

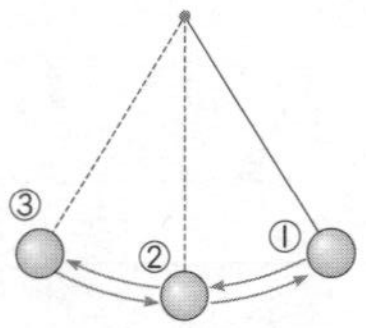

(2) ふりこが1往復する時間は、ふりこが10往復する時間をはかって求めます。このようにして求めるのはなぜですか。

(1回だけはかって正確に調べるのがむずかしいから(はかり方のちがいで結果が同じにならないことがあるから)。)

(3) ふりこが10往復する時間をはかったところ、16.08秒でした。ふりこが1往復する時間を、小数第2位を四捨五入して求めましょう。

(1.6秒)

(4) ふりこが1往復する時間は、ふりこの何によって決まりますか。

((ふりこの)長さ)

活用力をみる

8 イチゴとさとうを使って、イチゴシロップを作りました。

1つ4点(8点)

イチゴシロップの作り方

びん
さとう
イチゴ
イチゴから出た水分にさとうがとける。
さとうはすべてとけた。

① イチゴとさとうをびんに入れる。 → ② 1日に数回びんをゆらしてよく混ぜる。 → ③ 2週間後、イチゴシロップの完成。

(1) さとうがとける前のびん全体の重さと、とけきった後のびん全体の重さは、同じですか、ちがいますか。

(同じ)

(2) 完成したイチゴシロップの味見をします。イチゴシロップにとけているさとうのこさを正しく説明しているものに、○をつけましょう。

ア(　)さとうのこさは、上のほうが下のほうよりこい。

イ(　)さとうのこさは、下のほうが上のほうよりこい。

ウ(○)さとうのこさは、びんの中ですべて同じ。

9 鉄のしんを入れたコイルにかん電池をつなぎ、図のような魚つりのおもちゃを作りました。

1つ5点(15点)

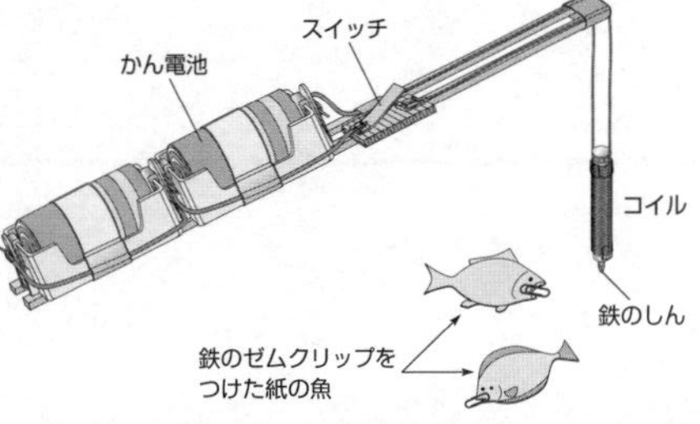

(1) スイッチを入れてコイルに電流を流すと、ゼムクリップのついた紙の魚は鉄のしんに引きつけられますか、引きつけられませんか。 (引きつけられる。)

(2) (1)のように、電流を流したコイルに入れた鉄のしんが磁石になるしくみを何といいますか。(電磁石)

(3) ゼムクリップを引きつける力を強くするためには、どうすればよいですか。正しいものに○をつけましょう。

①(　)とちゅうの導線の長さを長くする。

②(○)コイルのまき数を多くする。

③(　)かん電池の数を少なくする。

学力診断テスト　うら　てびき

6 (1)川が曲がって流れているところでは、外側は流れが速く、けずるはたらきが大きいです。一方、内側は流れがおそく、積もらせるはたらきが大きいです。

(3)山の中を流れる川は、流れが速く、大きくて角ばった石が多く見られます。一方、海の近くを流れる川は、流れがおそく、川はばは広くてすなやどろがたい積します。

7 (2)ふりこのふらせ方やストップウォッチのおし方などにより、実際にかかった時間と、はかった時間にずれが生じます(このずれを誤差といいます)。誤差があるため、はかった時間にもばらつきが出るので、これをならすために平均を使って、1往復する時間を求めます。

(3) 16.08÷10=1.608

小数第2位を四捨五入するので、1.6秒となります。

8 (1)ものをとかす前の全体の重さと、ものをとかした後の全体の重さは変わりません。

(2)さとうはとけて全体に広がっているので、さとうのこさは、びんの中ですべて同じです。

9 (1)、(2) コイルの中に鉄のしんを入れ、電流を流すと、鉄のしんが鉄を引きつけます。これを電磁石といいます。

(3)コイルのまき数を多くしたり、電流を大きくしたりすると、電磁石は強くなります。

メモ

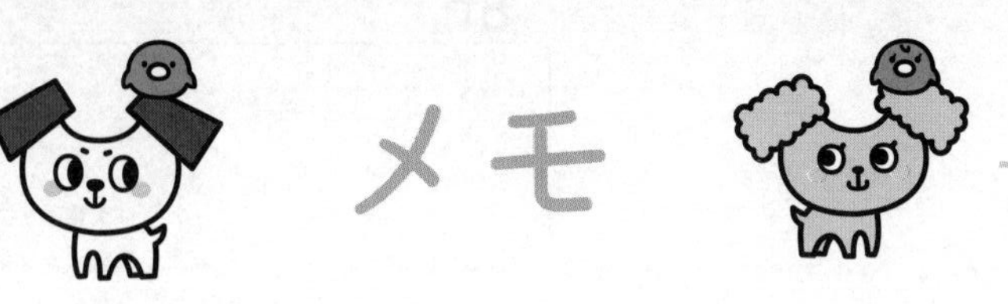

メモ

付録 取りはずしてお使いください。

理科 スタートアップドリル

5年

このドリルを使って
4年生で学習した
ことをふり返ろう。

年　組

1 季節と生き物

1 季節と生き物のようすについて、調べました。

(1) （　）にあてはまる言葉を、あとの□からえらんで書きましょう。

①あたたかい季節には、植物は大きく（　　　）し、
動物は活動が（　　　）なる。

②寒い季節には、植物は（　　　）を残してかれたり、
えだに（　　　）をつけたりして、冬をこす。
動物は活動が（　　　）なる。

活発に	成長	たね	にぶく	花	芽

(2) オオカマキリのようすについて、㋐～㋒が見られる季節はいつですか。
春、夏、秋、冬のうち、あてはまるものを答えましょう。

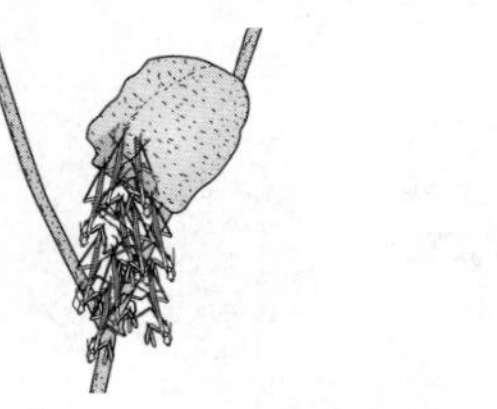
㋐たまごから、よう虫が
たくさん出てきた。
（　　　）

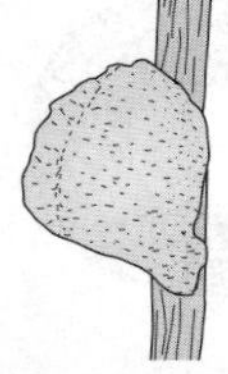
㋑たまごだけが見られた。
成虫は見られなかった。
（　　　）

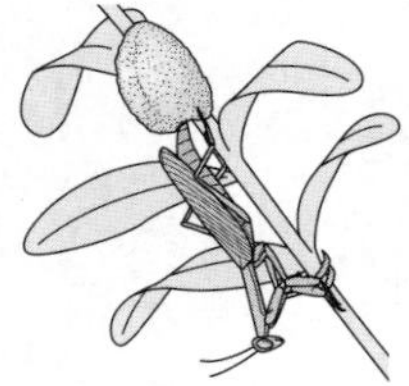
㋒成虫がたまごを
産んでいた。
（　　　）

(3) サクラのようすについて、㋐～㋓が見られる季節はいつですか。
春、夏、秋、冬のうち、あてはまるものを答えましょう。

㋐葉の色が
赤く変わった。
（　　　）

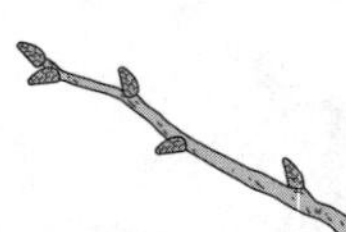
㋑葉がすべて
落ちていた。
（　　　）

㋒花がたくさん
さいていた。
（　　　）

㋓たくさんの葉が
ついていた。
（　　　）

2 天気と１日の気温

1 天気の調べ方や気温のはかり方について、（　　）にあてはまる言葉を書きましょう。

①雲があっても、青空が見えているときを（　　　　　）、
雲が広がって、青空がほとんど見えないときを
くもりとする。
②気温は、風通しのよい場所で、（　　　　　）から
1.2～1.5 m の高さのところではかる。
このとき、温度計に（　　　　　）が
ちょくせつ当たらないようにする。

2 一日中晴れていた日と、一日中雨がふっていた日にそれぞれ気温をはかって、グラフにしました。

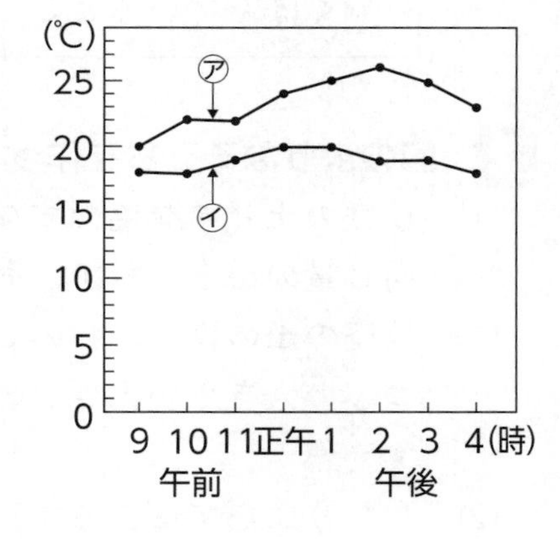

⑴ このようなグラフを何グラフといいますか。

（　　　　　グラフ）

⑵ 一日中雨がふっていた日のグラフは、㋐、㋑のどちらですか。

（　　　）

⑶ 一日中晴れていた日で、いちばん気温が高いのは何時ですか。
また、そのときの気温は何℃ですか。

時こく（　　　　　時）
気温（　　　　　℃）

⑷ 天気による１日の気温の変化のしかたのちがいについて、（　　）にあてはまる言葉を書きましょう

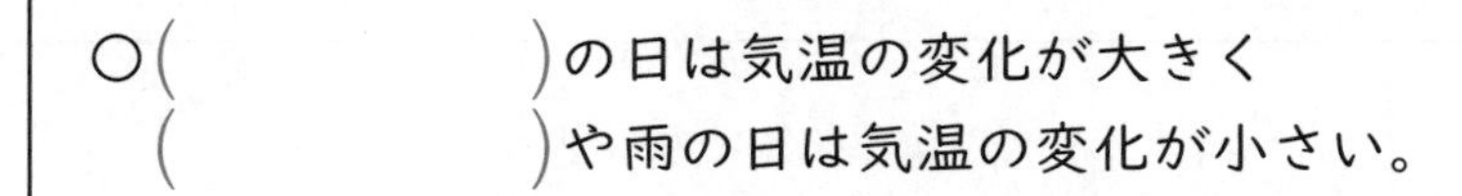

○（　　　　　）の日は気温の変化が大きく
（　　　　　）や雨の日は気温の変化が小さい。

3 地面を流れる水のゆくえ

1 雨がふった日に、地面を流れる水のようすを調べました。

⑴ ビー玉を入れたトレーを、地面においたところ、図のようになりました。

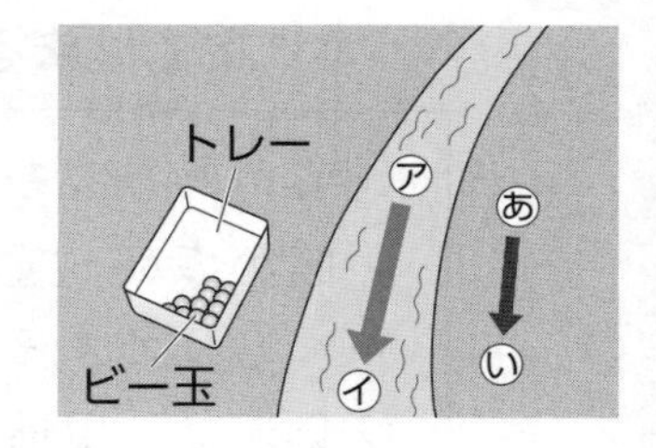

①あといでは、地面はどちらが低いですか。

（　　　）

②地面を流れる水は、ア→イ、イ→アのどちら向きに流れていますか。

（　　　→　　　）

⑵ （　）にあてはまる言葉を書きましょう。

①雨がふるなどして、水が地面を流れるとき、
（　　　）ところから（　　　）ところに向かって流れる。
②水たまりは、まわりの地面より（　　　）なっていて、
くぼんでいるところに水が集まってできている。

2 図のようなそうちを作って、水のしみこみ方と土のようすを調べました。

⑴ 校庭の土とすな場のすなを使って、それぞれそうちに同じ量の土を入れて、同じ量の水を注いだところ、校庭の土のほうがしみこむのに時間がかかりました。つぶの大きさが大きいのは、どちらですか。

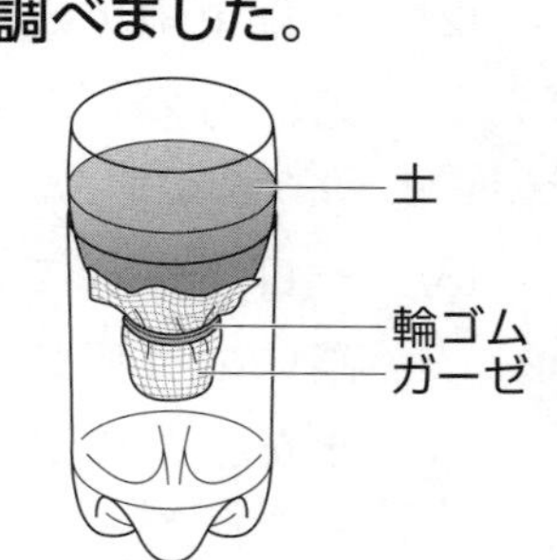

（　　　）

⑵ （　）にあてはまる言葉を書きましょう。

○水のしみこみ方は地面の土のつぶの大きさによってちがいがある。
土のつぶが大きさが（　　　）ほど、水がしみこみやすく、
土のつぶが大きさが（　　　）ほど、水がしみこみにくい。

4 電気のはたらき

1 電流のはたらきについて、調べました。

(1) (　　)にあてはまる言葉を書きましょう。

○かん電池の＋極と－極にモーターのどう線をつなぐと、
回路に電流が流れて、モーターが回る。
かん電池をつなぐ向きを逆にすると、回路に流れる電流の向きが
(　　　　　)になり、モーターの回る向きが(　　　　　)になる。

(2) 電流の大きさと向きを調べることができるけん流計を使って、モーターの回り方を調べました。

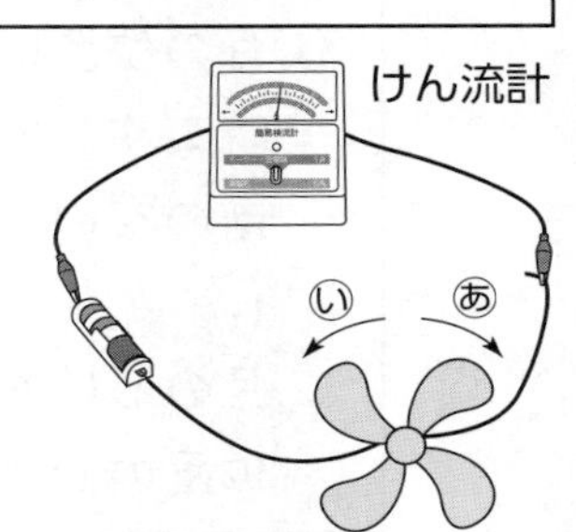

①はじめ、けん流計のはりは右にふれていました。
かん電池のつなぐ向きを逆にすると、
けん流計のはりはどちらにふれますか。

(　　　　　)

②はじめ、モーターはあの向きに回っていました。かん電池のつなぐ向きを逆にすると、モーターはあ、いのどちら向きに回りますか。

(　　　　)

2 電流の大きさとモーターの回り方について、調べました。

(1) (　　)にあてはまる言葉を書きましょう。

①かん電池２こを直列つなぎにすると、かん電池１このときよりも
回路に流れる電流の大きさが(　　　　　　)なり、
モーターの回る速さも(　　　　　)なる。
②かん電池を２こへい列つなぎにすると、かん電池１このときと
回路に流れる電流の大きさは(　　　　　　　)。
また、モーターの回る速さも(　　　　　　　)。

(2) ア、イのかん電池２このつなぎ方をそれぞれ何といいますか。

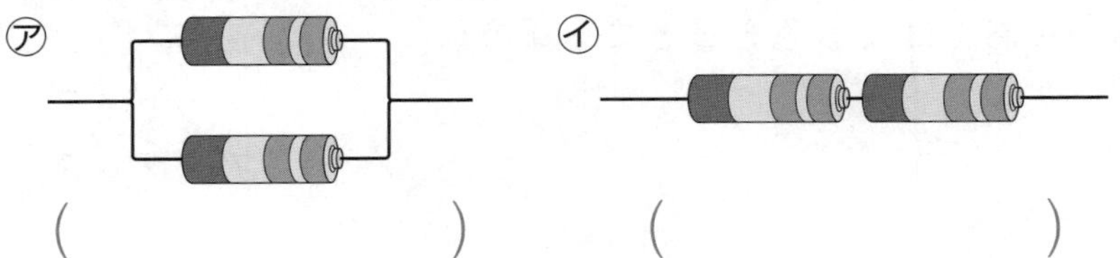

ア(　　　　　　　　)　イ(　　　　　　　　)

5 月や星の動き

1 月の動きや形について、調べました。

(1) ㋐、㋑の月の形を何といいますか。
(　　)にあてはまる言葉を書きましょう。

㋐(　　　　　　)
㋑(　　　　　　)

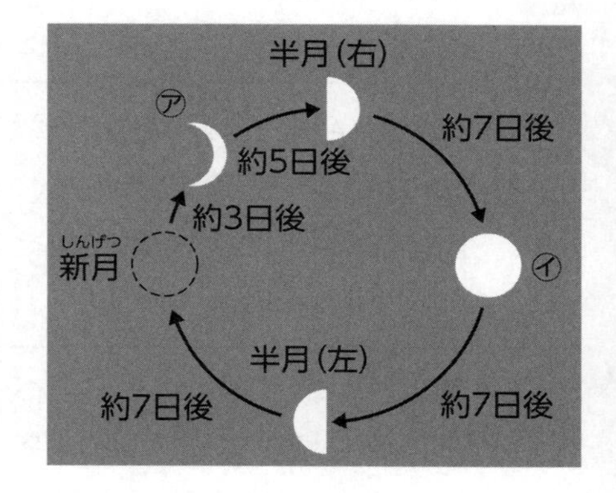

(2) (　　)にあてはまる言葉を書きましょう。

①月の位置は、太陽と同じように、
時こくとともに(　　　　　)から
南の空の高いところを通り、
(　　　　　)へと変わる。
②月の形はちがっても、
位置の変わり方は(　　　　　)である。

2 星の動きや色、明るさについて、調べました。

(1) (　　)にあてはまる言葉を書きましょう。

①星の集まりを動物や道具などに見立てて名前をつけたものを
(　　　　　)という。
②時こくとともに、星の見える(　　　　　)は変わるが、
星の(　　　　　　)は変わらない。

(2) こと座(ざ)のベガ、わし座のアルタイル、はくちょう座のデネブの
3つの星をつないでできる三角形を何といいますか。

(　　　　　　　　)

(3) 夜空に見える星の明るさは、どれも同じですか。ちがいますか。

(　　　　　　　　)

(4) はくちょう座のデネブ、さそり座のアンタレスは、それぞれ何色の星ですか。
白、黄、赤からあてはまる色を書きましょう。

デネブ(　　　　　)
アンタレス(　　　　　)

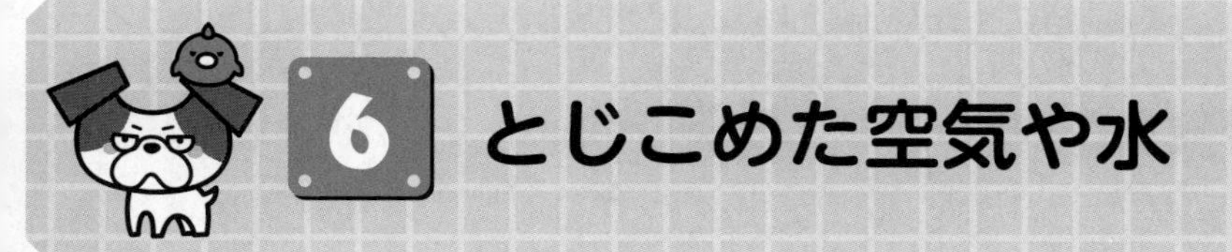

6 とじこめた空気や水

1 空気や水のせいしつを調べました。(　　)にあてはまる言葉を書きましょう。

①とじこめた空気をおすと、体積は(　　　　　　　)なる。
このとき、もとの体積にもどろうとして、
おし返す力(手ごたえ)は(　　　　　　　)なる。
②とじこめた水をおしても、体積は(　　　　　　　　　)。

2 プラスチックのちゅうしゃ器に空気や水をそれぞれ入れて、ピストンをおしました。

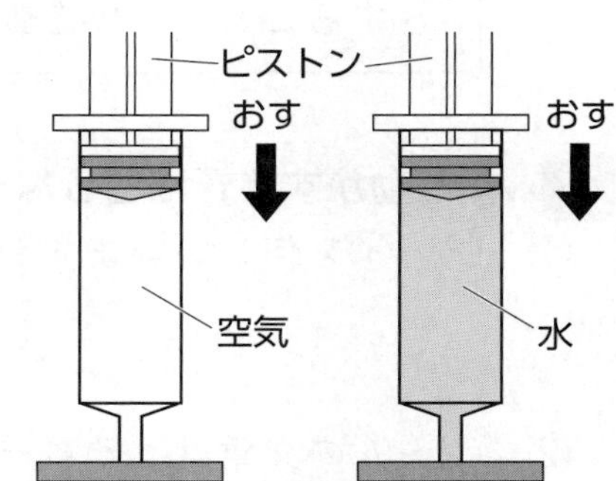

(1) 空気をとじこめたちゅうしゃ器のピストンを手でおしました。
このとき、ピストンをおし下げることはできますか、できませんか。
(　　　　　　　　　)

(2) (1)のとき、ピストンから手をはなすと、ピストンはどうなりますか。
正しいものに○をつけましょう。
①(　　　)ピストンは下がって止まる。
②(　　　)ピストンの位置は変わらない。
③(　　　)ピストンはもとの位置にもどる。

(3) 水をとじこめたちゅうしゃ器のピストンを手でおしました。
このとき、ピストンをおし下げることはできますか、できませんか。
(　　　　　　　　　)

(4) とじこめた空気や水をおしたときの体積の変化について、
正しいものに○をつけましょう。
①(　　　)空気も水も、おして体積を小さくすることができる。
②(　　　)空気だけは、おして体積を小さくすることができる。
③(　　　)水だけは、おして体積を小さくすることができる。
④(　　　)空気も水も、おして体積を小さくすることができない。

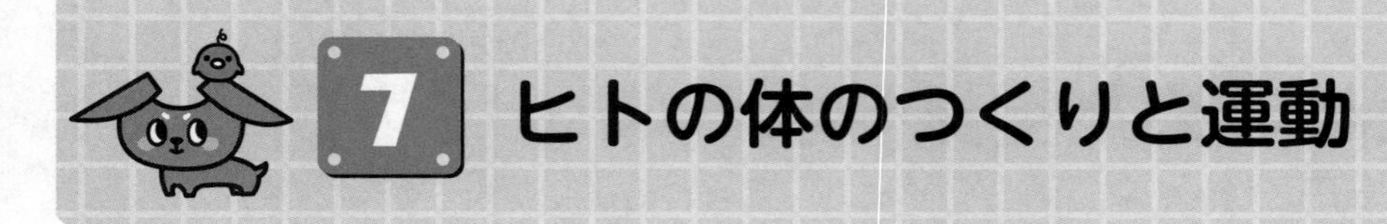

7 ヒトの体のつくりと運動

**1 ヒトの体のつくりや体のしくみについて、調べました。
（　　）にあてはまる言葉を書きましょう。**

①ヒトの体には、かたくてじょうぶな（　　　　　）と、やわらかい（　　　　　）がある。
②ほねとほねのつなぎ目を（　　　　　）といい、ここで体を曲げることができる。
③（　　　　　）がちぢんだりゆるんだりすることで、体を動かすことができる。

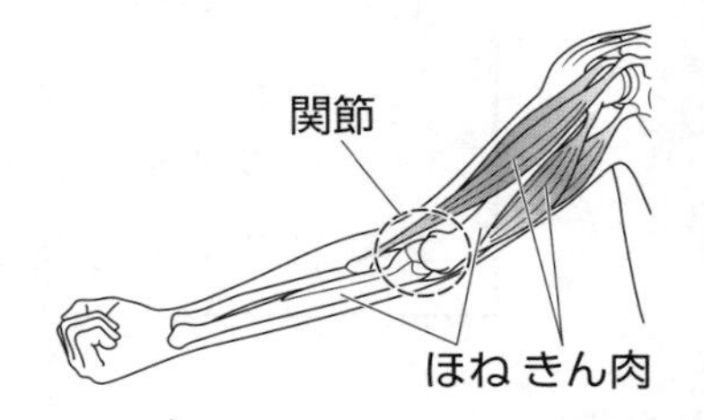

2 体を動かすときにどうなっているのか、調べました。

(1) ㋐、㋑を何といいますか。名前を答えましょう。

㋐（　　　　　）
㋑（　　　　　）

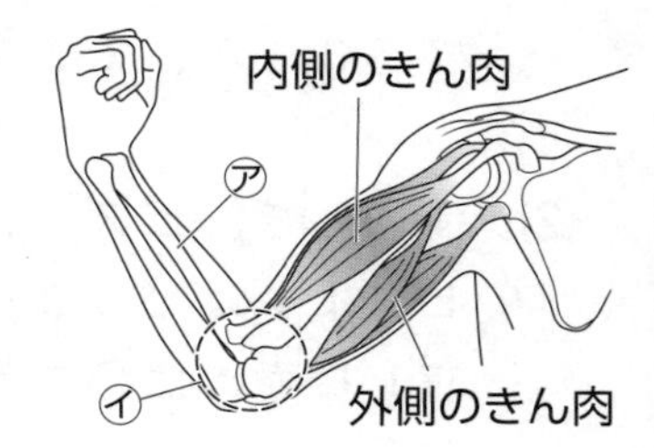

(2) ①～④の文章は、それぞれ㋐内側のきん肉、㋑外側の筋肉のどちらに関係するものですか。㋐、㋑で答えましょう。

①うでをのばすとゆるむ。　（　　　　）

②うでをのばすとちぢむ。　（　　　　）

③うでを曲げるとちぢむ。　（　　　　）

④うでを曲げるとゆるむ。　（　　　　）

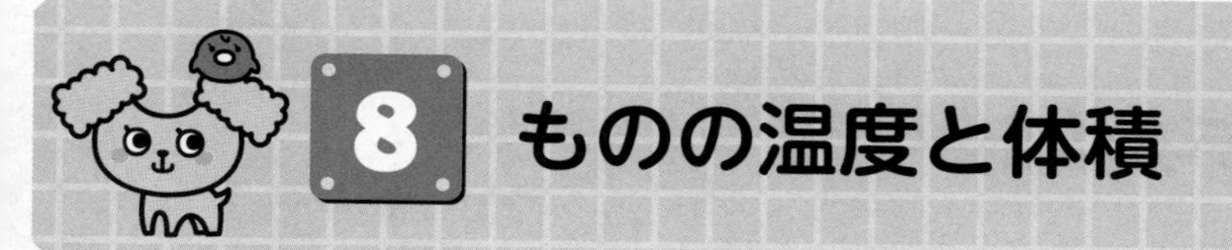

8 ものの温度と体積

1 ものの温度と体積の変化について、調べました。
（　）にあてはまる言葉をえらんで、○でかこみましょう。

①空気は、あたためると体積は（　大きく　・　小さく　）なる。
また、冷やすと体積は（　大きく　・　小さく　）なる。
②水は、あたためると体積は（　大きく　・　小さく　）なる。
また、冷やすと体積は（　大きく　・　小さく　）なる。
空気とくらべると、その変化は（　大きい　・　小さい　）。
③金ぞくは、あたためると体積は（　大きく　・　小さく　）なる。
また、冷やすと体積は（　大きく　・　小さく　）なる。
空気や水とくらべると、その変化はとても（　大きい　・　小さい　）。

2 ものの温度と体積の変化を調べて、表にまとめました。

	空気	水	金ぞく
（　㋐　）	体積が小さくなった。	体積が小さくなった。	体積が小さくなった。
（　㋑　）	体積が大きくなった。	体積が大きくなった。	体積が大きくなった。

(1) ㋐、㋑には「温度を高くしたとき」または「温度を低くしたとき」が入ります。
あてはまるものを書きましょう。

㋐（　　　　　　　　）
㋑（　　　　　　　　）

(2) 空気の入っているポリエチレンのふくろを氷水につけたり湯につけたりして、体積の変化を調べました。
Ⓐ、Ⓘには「あたためたとき」または「冷やしたとき」が入ります。
あてはまるものを書きましょう。

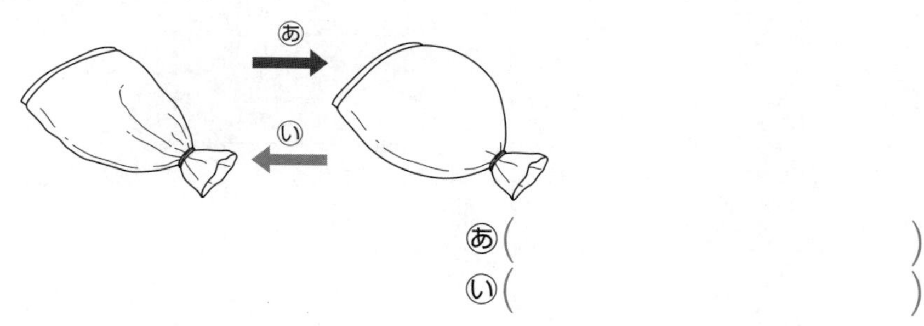

あ（　　　　　　　　）
い（　　　　　　　　）

9 もののあたたまり方

1 もののあたたまり方について、調べました。
（　　）にあてはまる言葉を書きましょう。

①金ぞくは、熱した部分から（　　　　）に熱がつたわって、
全体があたたまる。
②水や空気はあたためられた部分が（　　　　）に動いて、
全体があたたまる。

2 金ぞくぼうを使って、金ぞくのあたたまり方を調べました。
①、②のように熱したとき、㋐～㋔があたたまっていく順を
それぞれ答えましょう。

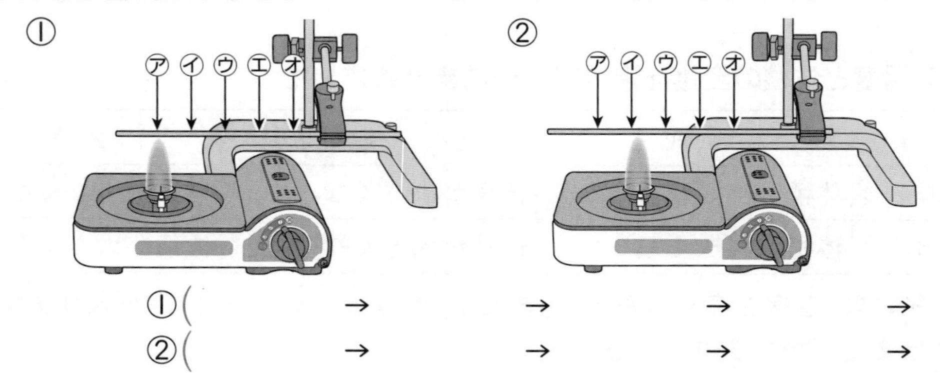

①（　　　→　　　→　　　→　　　→　　　）
②（　　　→　　　→　　　→　　　→　　　）

3 水を入れたビーカーの底のはしを熱して、水のあたたまり方を調べました。
㋐～㋒があたたまっていく順を答えましょう。

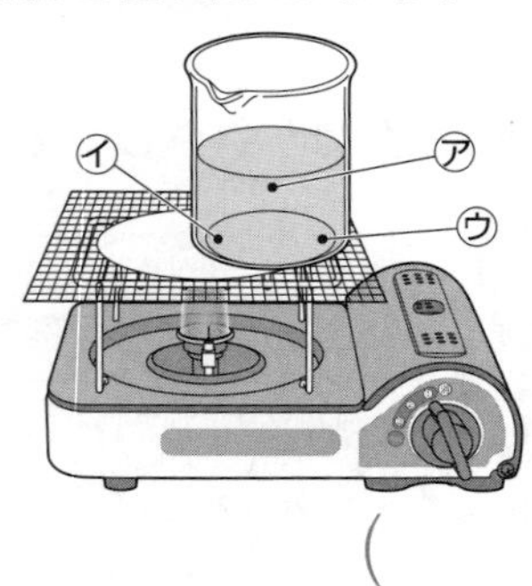

（　　　→　　　→　　　）

10 水のすがた

1 水のすがたの変化について、調べました。

(1) 水は、熱したり冷やしたりすることで、すがたを変えます。
㋐、㋑にあてはまる言葉を書きましょう。

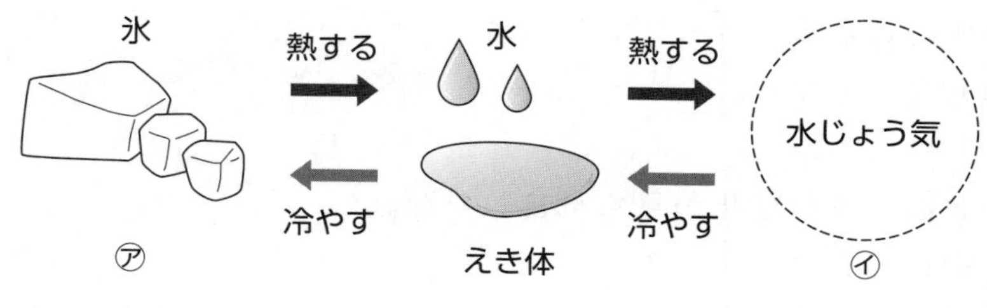

㋐（　　　　　）
㋑（　　　　　）

(2) （　　）にあてはまる言葉を書きましょう。

①水を熱し続けると、（　　　　　℃）近くでさかんにあわを出しながらわき立つ。これを（　　　　　）という。
②水を冷やし続けると、（　　　　　℃）でこおる。
③水が水じょう気や氷になると、体積は（　　　　　）なる。

2 水を熱したときの変化について、調べました。

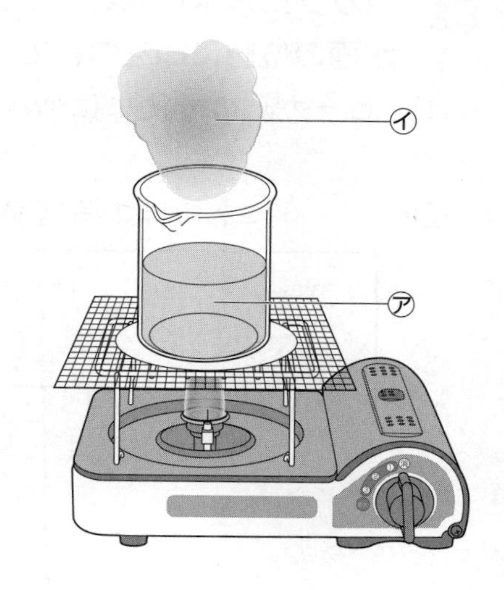

(1) 水を熱し続けたとき、水の中からさかんに出てくるあわ㋐は何ですか。

（　　　　　）

(2) ㋐は空気中で冷やされて、目に見える水のつぶ㋑になります。㋑は何ですか。

（　　　　　）

(3) 水が㋐になることを、何といいますか。

（　　　　　）

11 水のゆくえ

1 **2つの同じコップに同じ量の水を入れて、１つにだけラップシートをかけました。水面の位置に印をつけて、日なたに置いておくと、２日後にはどちらも、水の量がへっていました。**

⑴ ２日後、水の量が多くへっているのは、㋐、㋑のどちらですか。

（　　　）

ラップシート
㋐ ㋑
輪ゴム
水面の位置につけた印

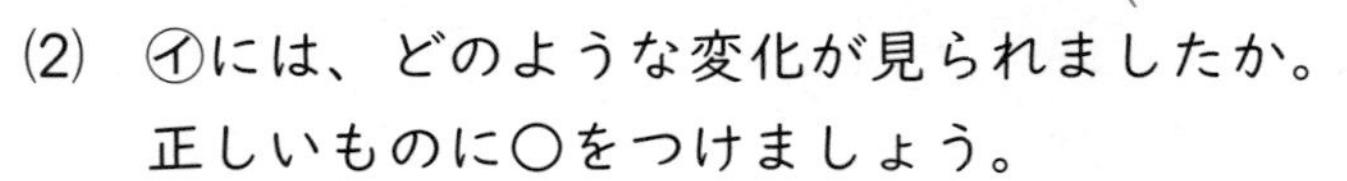

⑵ ㋑には、どのような変化が見られましたか。正しいものに○をつけましょう。

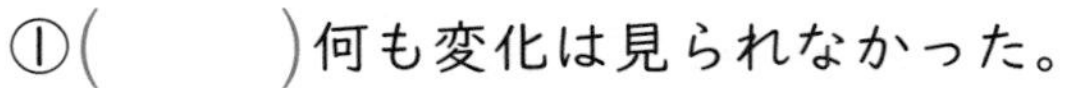

①（　　　）何も変化は見られなかった。

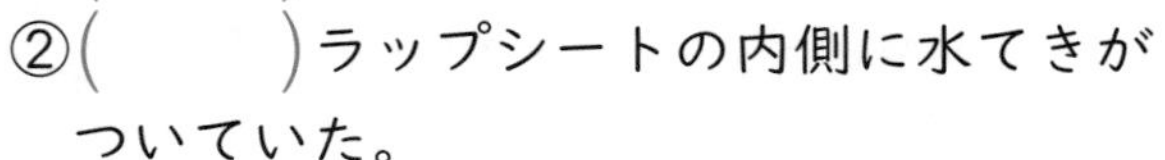

②（　　　）ラップシートの内側に水てきがついていた。

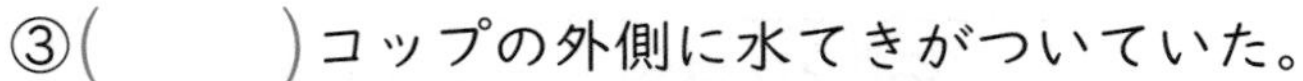

③（　　　）コップの外側に水てきがついていた。

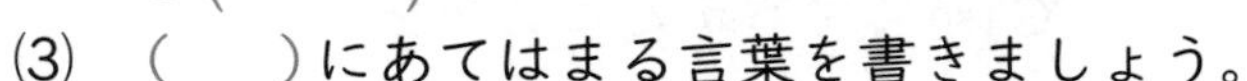

⑶ （　　）にあてはまる言葉を書きましょう。

①水はふっとうしなくても（　　　　　　）し、水じょう気に変わる。
②水じょう気に変わった水は、（　　　　　　）に出ていく。

2 **コップに氷水を入れて、ラップシートをかけました。水面の位置に印をつけて、しばらく置いておきました。**

⑴ ビーカーの外側には何がつきますか。

（　　　　　　）

⑵ （　　）にあてはまる言葉を書きましょう。

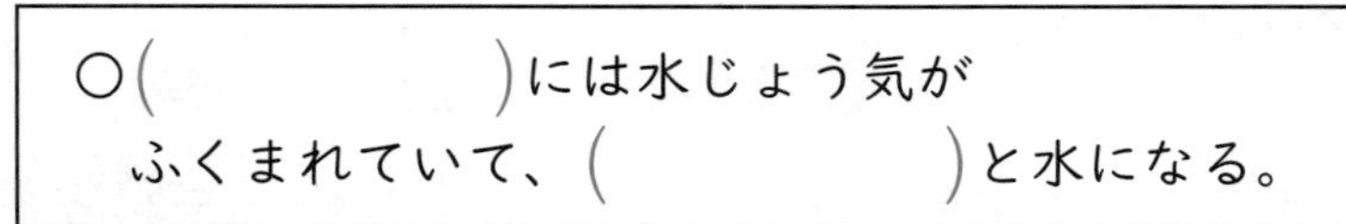

○（　　　　　　）には水じょう気がふくまれていて、（　　　　　　）と水になる。

答え

1 季節と生き物

1 (1)①成長、活発に
②たね、芽、にぶく
(2)㋐春　㋑冬　㋒秋
(3)㋐秋　㋑冬　㋒春　㋓夏

2 天気と１日の気温

1 ①晴れ
②地面、日光
★気温をはかるとき、温度計に日光がちょくせつ当たらないように、紙などで日かげをつくってはかる。

2 (1)折れ線(グラフ)
(2)㋑
★気温の変化が大きいほうが晴れの日。気温の変化が小さいほうが雨の日。
(3)時こく　午後２(時)
気温　26(℃)
★一日中晴れていた日のグラフは㋐なので、㋐のグラフから読み取る。
(4)晴れ、くもり

3 地面を流れる水のゆくえ

1 (1)①ⓘ
②㋐(→)㋑
★ビー玉が集まっているほうが地面が低い。
(2)①高い、低い
②低く

2 (1)すな場のすな
(2)大きい、小さい

4 電気のはたらき

1 (1)逆、逆
(2)①左
②ⓘ
★けん流計のはりのふれる大きさで電流の大きさがわかり、ふれる向きで電流の向きがわかる。

2 (1)①大きく、速く
②変わらない、変わらない
(2)㋐へい列つなぎ
㋑直列つなぎ

5 月や星の動き

1 (1)㋐三日月
㋑満月
(2)①東、西
②同じ

2 (1)①星座(せいざ)
②位置、ならび方
(2)夏の大三角
(3)ちがう。
(4)デネブ　白
アンタレス　赤

6 とじこめた空気や水

1 ①小さく、大きく
②変わらない

2 (1)できる。
(2)③
(3)できない。
(4)②

7 ヒトの体のつくりと運動

1 (1)①ほね、きん肉
②関節
③きん肉

2 (1)㋐ほね　㋑関節
(2)①あ
②い
③あ
④い

8 ものの温度と体積

1 ①大きく、小さく
②大きく、小さく、小さい
③大きく、小さく、小さい

2 (1)㋐温度を低くしたとき
㋑温度を高くしたとき
(2)あ あたためたとき
い 冷やしたとき

9 もののあたたまり方

1 ①順
②上

2 ①㋐→㋑→㋒→㋓→㋔
②㋑→㋒→㋐→㋓→㋔
★金ぞくは熱した部分から順に熱がつたわるので、熱しているところから近い順に記号を選ぶ。

3 ㋑→㋐→㋒

10 水のすがた

1 (1)㋐固体
㋑気体
(2)①100(℃)、ふっとう
②0(℃)
③大きく

2 (1)水じょう気
(2)湯気
(3)じょう発

11 水のゆくえ

1 (1)㋐
(2)②
(3)①じょう発
②空気中

2 (1)水てき(水)
(2)空気中、冷やす